和谐社会构建中
高校贫困生问题研究

甘剑锋 著

黄河水利出版社
·郑州·

图书在版编目(CIP)数据

和谐社会构建中高校贫困生问题研究/甘剑锋著.
—郑州:黄河水利出版社,2010.4
ISBN 978-7-80734-811-5

Ⅰ.①和… Ⅱ.①甘… Ⅲ.①贫困-大学生-工作-研究-中国 Ⅳ.①G645.5

中国版本图书馆 CIP 数据核字(2010)第 065531 号

组稿编辑:王琦　联系电话:0371-66028027　E-mail:wq3563@163.com

出 版 社:黄河水利出版社

地址:河南省郑州市顺河路黄委会综合楼14层　邮政编码:450003

发行单位:黄河水利出版社

发行部电话:0371-66026940、66020550、66028024、66022620(传真)

E-mail: hhslcbs@126.com

承印单位:河南地质彩色印刷厂

开本:787 mm×1092 mm　1/16

印张:15

字数:261 千字　印数:1—1000

版次:2010 年 4 月第 1 版　印次:2010 年 4 月第 1 次印刷

定价:32.00 元

前 言

随着中国现代化建设的步伐不断加快，高等教育改革也在如火如荼地进行中。在科学发展中构建和谐社会，成为执政党和全国人民的共同奋斗目标。在社会转型期暴露出的各种矛盾中，我国高校出现的一个贫困生群体，因为其规模巨大、影响深远，已引起政府、社会、家庭和学界的多方重视。因而，解决高校贫困生问题也就成为一项重要的理论课题。鉴于此，本书以此立论，意在从构建和谐社会过程中为解决高校贫困生问题提供实证性对策。

笔者曾经也是一名20世纪80年代从农村走出来的高校贫困生，经历和目睹了当代高校贫困生正在经历的一切心酸和艰辛，在党和政府的支持以及母校师长们的深切关怀下，顺利地完成了学业，并有幸成为一名高校德育工作者。本着实事求是的精神，从一个从事高校学生工作20多年的亲历者的视角，针对学界对贫困生问题的系统研究尚处于起步阶段、研究成果相对较少的实际，笔者从系统梳理中国高校贫困生问题形成的缘由入手，以具体的高校为实证范例，把贫困生的现实状况、解决贫困生问题的理论探讨、对现行政策的理性评价和贫困生问题的解决之道紧密联系在一起，作为一个完整的命题来研究，力求为贫困生问题的逐步解决找到合适的出路。如若这项工作能对政府在新形势下制定高校贫困生助学政策、对学界后续的贫困生问题研讨、对高校解决贫困生问题的路径选择有些许指导意义，也算笔者为高校教育事业的顺利健康发展尽了一份绵薄之力。

如今，本书得以正式出版，欣慰之余，饮水思源，导师的教诲、同事们的支持，点点滴滴俱在心头，难以忘怀！感谢《郑州大学学报》编辑部主任辛世俊教授和我的乡友、学弟汤嵘翔先生。同时，书中观点乃本人“一孔之见”，错误在所难免，恳请各方批评指正。

作 者

2010 年 2 月

目 录

绪 论

一、问题的缘起与选题的意义

（一）问题的缘起

21 世纪的第一个 10 年，在中国高等教育领域演绎着三大现代理念：高等教育机会均等、高等教育成本分担、人力资本投资。高等教育机会均等理论在很大程度上支持了全社会强烈要求让更多的适龄青年实现接受高等教育机会的愿望，高校扩招势在必行，势如破竹。于是便有了高等教育规模以年增近 50 万人的数量的飞跃扩张，中国高等教育事业经历着从精英教育到大众化教育的跨越式发展。高等教育成本分担理论给了高校上学收费合法性的理论支撑，此举缓解了高等教育经费严重不足的卡脖之痛。人力资本投资理论让全社会认同了接受高等教育是人力资本投资的最佳方式，使得老百姓投资高等教育的付费意愿空前高涨。但是高涨的付费意愿并没有增强普通家庭的付费能力，高昂的学费使许多家庭捉襟见肘，贫困家庭更是雪上加霜。高校贫困生问题一直存在，但收费政策的实行使贫困生的比例大大上升，扩招的结果使贫困生总量连年增加，贫困生群体就像雪球一样越滚越大！

客观地说，贫困生现象的产生，既是历史的积淀，也有社会现实原因。当前国家正处于社会主义市场经济体制逐步完善，社会经济成分、组织形式、就业方式、利益关系和分配方式不断变化、不断调整的转型时期，在经济社会快速发展的进程中，城乡差别、阶层差别、地域差别的消除尚需时日，在实现共同富裕的目标任重道远的现实境况里，贫困生现象将势必成为一个长期存在的不容忽视的社会问题。

贫困生问题揪着千家万户的心，拷问着高等教育机会均等理论的合法性。教育机会均等是教育公平的核心，教育公平是社会公平的基石，是和谐社会的重中之重。人们在问，没有教育公平，和谐社会何来之有？

值得庆幸的是，近年来，高校贫困生问题已逐渐成为人们普遍关注的社会问题，并引起党和政府的高度重视，政府、社会、高校、家庭一同关注贫困生的氛围已经形成。

作为一名 20 世纪 80 年代曾经的高校贫困生，笔者经历和目睹了当代高校贫困生正在经历的一切心酸和艰辛，承蒙党和政府的关爱以及母校和恩师们的至亲呵护，顺利地完成了高等教育。如今，身为一名高校教育工作者，义不容辞的社会责任感、职业使命感和关爱贫困学生的良知也呼唤与驱使着笔者深切地关注和跟踪研究这一社会现象，以为高校贫困生问题的顺利解决尽一份绵薄之力。

（二）选题的意义

青年是国家的未来，民族的希望。青年人中的高知识层，更是国家的宝贵财富。高校中的贫困生群体，能获得接受高等教育的机会，梦圆大学，这既是社会主义制度优越性带给他们的好运，也是自身刻苦学习、奋力拼搏的结果。他们相信知识能够改变命运，珍惜来之不易的学习机会，立志成才，期盼服务乡梓、回报社会。然而，他们背负着沉重的经济包袱，满含苦涩和辛酸，在坎坷的成才路上经受着严峻的考验。

贫困生成为我国高等学府中的一个特殊群体，亦是社会各界关注的热点，成了一个不容忽视的社会问题，全面、深入地研究这一问题十分必要，意义尤甚。

（1）加强对高校贫困生问题的研究，建立健全贫困生资助政策体系，使家庭经济困难的学生能够上得起大学，接受高等教育，是实践“三个代表”重要思想、贯彻以人为本的科学发展观、构建社会主义和谐社会的重要举措；是实施科教兴国和人才强国战略、优化教育结构、促进教育公平和社会公正的有效手段；是切实履行公共财政职能、推进基本公共服务均等化的必然要求。

对于贫困生及其家庭来说，他们相信知识能够改变命运，幸福的根源在于知识；教育是他们脱贫的希望，投资高等教育是他们改变命运、实现向社会上层流动的重要途径。然而，众多贫困生求学路上的艰辛、酸楚和泪水，已成为和谐社会构建中最不和谐的音符。这需要政府、社会、高校的共同努力，对贫困生实施必要而有效的救助，让他们全面自由地发展、顺利地完成高等教育，让更多的贫困家庭和莘莘学子都能梦想成真，这是我们助学政策的价值追求。这种追求体现的不仅仅是党和政府要坚决维护最广大人民的根本利益的“三个代表”重要思想，不仅仅是把满足人的需要、提升人的素质、实现人的全面自由发展作为终极目标的以人为本的科学发展观，更是和谐社会——爱无差等、教育公平——有教无类、公共服务——阳光普照的现实写真。

（2）加强对高校贫困生问题的研究，能够为政府制定科学、有效的政策，完善资助体系提供参考。高校贫困生问题研究属于应用研究。它的解决，体现着社会主义制度的优越性，体现着社会公平和教育公平，是贯彻“三个代表”重要思想、贯彻以人为本的科学发展观、实现公共服务均等化、构建和谐社会的迫切需要。我国高校贫困生资助体系建立时间不长，它要在实践中不断接受检验。在这个过程中，尤其需要加强研究，不论是中国特色的高校贫困生资助模式的整体研究，还是各项政策科学性、有效性、规范性研究，或是与发达国家和地区高校资助模式的比较研究，尤其是立足于高素质人才培养的高度和全局，开展对贫困生问题的全面、深入研究，都是对实践经验的总结、对存在不足的检讨，以及对改进工作、完善政策的思考，作为多方面的反馈意见，都对政府部门的决策具有一定的咨询、参考价值。

(3) 加强对高校贫困生问题的研究，能够让人们进一步认识“助学育人”的重要性，鼓励贫困生自强自立，奋发有为，健康成长。

在高校，“助学育人”的重要性位同于“教书育人”、“管理育人”、“服务育人”。“助学育人”是高校对贫困生进行思想政治教育的最好平台。新世纪对当代大学生提出了更高要求，社会更需要复合型、创新型和知识型的人才，各高校也大力推进素质教育，纷纷开设了第二课堂、选修课、辅修专业以及多种多样的社会实践和技术创新活动。高校贫困生由于经济拮据，囊中羞涩，他们更关心的是自己如何完成学业、顺利毕业，有较强烈的现实取向，而无法满足自己其他方面的求知欲望，难以提高自身综合素质，这不仅影响了他们的全面发展，也使他们在实际工作中难以应付各种挑战。因此，在对高校贫困生进行经济资助的同时，现身说法，有针对性地进行心理辅导，鼓励他们在力所能及的情况下，以学为主，兼修各方，增强责任感、使命感，自尊自重，自强自立，挖掘自身潜能，争取成长为合格的建设者、可靠的接班人，服务社会，报效国家。

(4) 加强对高校贫困生问题的研究，能够使全社会更多地了解、认识、资助贫困生，从而形成社会各界扶贫助学的人文氛围。所有社会问题的解决，都离不开大众的热情参与和大力支持，他们也是解决高校贫困生问题的重要力量。通过加强对高校贫困生问题的研究，为解决这一问题不断呼吁，必然能引起更多企事业单位、社会团体、有识之士、企业家、慈善机构和广大民众的广泛关注，形成一种社会各界“急党和政府之所急，想贫困生家庭之所想，帮贫困生之所需”的良好氛围，多渠道筹集助困资金，为贫困生问题的早日解决奠定丰厚的物质基础。

(5) 加强对高校贫困生问题的研究，能够促进金融机构和高校进一步合作，为贷款政策的有效运行作出贡献。贫困生资助工作是高校育人工作的组成部分，高校不仅责无旁贷，而且也是受益单位。相关金融机构是运用金融手段支持高等教育改革和发展的政策执行主体。国家助学贷款作为资助贫困生最重要的方式，需要银行和高校密切配合。加强对高校贫困生问题研究，为高校、银行反映多视角的问题，提供建设性的意见，能够直接促进高校和银行的良好合作。

二、本课题的前沿研究动态

"十一五"开局之初，群体性贫困问题凸现出和谐社会建设中的结构性矛盾，公平的实现任重道远。党和政府高度重视高校贫困生问题，加紧研究并出台了一系列文件，努力建立一套资助贫困生的政策体系，如国务院2007年5月下发的《建立健全普通本科高校、高等职业学校和中等职业学校家庭经济困难学生资助政策体系》文件，完善了国家奖学金和助学金制度；新设立了国家励志奖学金，用于奖励资助普通本科高校和高等职业学校全日制本专科在校生中品学兼优的家庭经济困难学生，资助面平均约占全国高校在校生的3%，资助标准为每生每年5 000元；进一步完善和落实国家助学贷款政策，鼓励生源地贷款，确保"应贷尽贷"，并配有代偿政策；从2007年秋季开始，对教育部直属六所师范大学新招收的师范生，全部实行免费教育。

与此同时，全国高校和整个社会也非常关注高校贫困生问题，很多专家学者积极主动开展了大规模调研。自1997年我国高校全面并轨招生以来，高校贫困生问题便成为众多研究领域中的一个热点课题。根据笔者了解的情况，专门研究贫困生问题的著作有张耀灿、陈成文、罗洪铁、陈劳志等2005年合编的《成才不是梦——高校贫困生的今天与未来》，吴庆2005年独著的《公平述求与贫困治理——中国城市贫困大学生群体现状与社会救助政策》和杨周复2003年主编的《高等学校学生资助政策研究》等，其中《成才不是梦——高校贫困生的今天与未来》被列为中国高等教育学会"十五"规划重点课题研究成果，是对贫困生问题研究的贡献之作。笔者从中国期刊网上搜索"贫困生问题研究"这方面的文章，情况是，博士论文仅一篇，即华中科技大学李慧勤在2005年撰写的《高等教育收费与学生资助的实证研究——云南省案例》；硕士论文有以东北师范大学徐万里的《高校贫困生问题研究》为代表的几十篇；至于一般性的期刊论文就比较多了。

从10多年的情况来看，高校贫困生问题形成了多学科、多层级、多区域、多形式、多维度的“五多”研究局面。多学科是指专家学者们运用社会学、教育学、心理学、经济学、文学等多学科的理论和方法，对高校贫困生问题开展了广泛研究，如社会学学者凭借其敏锐的社会视角和独特的调查方法开展了实证研究，从当代中国的社会问题，如转型期的低收入人群、贫困人口、脆弱群体、社会弱者的生活质量和权利以及社会保障系统等方面论及高校贫困生问题；多层级是指研究课题有国际合作项目、国家级项目、省级项目和市级项目等，层层关注、上下合作、齐头并进，开展立项研究；多区域是指全国东、南、西、北、中，都有理论工作者和实际工作者关注、研究；多形式是指研究成果的推出、发表方式，有的是以专著的方式，有的是以学位论文（博士论文、硕士论文）的方式，更多的是以期刊论文的方式；多维度是指研究问题的多方面、多角度，涉及高校贫困生问题的方方面面。

综合起来看，对高校贫困生问题的研究涉及的方面有：高校贫困生概念和贫困生划分的标准；对贫困生概况及接受资助情况的调查研究；高校并轨招生后收费合理性及学生家长承受力研究；完善高校贫困生资助政策体系研究；对国外高校助学经验的借鉴研究；贫困生思想、心理状况及教育对策研究。另外，还有政策思考、评价，制度剖析、建议等。诸多的专家学者充分发挥自己的聪明才智，穷经皓首，执着以求；科学严谨，见仁见智。他们全面、深刻、系统、独到地研究了很多问题，发表了很多见解，推出了很多成果，为高教事业的可持续发展、高校贫困生问题的最终解决奠定了坚实的理论基础。

毋庸讳言，通过大量地查阅、收集文献资料，结合笔者多年的学生工作体会和现行的工作实际，用理论指导实践，由实践验证理论，从而在高校贫困生问题上有以下几点深刻体会：其一，资金不足是解决贫困生问题的卡脖之痛，如何摆脱这一窘境，目前建设性的想法不多，对政策的理性思考不深，制度建议的可操作性不强；其二，诚信缺失是国家助学贷款之所以步履维艰的瓶颈之困，如何走出诚信缺位这一困局，让助学贷款成为资助方式的主要支撑，对这一问题的研究成果不多；其三，在“助学育人”这个大天地里，“重扶贫、疏砺志”是育人工作绩效不彰的显因，“无偿资助多、有偿资助少”是贫困生心理阴影雾罩的隐因，资助效能不佳是我们的掣肘之忧，这方面的研究明显偏浅；其四，对解决贫困生问题的理论探讨不够深入。这些都是需要我们今后继续努力研究的重点，也是本文试图探讨的方向。

三、本课题研究的思路和方法

（一）思路

我国高校贫困生问题研究是一个需长期开展的可持续发展的大课题。本项研究只是这个大课题中的一个子课题，其基本思路为：

（1）要在本课题中集基础研究、应用研究和咨询研究于一体。使理论上的探讨、实践的经验总结相结合，为进一步完善政策制度和改进工作提供咨询参考意见。

（2）研究要从价值观念层面、政策制度层面、实际操作层面深入进行。把高校贫困生问题的研究和解决，放在构建和谐社会、促进人的全面自由发展总的价值目标之下，作为大学生发展课题中的关键问题来研究，作为高校贫困生发展问题加以系统研究。而这个系统研究现在才刚刚起步，自然重点指向其前提性、基础性问题——高校贫困生资助政策体系问题的研究，但立足点和目标指向始终应是贫困生的全面发展和健康成才。即使对资助政策体系的发展完善研究，也是立足于整体化的思路。不仅要研究各种资助途径、方式、措施在多层次、多元化的资助政策体系中各占什么地位、起什么作用，它们相互关系如何，如何使它们在实践中逐步完善起来，合理配置，各司其职，各显其能，相互补充，相互促进，迈向系统化、科学化、法制化的轨道，而且要研究经济资助如何与育人导向融为一体，价值理念如何指导与融入扶助行动。另外，还要研究国家政府层面、高校层面、金融系统层面、社会层面各自在高校贫困生问题解决中的地位、作用、职责，决策层次和执行层次如何各司其职、紧密配合。

（二）方法

（1）文献法：既研究国家政策文献，又研究理论工作者和实际工作者的研究论著，力求充分吸取已有的成果。

（2）系统法：把整个高校贫困生发展问题所涉及的方方面面，看成一个有机整体，运用系统论原理去考察，试图探讨如何通过要素优化达到整体优化，如何通过结构优化达到功能优化，如何通过不同层次的机构作用的充分发挥使高校贫困生工作有序开展，从而步入良性运行轨道。

（3）案例法：主要是通过随机抽样、整群抽样，了解贫困生情况和资助工作、培养教育情况。

四、本课题的创新之处和难点

本课题的创新之处是高校贫困生资助体系的政策评价、政策思考、制度建议三个方面；难点是郑州大学以外高校助学工作相关数据的严重缺乏。

五、郑州大学案例的代表性

（一）郑州大学概况

河南地处中原，是中华文明的重要发祥地之一。经过长期的历史积淀，形成了底蕴深厚、特色鲜明的中原文化。新郑州大学秉承优良传统，勇于开拓创新，立足中原，面向全国，为国家和地方社会经济发展作出了重要贡献。

新郑州大学由原郑州大学、郑州工业大学、河南医科大学于 2000 年 7 月 10 日合并组建而成，是一所涵盖理学、工学、医学、文学、历史学、哲学、法学、经济学、管理学、教育学、农学等 11 大学科门类的综合性大学，是河南省唯一的国家“211 工程”重点建设高校，是河南省人民政府与国家教育部共建高校。

郑州大学办学资源充足。校本部包括新校区、南校区、工学院、医学院 4 个校区，总占地面积约 433 公顷，其中坐落在郑州高新技术开发区的新校区占地面积 323 公顷，计划建设总投资 19.7 亿元，总规划建筑面积 165 万平方米。

数十年薪火相传，名师荟萃。哲学家、历史学家嵇文甫教授，物理学家霍秉权教授，化学家侯德榜教授，土木工程专家孙国梁教授，耳鼻喉科专家董民声教授，我国食管细胞学创始人沈琼教授，人体寄生虫学专家苏寿泜教授等一大批知名专家学者，都曾在此执鞭任教，承载和传递着原三校的大学文化与大学精神。

学校英才辈出，桃李满天下。自创办至今，郑州大学已经为社会输送了本专科生 20 余万人，研究生 1 万余人。郑州大学学子遍布海内外，他们在各自的岗位上为国家建设作出了重要贡献。

郑州大学办学规模宏大，师资力量雄厚。校本部现有全日制学生46 000多人，其中研究生近 12 000 人，外国留学生近 1 000 人。现有在岗教职工6 000余人，其中专任教师 3 100 人。在专任教师中，有两院院士 26 人（专职 4 人，双聘 22 人），教授 744 人，副教授 1 515 人，具有博士学位的教师总数达到 1 200 人。国家级有突出贡献的中青年专家 15 人，享受国务院政府特殊津贴的专家176人，入选国家“百千万人才工程”15人，教育部高等学校教学指导委员会委员30人，国家级教学名师2人，全国师德标兵1人，全国优秀师德教师5人，河南省教学名师7人，河南省优秀中青年骨干教师253人。全校形成了数量充足、结构合理、层次较高的师资队伍。

学校教学体系完备，科研条件坚实。设有43个院（系），5个附属医院，93个本科专业，34个一级学科硕士点，223个二级学科硕士点，8个一级学科博士点，81个二级学科博士点。另有1个专业博士学位点，7个专业硕士学位点，12个博士后科研流动站。学校教学科研平台坚实，现有1个国家理科基础科学研究和教学人才培养基地，1个国家大学生文化素质教育基地，6个国家级重点学科，57个省级重点学科。各级、各类科研机构170个，其中省级以上科研机构49个，1个国家工程研究中心，1个国家技术研究推广中心，2个教育部重点实验室，2个卫生部药品临床研究基地，10个省级重点实验室（工程中心），7个省高校重点学科开放实验室，1个河南省实验动物中心，1个省部共建高校人文社科重点研究基地，1个省重点社会科学研究基地，9个省高校人文社会科学重点研究基地。学校已具有较强的基础研究、应用研究和科技开发能力。

郑州大学基础设施完善，办学条件优越。学校是全国绿化委员会授予的“造林绿化400佳单位”。现有教学科研仪器设备总值达5.05亿元。学校图书馆建筑面积8.4万平方米，馆藏图书530余万册。拥有1个出版社，公开出版发行学术期刊13种。学校还合作兴办有升达经贸管理学院、西亚斯国际学院、体育学院。

郑州大学学术气氛活跃，对外交流广泛。学校先后与北京大学、清华大学等20余所国内高校建立了合作关系，与美国、英国、法国、日本、俄罗斯、加拿大、澳大利亚、韩国、哈萨克斯坦、白俄罗斯、芬兰、乌克兰等国家和我国的香港、台湾等地区的84所知名高校建立了校际合作关系。

学校坚持以人为本，注重学生素质全面发展，为社会培养了一大批合格的人才，在党建和思想政治工作、教学、科研、医疗、管理、学生工作和后勤服务等方面多次获省级以上荣誉称号。

郑州大学的建设和发展得到了中央和地方各级领导的亲切关怀与大力支持。党和国家领导人贾庆林、李长春、罗干、李岚清及中央政治局委员刘云山、原国务委员陈至立等先后分别到校视察指导工作，教育部、省委、省政府主要领导多次来学校调研或现场办公。在上级领导的关心和支持下，学校在人才培养、师资队伍建设、学科建设、科学研究、校园建设、党的建设和思想政治工作等方面都取得了长足进步，呈现出前所未有的良好发展势头。

郑州大学坚持科学发展观，以加快发展为中心，以学科建设和新校区建设为主线，优化结构，发展内涵，突出特色，扩大开放，立足中原，面向全国，走向世界，主动适应国家和地方经济建设与社会发展的需要，跟踪世界科技、文化发展趋势，着力推进学校的现代化和国际化，努力把郑州大学建设成为国内一流、国际知名、具有区域示范作用的综合性大学。

（二）郑州大学跨越式发展的八年

近年来，在河南省委、省政府和教育部的正确领导与大力支持下，郑州大学以科学发展观统领学校发展全局，紧紧围绕创建全国一流大学的奋斗目标，充分发挥综合性大学的多学科优势，科学规划，强化内涵，抓住关键，突出重点，努力实现学校跨越式发展，呈现出前所未有的良好发展势头。

1. 制定发展规划，明确奋斗目标

1）认清形势，增强使命感

组建新的郑州大学，是教育部落实“共建、调整、合作、合并”八字方针的具体措施，是河南省委、省政府实施“科教兴豫”战略采取的重大决策，目的就是要把新的郑州大学办成文、理、工、医等学科门类齐全的高水平综合性大学，培养高素质人才，为国家特别是河南经济建设和社会发展提供重要的支撑。

如何加快学校的发展，实现省委、省政府和教育部提出的建设任务，是摆在全体郑大人面前的一个崭新课题。解决好这一课题，迫切需要对合校后面临的新形势和新任务有一个清晰的认识，迫切需要学校的现状和发展有一个正确的判断，迫切需要制定出一套科学的发展规划，指导学校规模、结构、质量、效益协调发展。

2）制定规划，谋划发展

合校之初，学校把主要精力放在了机构和制度的统一、重复学科和专业的合并调整、新校区的建设上，下大力气推进实质性融合。2000 年合校后，经过两年多的努力，体制性的融合、办学资源的整合基本完成，制定学校发展战略规划，加强宏观思考和战略研究，明确学校发展的目标正当其时。

从 2003 年 4 月开始，学校根据当时国内高等教育发展的形势，结合学校实际，抽选 36 位精干人员，成立发展规划研究小组，启动三大规划制定工作。研究小组历时 3 个多月，认真思考两个问题，即“建设一个什么样的大学”和“怎样建设这样的大学”，对学校发展的战略思想、战略目标、战略举措，包括存在的一些重大问题，进行了认真研究和系统分析，制定了

《郑州大学发展战略规划》、《郑州大学学科建设与师资队伍建设规划》、《郑州大学校园建设规划》，提出了学校近、中、长期发展目标和战略举措，明确提出：到21世纪中叶，把郑州大学建设成为国内一流、国际知名的综合性、研究型大学。

2. 理清思路，科学发展

（1）坚持教学中心地位。学校始终把提高教学质量作为生命线，牢固确立教学工作中心地位，突出培养创新型人才的教育理念，深化教学改革，强化教学管理，加大教学投入，建设名牌专业，打造精品课程，更新教学内容，强化实践教学，推进素质教育，积极探索人才培养模式，全面提高教学质量。

（2）实施人才强校战略。围绕规模、结构和层次三个重点，大力实施优秀博士引进计划、特聘教授发展计划、骨干教师培养计划、创新团队培育计划，坚持多策并举培养人才，千方百计吸引人才，倾注感情留住人才，创新机制管理人才，强化服务用好人才，促进人才总量与学校的总体发展目标相适应、人才的层次与学校各项事业的发展相适应、人才的管理与各类人才成长的特点相适应。

（3）坚持以学科建设为龙头。本着“整体推进，分层实施，有限目标，重点突破，加强集成，形成特色”的原则，重点抓好凝练学科方向、汇聚学科队伍、构筑学科基地，推进学科交叉，培养优势和特色学科，全面提高学科建设水平。

（4）突出科技创新主题。围绕基础研究、应用开发研究和高新技术及其产业化三个层面，突出重大科研项目立项、高水平成果与论著、科技成果转化、科研基地建设四个重点，构建知识创新、技术创新、理论创新三大创新体系，增强科技创新能力。

（5）实行稳健的财务政策。认真研究学校经费总量急剧增加、办学空间和规模急剧扩大、经费来源多元化、贷款和还贷等新情况、新问题，建立财务风险预警机制，实行稳健的财务政策、紧缩的预算支出政策和积极的资金争取政策，保证重点，兼顾一般，确保学校正常运转和发展。

从2003年开始，学校相继召开了9次全校工作会议，根据学校不同阶段面临的形势和任务，分别提出了“围绕一个目标，突出两条主线，做好八项工作”、“正确处理七个关系，促进学校全面、快速、持续、健康发展”、“构建和谐校园”、“建设节约型校园”、“抓好创新人才培养”、“强化基层管理”等一系列工作思路，着力提升学校的内涵，在学校各项重点工作方面，都形成了一整套明确的工作思路，努力做好顶层设计，并认真组织实施。

3. 强化内涵，加快发展

经过几年来的努力，学校在人才培养、师资队伍建设、学科建设、科学研究、新校区建设等重点工作方面，取得了一系列新的突破，实现了跨越发展。主要体现在以下几个方面。

1）人才培养取得新成效

校本部现有43个院（系），5个附属医院，93个本科专业，专业涵盖文学、理学、工学、医学、历史学、哲学、经济学、法学、管理学、教育学、农学等11大学科门类，全日制在校本科生和研究生4.6万余人，形成了本、硕、博完备的人才培养体系。

人才培养结构日趋合理。按照创建全国一流大学的发展目标要求，实施人才培养层次和结构的调整，稳步发展本科生教育，大力发展研究生教育，目前在校各类研究生人数由2003年的不足1 700人，发展到近12 000人，人才培养的层次和结构日趋合理。

教学质量显著提高。以教育部本科教学工作水平评估为契机，全面实施教学质量工程，切实提高教育教学质量。学校现有1个国家理科基础科学研究和教学人才培养基地，1个国家大学生文化素质教育基地，国家级教学名师2人，国家级精品课程5门，省级精品课程15门，河南省名牌专业8个；承担国家级教改项目7项，获国家级教学成果奖3项；主编的15部教材选题入选教育部“十一五”国家级教材规划；2006年，学校被批准为全国31所英语教学改革示范高校之一；建成了26个校级教学实验中心、实验室，其中，化学实验教学中心被评为国家级实验教学示范中心。近年来，郑州大学学生在“挑战杯”全国大学生课外学术科技作品竞赛、全国大学生数学建模比赛等全国性的比赛中，获得奖励221项，在省级比赛中获得奖励312项；王海龙、赵菁、关莉等同学连续三届获得“中国青少年科技创新奖”。

学校的办学水平得到了社会的广泛认可。以生源质量和就业率为例，学校在全国30个省、市、自治区按重点线招生，特别是在河南，除第一志愿上线率年年爆满外，高分段的学生迅速向郑大汇聚，2006年新生中600分以上的人数占全部新生人数的87%。省外新生最低录取分数线也普遍高出当地重点线10分以上。2007年，研究生招生报考郑大的人数14 000余人，达到国家统一分数线以上的考生超过招生计划近900人。2003年以来，本科毕业生就业率一直保持在90%以上。

2006年10月，学校顺利通过教育部本科教学工作水平评估，并以全票通过评估专家委员会评议获得优秀。

2）师资队伍建设跨上新台阶

学历结构不断优化。学校大力实施优秀博士引进计划。2003年以来，每年引进150名以上的优秀博士，全校具有博士学位的教师由合校时的200余人增加到1 200余人，教师中具有博士学位的比例达到33.5%，具有研究生学历的比例达到80%。

优秀人才不断汇聚。学校积极实施特聘教授发展计划，利用河南省和教育部特聘教授岗位，面向海内外延揽47位学术带头人；设立校级特聘教授岗位52个，面向校外公开招聘，其中海外招聘43人；采用柔性方式，引进18位院士担任双聘教授。“一氧化氮之父”、诺贝尔医学奖获得者弗尔德·穆拉德教授，诺贝尔经济学奖获得者、“欧元之父”、美国哥伦比亚大学教授罗伯特·蒙代尔等著名学者受聘客座教授。

骨干教师迅速成长。学校坚持实施骨干教师支持计划和优秀青年教师出国进修计划，每年选送70余名优秀青年骨干教师到国外一流大学进修或合作研究。目前已有253位教师成为省级优秀中青年骨干教师。2003年，化学系吴养洁教授当选为中国科学院院士，实现了河南省本土培养院士零的突破。

创新团队不断涌现。学校实施创新团队培育计划，以重点学科、博士点、博士后流动站为依托，吸引人才，汇聚队伍，形成了一批以院士和学术带头人为核心、教授为中坚、青年博士教师为支撑的人才梯队和创新团队。

校本部现有近6 000余名教职工，其中专任教师3 100人。有专职院士4人，双聘院士22人，教授744人，副教授1 515人，国家级有突出贡献中青年专家15人，享受国务院政府特殊津贴的专家176人，入选国家“百千万人才工程”15人，教育部高等学校教学指导委员会委员30人，形成了数量充足、结构合理、层次较高的师资队伍。

3）学科建设实现新突破

国家重点学科实现零的突破。目前，学校有凝聚态物理和材料加工工程等6个国家级重点学科，实现了河南省国家重点学科零的突破；有57个学科被评为河南省重点学科。

学位点建设取得历史性突破。经过第十批全国学位点评审，学校实现了一级学科博士点零的突破，达到8个，二级学科博士点总数由2003年的9个达到81个；有一级学科硕士点34个，二级学科硕士点由合校时的69个增长到223个。博士点数量由全国高校落后位次上升到第25位，提前实现了学校发展规划中学科建设的发展目标。

“211工程”建设富有成效。“九五”和“十五”期间，学校共投入4.38亿元，主要用于重点学科建设和公共服务体系建设，形成了中国古代史、考古学、凝聚态物理、有机化学、材料加工工程、化学工艺、结构工程、肿瘤病理、耳鼻喉等特色和优势学科。公共服务体系建设取得新进展，图书馆馆舍面积、馆藏图书、信息化建设水平进入全国高校先进行列；校园网千兆到楼宇，百兆到桌面，覆盖了四个校区每个学生宿舍、职工住宅和教学办公场所。公共服务体系支撑力度进一步增强。

4）科学研究达到新水平

科研基地建设成效显著。近年来，学校利用“211工程”建设项目、教育部21世纪教育振兴行动计划、省部共建专项基金、省级重点学科建设贴息贷款、日元贷款等专项基金，打造了一批一流的学科平台。新增教育部重点实验室2个，结束了河南省没有教育部重点实验室的历史；新增教育部人文社科重点基地1个、卫生部药品临床研究基地1个、河南省重点实验室3个、河南省高校重点学科开放实验室3个、河南省高校人文社科重点研究基地9个，省级以上科研机构达到49个。

科研创新能力不断增强。学校围绕基础研究、应用开发研究和高新技术及其产业化三个层面，突出重大科研项目立项、高水平成果与论著、科技成果转化、科研基地建设四个重点，构建知识创新、技术创新、理论创新三大创新体系，增强科技创新能力。近年来，学校新增国家自然科学基金项目120余项，其中重大项目1项、重点项目1项；新增国家社会科学基金项目32项，其中重大项目A级课题和重点项目各1项，分别实现了河南省承担国家自然科学基金重大项目和国家社会科学基金重大项目方面零的突破。霍裕平院士主持的“磁约束热核聚变基础理论研究”，被批准为国家“973项目”，是我国2005年度国家自然科学基金资助力度最大的一个项目，总经费达6 500万元；国家橡塑模具工程研究中心承担的神舟7号宇航员出舱头盔、面窗等防护装置的研制已通过国家有关部门的验收。

高水平成果丰硕。近年来，学校共承担各级各类科研项目9 000多项，产出科研成果7 000余项，其中700多项通过国家和省部级鉴定，400多项成果获国家和省部级科研奖励，包括国家科技进步奖2项。2005年，学校科研立项经费超过1亿元，2006年达到1.35亿元。学校对经济建设和社会发展的介入度和贡献率不断提高。

目前，学校有各级各类科研机构 170 个，其中，国家工程研究中心 1 个，国家技术研究推广中心 1 个，教育部重点实验室 2 个，卫生部药品临床研究基地 2 个，教育部人文社科重点研究基地 1 个，省级重点实验室（工程中心）、省高校重点学科开放实验室、省重点社会科学研究基地和省高校人文社会科学重点研究基地等 29 个。学校已具有较强的基础研究、应用研究和科技开发能力。

5）校园建设呈现新景象

学校校本部现有 4 个校区，总占地面积约 433 公顷。其中新校区占地面积 323 公顷，总规划建筑面积 165 万平方米。新校区规划分别由国内 3 位院士主持设计，突出“生态化、环保型，数字化、智能型，人性化、文化型，科学化、节约型”的建设理念，努力把新校区建成具有中原文化底蕴、体现现代大学办学理念、有利于多学科交叉渗透、独具郑州大学特色的现代化校园。新校区 2001 年 8 月动工兴建，经过近几年的建设，文科、理科、工科、医科四大教学组团，以及图书馆、实验室等公共服务体系已建成投入使用。2006 年 8 月，院（系）整体迁入新校区。至此，以新校区为主，新老校区协调运转的办学格局和运行机制基本确立，为郑州大学长远的发展奠定了坚实的硬件平台。

6）实现省部共建新体制

2004 年 2 月，河南省人民政府与教育部签订了共建郑州大学协议，实施省部共建的管理新体制。郑州大学成为全国第一所省级人民政府与教育部实施共建的省属高校，为郑州大学的建设和发展提供了新的机遇和更加广阔的平台。

7）对外交流与合作开创新局面

郑州大学紧紧围绕创建国内一流、国际知名大学的奋斗目标，进一步加大开放办学力度，不断拓展与国内外著名大学的交流与合作，大力推进学校的国际化进程。学校分别与美国、英国、法国、日本、俄罗斯、韩国、澳大利亚等国家和我国的香港、台湾等地区的 84 所高校建立了合作关系，其中世界前 500 强的大学有 26 所，前 100 强的名校有 7 所。学校对外交流的层次和深度都有了长足进展，国际化程度不断提升。

8）党建和思想政治工作结出新成果

2003 年，郑州大学团委被授予“全国五四红旗团委标兵”称号，全国仅有 10 个基层团委获此殊荣；2004 年 10 月，在全国第十三次高校党建工作会议上，郑州大学被确定为大会典型发言的 3 所高校之一，介绍和交流了经验。学校还多次被授予“党的建设和思想政治工作先进高校”、“全国先进基层党组织”等称号。

经过多年来的建设，学校基本实现了四个转型：一是整体转型，实现了由教学型向教学研究型的转型；二是人才培养层次的转型，由以本科教育为主向本科生教育、研究生教育并重转型；三是师资队伍结构的转型，包括年龄结构、职称结构、学缘结构、学历结构等的转型；四是管理体制和运行机制的转型，形成省部共建的新型外部管理体制和以新校区为主、多校区协调运转的内部管理体制与运行机制。

学校的人才培养体系更加完善，学科布局更加合理，科研水平不断提高，办学条件明显改善，办学水平和综合实力显著增强，为早日实现创建全国一流大学的目标奠定了坚实的基础。

（三）积极完善贫困生资助体系

贫困生资助政策的成功实施是郑州大学跨越式发展的有效支撑。

郑州大学始终把帮助困难学生顺利完成学业作为学生工作的重中之重，成立了国家助学贷款中心，划拨专项资金，配备专职工作人员和办公设备、场所。制定了《郑州大学国家助学贷款管理实施细则》、《郑州大学学生勤工助学活动管理办法》等制度，设立“国家奖（助）学金”、“河南省政府奖学金”和“宋庆龄资助基金”等，建立了以国家助学贷款为主渠道的“奖、贷、助、补、减”资助育人体系。举办“携妹上学12载的洪战辉”等优秀困难大学生事迹报告会和在学校贫困学生中推选“感动校园十大之星”以及“诚信校园行”短信大赛等活动，坚持物质扶困和思想教育相结合，建立贫困学生动态管理档案，充分利用学校现有资源和社会力量，加大资助困难学生工作力度，规范助学活动管理，积极引导困难学生自尊、自信、自立、自强，促使其健康成长成才，确保了贫困新生顺利入学和在校贫困学生顺利完成学业。2003年以来，学校有66人被评为河南省优秀困难大学生，2 364人次获国家（河南省政府）助学奖学金538万元，436人获宋庆龄资助基金、刘家骥教育基金等社会资助158万元，7 713人次获国家助学贷款3 883万元，112 738人次参加校内勤工助学，获酬金1 212万元；另外，为西部开发助学工程、革命老区等778位学生减免缓交学费282万元，为3 921人次发放困难补助229万元（其中为困难学生发放过冬棉大衣1 540件），有600人通过“绿色通道”顺利入学。

2005年1月，河南省副省长贾连朝、教育厅厅长蒋笃运等领导专程来到郑州大学参加了“送寒门学子快乐回家过年”助学活动，与贫困学生亲切座谈，了解贫困学生的学习和生活情况，勉励大学生树立报国远大志向，报答父母养育之恩，体现了党和政府以及学校对贫困学生的关怀、爱护和殷切期望，同时对郑州大学扎实的助学工作给予了充分肯定和高度赞扬。2006 年 4 月，河南省教贷中心和国家开发银行河南分行对全省国家助学贷款工作进行了专项检查和评估，郑州大学被评为“优秀学校”。

2006 年 7 月，学校率先开展了“暑期提前设岗爱心资助活动”，拿出 20 万元为 67 名报考郑州大学的优秀贫困学子提供了图书管理、校园保洁、食堂帮厨、学生工作助理等岗位，免费提供食宿、体检和往返路费，给每人发放 1 600 元的勤工助学“工资”，提前打开困难学生“绿色通道”，提前进行新生入学教育，引起社会广泛关注和充分肯定，新华社、中央电视台、《人民日报》、《光明日报》、《中国青年报》、《中国教育报》等新闻媒体多次给予专题报道。

2007 年 7 月郑州大学进行了同样的爱心资助活动。

第一章　高校贫困生的现况描述

对高校贫困生的概念、界定、规模以及贫困生的成因等基本情况的了解，是研究高校贫困生问题的基础，是探讨解决高校贫困生问题的前提。对高校贫困生规模的估计，还是一个缺乏确切数据的问题，本章在大量数据采集和实证调查基础上形成的判断，虽出自有据，但也只是一个总的概念。

一、高校贫困生概况

（一）高校贫困生概念

所谓高校贫困生，是指在普通高等学校学生中，由于家庭经济困难，就学期间无力支付教育费用，或支付教育费用困难的学生。贫困生又分为一般贫困生和特困生。笔者赞同张耀灿老师等编的《成才不是梦——高校贫困生的今天与未来》一书中的定义："支付教育费用很困难的"是一般贫困生，"无力支付教育费用的"是特困生。这里所说的"教育费用"是指学杂费和生活费。在实践中，绝大多数高校主要依据三个因素来认定是否是贫困生：一是在校学生学习生活每月消费支出；二是该生家庭人均年收入；三是学生缴纳学费情况。其中，学生在校期间吃、穿、用、行等方面的消费支出水平最能反映学生家庭经济状况。

对于"贫困"的定义，由于受到国家国情、文化背景及时代的影响，不同时期、不同国家对贫困概念有不同的理解。现阶段，我国的"贫困"是指经济意义上的绝对贫困。从经济学角度来看，贫困是指主体因缺少货币收入，而造成支出匮乏，并影响主体身心健康及参与社会活动的状况。所以，评定贫困与否应使用一定的货币数量作为标识。

（二）高校贫困生界定

高校贫困生（包括特困生）的困难程度是与当地人均的消费水平和学生在校期间需要支付费用的增长幅度密切相关的。由于各高校甚至同一学校的不同专业的收费各不相同，因此我们很难用一个具体的数字作为全国划分贫困生与非贫困生的标准，各学校划分标准也存在较大差异。全国大部分高校将特困生的标准定位在家庭人均月生活费不足 100 ~ 150 元，最高的定为 250 元。因此，划分贫困生（包括特困生）的依据和标准是一个必须深入研究和亟待解决的问题。在确定贫困生标准时应考虑以下因素：第一，充分考虑高校所在地区的基本生活水平，如最低生活保障线；第二，划分贫困生标准不应只局限于温饱水平，还应该考虑学生健康成长所需的最基本的营养需要和最基本的精神需求；第三，贫困线的划分应是动态的，不能一成不变，要考虑物价上涨、生活需求变化等诸多因素。

综合考虑以上因素，笔者认为，应该把有关方面规定的学校所在城市居民月生活最低保障标准、贫困学生家庭人均月收入和学校收费数额综合起来考虑，把扣除学杂费后，学生的月生活费与学校所在城市居民的月生活最低保障标准进行比较，作为划分高校贫困生的依据，较为合理。

（三）高校贫困生规模

1. 在校生规模

从恢复高考制度到20世纪末，我国高等教育一直处于精英教育阶段，只有少数人有机会接受高等教育。1997年全国实行并轨招生，其核心是缴费上学、自主择业。特别是从1999年起，全国高校扩大招生，高校的在校生规模逐年大幅度增加。根据教育部提供的资料，2002年，全国各类高等教育在校生达1 600万人，高等教育毛入学率达到15%，我国的高等教育开始迈入大众化教育阶段；2004年，我国各类高等教育在校生总规模超过了2 000万人，居世界第一位，毛入学率已经超过19%；2006年，各类高等教育（包括高职教育）在校生总规模达到2 500万人，毛入学率提升到22%❶。

2. 贫困生比例

在全国范围内，不同高校、不同专业、不同地区、不同年级，贫困生和特困生的比例是不一样的。

据2004年3月中国扶贫基金会对我国内蒙古大学等14所高校进行的调查，贫困生比例平均为24%，特困生比例平均为12%（见表1-1）；其中，农、林、师范类学校贫困生比例在30%左右，特困生比例在15%左右。

郑州大学近几年贫困生比例在20%以上，特困生比例在10%左右。2006年11月郑州大学学生工作部对43个院系中的25个院系贫困生情况的统计表明，贫困生比例是23.04%，特困生比例是9.22%（见表1-2）。

❶教育部周济部长在十七大新闻发布会上公布。

表 1-1 中国扶贫基金会对 14 所高校贫困生的调查结果

学校	在校生人数（人）	贫困生人数（人）	贫困生比例（%）	特困生人数（人）	特困生比例（%）	女生人数（人）	贫困女生人数（人）	贫困女生比例（%）	特困女生人数（人）	特困女生比例（%）
内蒙古大学	13 706	4 112	30	2 740	20	6 853	2 656	39	1 715	25
内蒙古师范大学	13 264	4 057	31	1 774	13	7 510	2 285	30	1 127	15
内蒙古农业大学	17 438	5 275	30	2 616	15	7 834	2 350	30	1 350	17
南京大学	12 658	1 898	15	570	5	4 552	460	10	140	5
河海大学	17 922	3 226	18	1 613	9	5 402	970	18	480	9
河北大学	31 200	6 240	20	2 496	8	16 000	3 150	20	1 300	9
南京农业大学	15 267	4 622	30	2 440	16	5 643	2 033	36	902	16
首都医科大学	5 436	537	10	105	2	3 670	192	5	39	1
中国农业大学	15 180	4 250	28	2 125	14	6 487	1 621	25	778	12
河北农业大学	21 495	4 944	23	2 579	12	10 167	2 745	27	1 525	15
南京林业大学	12 481	3 000	24	1 684	14	5 073	1 000	20	558	11
河北工业大学	17 553	3 458	20	1 982	11	6 071	1 386	23	881	15
同济大学	23 829	5 071	21	3 406	14	8 619	1 547	18	1 012	12
中央民族大学	8 100	2 700	30	1 400	15	4 612	1 400	30	700	15
合计	225 529	53 390	24	27 530	12	98 493	23 795	24	12 507	13

表 1-2 郑州大学部分院系贫困生情况一览表

院系	总人数（人）	贫困生人数（不含特困生）（人）	贫困生比例（%）	特困生人数（人）	特困生比例（%）
化学系	728	176	24.18	64	8.79
体育系	118	27	22.88	3	2.54
美术系	179	41	22.91	15	8.38
音乐系	305	93	30.49	28	9.18
法学院	1 113	354	31.81	102	9.16
药学院	538	147	27.32	72	13.38
商学院	1 428	309	21.64	56	3.92
护理学院	2 180	400	18.35	156	7.16
历史学院	369	86	23.31	47	12.74
外语学院	846	235	27.78	59	6.97
建筑学院	529	90	17.01	37	6.99
口腔医学院	200	47	23.50	17	8.50
基础医学院	1 632	597	36.58	134	8.21
信息管理系	635	143	22.52	85	13.39
生物工程系	498	109	21.89	56	11.24

续表 1-2

院系	总人数（人）	贫困生人数（不含特困生）（人）	贫困生比例（%）	特困生人数（人）	特困生比例（%）
工程力学系	464	151	32. 54	46	9. 91
旅游管理学院	444	150	33. 78	42	9. 46
土木工程学院	1 465	417	28. 46	185	12. 63
信息工程学院	2 740	395	14. 42	262	9. 56
软件技术学院	2 539	263	10. 36	357	14. 06
机械工程学院	1 696	501	29. 54	92	5. 42
公共卫生学院	521	109	20. 92	32	6. 14
物理工程学院	1 331	323	24. 27	137	10. 29
新闻与传播学院	698	89	12. 75	51	7. 31
环境与水利学院	1 270	384	30. 24	120	9. 45
合计	24 466	5 636	23. 04	2 255	9. 22

注：此表中数据来自郑州大学学生处，2006 年 11 月 16 日。

3. 贫困生规模

截止到 2008 年上半年，我国各类高等教育在校生总规模远远超过了 2 500万人，贫困生比例按最保守的 20% 比例计算，全国各类高等教育在校贫困生总数在 500 万人以上；特困生比例按最保守的 10% 比例计算，全国各类高等教育在校特困生总数为 250 万人以上。

贫困生能够在生活极其艰难的境况下，在强手如林的高考竞争中取胜，考上大学，是非常不容易的。他们身上有很多闪光的东西，诸如穷且益坚，自强自立；勤奋刻苦，愈挫愈奋；执着以求，目标坚定；与人为善，朴实厚道；心怀感激，知恩图报等优秀品质。这是每个研究高校贫困生问题的同仁都应该看到的，也是后面探讨贫困生心理问题的前提。

高尔基说过，人类生活的一切不幸根源，就是贫困。

斯言入木，一语道破贫困生问题的根源。

因为贫困，生活上他们必须精打细算，节衣缩食，不求体面，但求温饱。

因为贫困，学习上他们必须妥善安排，争分夺秒，以十二分的努力把“以工养学”所占用的时间补回来，方有可能完成学业；他们必须以常人力所不及的坚韧，刻苦攻读，拿到奖学金，才能达到“以学养学”的目的。

因为贫困，在素质拓展方面，他们必须隐忍自己的渴求，眼巴巴看着许多同龄人参与种种精彩纷呈的校园文化活动，可望而不敢及。

因为贫困，他们必须将自己的情感苦苦压抑，对于正常的人际交往，有心无力，总是回避的多，交流的少。

因为贫困，他们心扉之门常闭，讷于言而慎于行，郁郁寡欢，几成另类。

重重压力，背负在高校贫困生尚还稚嫩的肩膀上，营养不良，心理异常，这决非贫困生自己的错。

有人说，贫困生之苦，是和谐社会之痛，此言不过！

二、高校贫困生成因分析

高校贫困生的存在，因其500万人以上的规模，在我国已是一个令人关注的严重问题，也是和谐社会构建中一组不和谐的音符。研究高校贫困生产生的原因，对于解决这一问题，使贫困生和一般大学生一样，能够更好地成长成才，对于构建和谐社会，具有非同一般的重大意义。贫困学生一定来自贫困家庭，这是毫无疑问的；贫困家庭的产生，其原因是多种多样的。笔者认为，就贫困家庭产生的原因有这样几点是可以肯定的：一是农村贫困家庭产生的原因和城镇贫困家庭产生的原因是不相同的，需要分开研究；二是高等教育扩招和收费政策的实施使得贫困生数量急剧增加；三是贫困家庭产生的原因除了外部的因素，还有家庭内部的因素；四是高校贫困生资助政策的低效执行也是贫困生数量居高不下的原因。

（一）来自农村贫困生的成因

1. 城乡二元经济结构造成的贫困

美国经济学家阿瑟·刘易斯（Arthur Lewis）认为，发展中国家的经济结构是异质的二元经济结构，其发展并没有表现出整体发育和进化的特征，在增长过程中，不同的经济部门呈现出不同的演变态势，甚至某些部门和地区的增长是以另一些部门和地区的不发达为代价的。新中国成立后，为了提高工业化程度，政府利用经济手段，长期强制性地在财政政策上实行以农补工，过分向重工业、向城市、向发达地区作投资倾斜，减少了广大农村地区的资金来源，从而严重制约、阻碍了农村地区的经济发展；在价格政策上，人为制造工农业产品价格剪刀差，在产品交换中使农民利益蒙受损失；通过严格的户籍制度，强制性地在农村和城市之间形成了一道难以穿越的天然屏障，使农民试图跻身城市、改变命运的梦想破灭，使原本封闭的农村变得更加闭塞、落后；公共服务、社会福利等政策被认为是城市人的特权，广大农民皆被遗忘，农村贫困人口由此陷入了更加无助的无望境地❶。

---

❶王大超：《转型期中国城乡反贫困问题研究》，东北师范大学博士论文，2003年。

中国二元经济结构的形成是客观因素与主观因素共同作用的结果，在这一结构中，中国农民始终处于弱势地位。虽然各类群体的收入在不断增加，但难以改变的是城乡由来已久且日益悬殊的贫富差距。中国的城乡差距是世界上最大的。国际劳工组织发表的20世纪90年代中期对36个国家的调查资料表明，绝大多数国家的城乡人均收入比都小于1.6，只有3个国家超过了2.0，中国是其中之一❶；世界银行的研究也表明，中国的整体不平等"是有资料记载的所有国家中恶化最快的"❷。

2. 历史状况延续造成的贫困

由于我国长期停留在农业社会，历史上中国贫困的典型形态基本上都体现在农村。我国气候复杂多变，自然资源分布和地域组合天然不平衡，广大的贫困地区经常遭受旱灾、虫灾和水灾的侵袭。由于旧中国土地私有制造成土地兼并和两极分化，加上战乱频繁，因此农村的亿万农民饱尝贫困之苦。20世纪50年代的调查发现，我国民族地区在民主改革之前，大约有60万人口、10多个民族不同程度地保留着原始公社制度的残余，大约有100万人口的民族地区保持着较为完整的奴隶制度。新中国成立后，消灭了封建地主阶级，土地改革使3亿多无地少地的农民分得7亿多亩（1亩=0.067公顷）土地，每年免去了700亿斤粮食的地租❸，使农村的贫困现象大为改进。但由于历史的原因，从20世纪50年代到70年代末，我国农村贫困人口并没有特别明显的减少。改革开放以来，在各级政府和全国人民的共同努力下，通过解放和发展生产力，中国农村的贫困问题发生了史无前例的变化。世界银行等国际组织一致认为："中国政府为帮助最落后的农村地区摆脱贫困做出了极大努力，这种努力比其他许多发展中国家所做的努力要成功得多。"❹ 然而从目前尚未摆脱绝对贫困的3 000万贫困人口的情况看，恶劣的自然条件、薄弱的经济基础和低度发展的生产力仍然是经济发展的羁绊。"老、少、边、穷"是我国贫困地区的代名词，更是历史性贫困延续的集中表现区域，来自这些地区的学生无疑会带着贫困的烙印。

3. 低素质的人口增长造成的贫困

贫困与人口数量密切相关，一个国家或地区的人口数量与贫困状况成因

---

❶《外国学者称中国城乡收入差距世界最高》，《中华工商时报》，2001-08-16。

❷World Bank. Sharing Rising Incomes. Washington DC：World Bank. 1997。

❸张国、林善浪：《中国发展问题报告》，中国社会科学出版社，2001年版，第318页。

❹程丹峰：《中国反贫困——经济分析与机制设计》，经济科学出版社，2000年版，第6页。

果关系。经济贫困和文化落后，会明显刺激人口的增长。在自然状况下，贫困地区的人口出生率和自然增长率往往高于其他地区。无论在是否实行“计划生育”年代，我国农村贫困地区的人口增长率普遍高出全国平均水平。通常认为，穷人早生多生，是对贫困生活的一种近乎本能的反映。穷人的生活质量和保健水平低下，婴儿的成活率较低，多生便成为与之相抗衡的重要手段；穷人难以享受社会保障，多生子女就成了替他们养老送终的唯一指望。人口增加必然带来更大的环境和资源压力，加剧自然条件恶化，降低人均收入，从而阻碍贫困地区的进一步发展。于是乎，贫困地区便陷入了“越穷越生，越生越穷”的恶性循环中❶。

同时，贫困地区由于受到地域条件的限制，婚配范围十分狭窄，近亲结婚、换亲、娃娃亲、买卖婚姻等现象屡见不鲜，这从生理学角度、从基因组合层面解释了贫困地区人口先天素质较低的原因。加之贫困制约着教育的发展，其后代难以接受正常学龄儿童所应有的教育，从而进一步影响着他们文化素质的提高。陈南岳、周晓东等对20世纪90年代中期我国贫困人口素质问题的研究表明，文化素质低下与贫困程度成正相关；劳动力文化程度为文盲半文盲的农民，其贫困发生率、贫困深度指数分别是小学文化程度的1.5倍和1.6倍，是初中文化程度的3倍和3.1倍，是高中文化程度的3.9倍和3.3倍❷。这样，许多贫困家庭培育出的低素质的子女长大成人后，便又步履于此类循环，复制出更多的贫困家庭。

4. 生态环境恶化造成的贫困

生态环境恶化是当今世界各地区普遍存在的问题。在我国，它已与许多地区的贫困问题形成了明显的因果关系。耕地是人类赖以生存的最基本的生产条件，而可耕地贫乏，耕地承载能力脆弱是我国许多贫困地区自然环境的重要特征之一。迫于生存压力，在山坡上毁林开荒，在草原上毁草种地是最典型的表现，其后果是水土流失，土地不断沙化、碱化、退化，水灾和旱灾频繁发生，特别是近年来连续的旱灾成为部分脱贫人口返贫的直接原因。生态环境恶化通常在贫困地区都有明显的表现，贫困问题集中的西部地区尤为突出。赵兴兰在调研中统计到，目前我国水土流失面积达360多万平方公里，其中西部地区占80%。仅黄河流域上中游地区，水土流失面积就达45万平方公里。其中，青海省水土流失面积占全省总面积的46.32%，甘肃省

❶王大超：《转型期中国城乡反贫困问题研究》，东北师范大学博士论文，2003年。
❷陈南岳、周晓东：《摆脱贫困恶性循环的探讨》，《经济问题探索》，2003（3），第34页。

占86%，宁夏回族自治区占75%，陕西省占66%❶。世界银行在考察中国贫困现象后分析说：“大多数中国的贫困者居住在农村环境严重退化的地区，（他们）除了在某些最无生产性而生态环境最脆弱的土地上汲取微薄的生活源泉外，别无其他办法。这些贫困的人们既是旱地环境退化的作恶者，又是进一步消蚀农业潜力的受害者。特别是在贫困地区，持续的人口增长削弱了支撑农业生产的人均自然资源基础，农民被迫到更陡峭的坡地去扩大再生产。”❷ 其“越穷越垦，越垦越穷”的生态环境恶性循环可见一斑。

（二）来自城镇贫困生的成因

1. 工人大量失业造成的贫困

陈淮在《挑战中国经济十大难题》中，将“劳动力过剩”列在首位。他认为，中国当前就业形势的严峻性来自于三个新的矛盾：其一是体制性矛盾。在国有企业改革过程中，长期包容在“终身就业”体制之内的国企冗员开始大量排出。其二是结构性与区域性矛盾。从“九五”中期以来，一些产业生产能力严重过剩的状况开始在压缩过剩生产能力的结构调整过程中逐渐显现出来，局部区域的下岗现象特别突出。同时，资源枯竭地区也出现了失业人数激增的现象。其三是发展过程中的矛盾。21世纪最初10年，每年至少需要2 500万农村剩余劳动力从土地上转出，才能保证农村人均收入跟上社会富裕的步伐，才能保证城乡以及工农两大劳动者集团之间的经济矛盾不至于激化❸。劳动力的长期过剩，必然使越来越多的企业职工失业、下岗。

失业是贫困的代名词，这在我国城镇地区得到了充分的证明。因为就业收入是居民的主要收入，对一般职工而言，这种收入的取得形式就是每月一次的基本工资，而失业下岗就意味着丧失了每月领取工资的机会，它通常会引起家庭收入锐减，使之在短时间内便感到入不敷出，进而陷于贫困境地。国家统计局《中国城镇居民家庭支出调查资料》显示，目前我国城镇居民收入主要来自四个方面，即就业收入、财产性收入、转移收入和其他收入。其中就业收入是城镇居民收入的主体部分，占城镇居民全部收入的80%以上，财产性收入、转移收入和其他收入三项合计不足20%❹。就业收入的多

---

❶赵兴兰：《西部经济可持续发展的切入点——强化生态环境建设》，《经济问题探索》，2001（7），第12页。

❷钟鸣、王逸：《两极鸿沟——当代中国的贫富阶层》，中国经济出版社，1999年版，第269页。

❸陈淮：《挑战中国经济十大难题》，《智囊》，2001（7），第30页。

❹陈端计：《中国经济转型中的城镇贫困问题研究》，经济科学出版社，1999年版，第39页。

少、有无将直接关系到城镇居民的收入水平和生活质量的高低。

2. 企业长期亏损造成的贫困

目前我国的城镇贫困问题与国有企业的景气度密切相关。20 世纪 90 年代中期，国家统计局对有关贫困户的统计结果显示，户主在国有单位工作的贫困家庭占全部贫困家庭的 53.9%，离退休人员占 16.7%，在集体单位工作的占 16.3%，三项合计为 86.9%❶。由于国有企业一直是我国城镇居民就业的主渠道，就业收入是许多家庭收入的唯一来源，所以对于大多数在岗职工而言，发放工资的多少是决定其生活质量的最直接因素。

2000 年底，是国有企业三年改革和脱困目标的计划完成期。虽然此目标已基本实现，但目前尚有一部分国企的境况并未实现根本好转。从 2001 年宏观统计上看，虽然国有企业利润总额在增加，但处于微利或亏损状态的企业、行业仍占多数。2001 年 1～9 月，513 户国家重点企业销售、出口、利润增速明显回落，亏损企业亏损额降幅逐季减少，亏损行业增加。前 3 个季度亏损企业亏损额累计降幅分别为 17.4%、12.9%、2.2%，29 个重点行业中的亏损行业增加到 7 个❷。而在非重点行业中，亏损严重，处于停产、半停产状态的企业数量则更为庞大。亏损和"双停"（停产 3 个月、半停产 6 个月以上）企业最集中的行业有纺织、轻工、森工、煤炭和军工。由于效率低下，使得工资停发、减发、拖欠现象十分严重，严重影响着职工及其家属的生活质量。

3. 社会福利中断造成的贫困

传统经济体制表现为从生产、流通到分配、消费都严格执行国家计划。国家虽然实行低工资政策，但生活在城镇的居民，从入学、就业到养老，从住房、医疗到部分生活消费品都由国家统一安排、统一调配或统一定价、统一收费。他们在二元经济结构条件下享受着农村居民可望而不可及的各种福利。但在计划经济向市场经济转轨过程中，国家的许多福利政策、保障措施正在成为历史，计划经济体制下的城市福利不断缩小其范围，昔日的各种明补、暗补逐渐被价格调节的市场机制所取代。加之新的社会保障制度尚未建立起来，职工还未从"单位人"转变为"社会人"，单位福利还构成职工实际收入的重要组成部分，一部分人对单位和国家的各种福利仍有强烈的依赖

❶葛延风：《城镇也要反贫困》，《经济学消息报》，1996－11－15。

❷《2002 年社会蓝皮书：中国社会形势分析与预测》，社会科学文献出版社，2002 年版，第 68 页。

感，所以传统福利政策的变化将对许多城镇居民的家庭生活产生重要影响。在新旧体制交替过程中，普通城镇居民尤其是下岗、失业人员以及早期离退休职工最大的负担莫过于住房、教育和医疗费等方面的支出，有时仅其中的一项，就足以使许多家庭难以承担[1]。

4. 社会保障乏力造成的贫困

市场条件下，市场竞争和优胜劣汰是永恒的法则。在它的作用下，部分企业、劳动者必然会处在不利的地位甚至成为竞争的失败者。社会保障是世界各国通行的社会安全制度，旨在弥补市场缺陷，弱化社会不平等，缓解竞争给弱势群体带来的冲击和痛苦，避免社会矛盾的出现。在经济转型期，任何当事者都无法回避各种市场风险，也难以规避城镇贫困问题，因此必须借助于社会保障制度使这些贫困问题得到缓解，使社会上弱势群体的基本生活得到保障。我国现行的社会保障制度是一种体制转型过程中的中间产物，许多方面还不完善。它在一定程度上放弃了原有的泛福利化的模式，引入了市场机制，但专门针对城镇贫困者的福利原则体现得还远不够充分[2]。

20 世纪 90 年代中期，尹世洪对此问题进行了量化分析，当时我国城市贫困家庭实际得到的生活保障是微乎其微的，其中得益于社会保险、最低工资保障制度、最低生活保障制度的贫困户仅占 4.4%，未享受过社会救济和政府救济的分别高达 97.1% 和 94%，所有贫困家庭没有得到过失业保险[3]。虽然这一状况目前有了很大改观，但却仍然没有克服社会保障制度覆盖面小、实施范围窄、保障项目少、保障给付水平低等功能缺陷，尤其是还没有完全改变“单位保障”的传统特色，致使福利保障的重点倾向于效益好的行业或企业，倾向于中高收入阶层。

5. 分配不公与权力腐败造成的贫困

近年来的调查统计显示，影响居民心态的主要因素是官员腐败、失业下岗和贫困等重大社会问题。2001 年，国家计委宏观经济研究院在对“影响当地社会稳定的主要因素”进行分析时，高达 73.8% 的被调查者选择了“腐败官僚主义”，在选项中排在第一位[4]。这一结果充分反映出了权力腐败的社会影响。权力腐败既是一个政治学、社会学问题，又是一个现实的经

[1][2]王大超：《转型期中国城乡反贫困问题研究》，东北师范大学博士论文，2003 年。

[3]尹世洪：《当前中国城市贫困问题》，江西人民出版社，1998 年版，第 326 页。

[4]《2002 年社会蓝皮书：中国社会形势分析与预测》，社会科学文献出版社，2002 年版，第 23 页。

济学问题。在分配环节上，它已独立地构成一种机制，它的作用，使业已存在的分配不公、贫富悬殊等社会问题变得更加突出。

究其根源，陈宗胜、周云波认为，我国体制转轨期的制度缺陷主要表现在以下几个方面：一是新旧体制并存，即双重体制同时运行，如双重汇率制度；二是体制缺位，即旧体制已被破除但新体制又没有建立起来，如国有企业过去对领导层的监督机制已经消亡，却没有代之以新的监督机制；三是体制错位，即新体制的各个部分不配套等，如资金管理与项目审批制度不衔接造成漏洞等；四是体制虚设，名存实亡，比如说对党政官员的同级监察形同虚设❶。

（三）贫困生形成的家庭原因

贫困生形成的家庭原因有以下两个方面：

一是由于父母双亡，没有经济来源；单亲家庭，收入微薄；家庭成员得了重大疾病，长期治疗，债台高筑；因水灾、旱灾、火灾、地震等自然灾害而使家庭经济收入锐减；父母年迈体弱，基本丧失劳动能力，或家里根本无劳动力，收入微薄等原因造成的贫困。

二是由于大多数农村地区生产力不发达，生活方式落后，养老保险和其他生活保障制度基本上没有建立，加之封建社会遗留下来的“不孝有三，无后为大”的传宗接代思想的影响，违反计划生育政策，多生超生，形成了“越穷越生，越生越穷”的恶性循环，加剧了家庭贫困。

中国扶贫基金会新长城项目部提供的《中国优秀特困高考生调查报告》中对家庭异常情况的统计表明：8.5%的学生父亲去世，4.3%的学生母亲去世，34.6%的学生父亲患病，39.9%的学生母亲患病，9.6%的学生父亲失业，11.2%的学生母亲失业，3.2%的学生父母离异，13.2%的学生家庭有其他异常情况，如图1-1所示。

值得注意的是，有时几种情况同时发生在一个人身上，比如有的贫困生既来自贫困地区，又来自父母下岗家庭；有的贫困生既地处贫困地区，又来自多子女家庭；有的贫困生父母是农民或无职业者，其父母又患有疾病或遭意外事故打击等。正是由于这样一些因素的错综交叉，加剧了贫困家庭的经济困难程度，使得特困生的数量不断增加。

---

❶陈宗胜、周云波：《非法非正常收入对居民收入差别的影响及其经济学解释》，《经济研究》，2001（4），第21页。

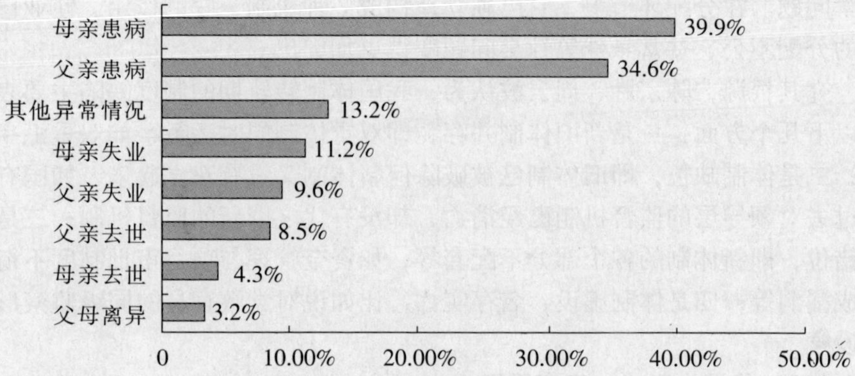

图 1-1 优秀特困高考生家庭异常状况

（四）高校收费造成贫困生比例大幅度上升

在最近一个时期内，“穷国办大教育”是我国高等教育面临的形势特征：一是全面建设小康社会宏伟目标的实现急需高校培养数以千万计的专门人才和一大批创新拔尖人才；二是高等教育的大发展是社会主义现代化建设的迫切要求；三是培养高素质的人才，大力发展高等教育义不容辞、任重道远，我国人口中大专生的比例太低，连发展中国家的平均水平都未达到，人口文化素质低，将直接影响到中华民族的繁荣昌盛；四是教育事业的发展需要大量的经费投入，但国家财政实力却无法完全满足。在教育要大发展，国家又无法大量投入经费的情况下，高校实行适当的收费是必要的。这一政策的实施，是高等教育大发展的需要，符合高等教育成本分担理念和人力资本投资理念。

收费政策的实行，极大地缓解了长期以来高等教育经费投入严重不足的矛盾，改善了国家财力困难的窘境，促进了高等教育的快速发展，使世纪更替时期成为我国高等教育发展史上最为兴旺发达的时代。然而，不应当忽视由于收费标准增长过快而产生的负面效应——贫困生问题的凸现。应当说在这种收费制度制定和实施的过程中，政策的制定者较多考虑的是高等教育本身的发展、高等教育经费投入的不足和参照国际上一些国家高等教育成本分担的做法，而较少兼顾到我国相当一部分中低收入家庭的经济承受能力，使现行的高等教育的收费标准超越了相当一部分公众对高等教育的付费能力和付费意愿，直接后果是高校贫困生比例大幅度上升。

究其原因：第一，学费占高校日常运行费用比例在国际上处于较高水平。教育部多次强调，全国各高校的收费标准要稳定在2000年的水平内，不得随意提高，说明2000年的收费标准已经偏高。2000年全国普通高校学费标准平均为3 550元，学费占当年高校平均日常运行经费的27.7%。而世界银行在一项研究中考察了33个国家公立学校学费占日常运行经费的比例，其中低于10%的有16个，10%～20%的有9个，20%～30%的有6个，30%～40%的有2个❶。印度尼西亚公立学校学费占日常运行经费的比例为11%，印度为18%，中国香港为18%，澳大利亚为20%，新加坡为20%；1994～1995学年，美国公立学校为18%❷。第二，学费增长速度明显超过居民收入的增长速度。1996年我国普通高校学费标准为1 200元，1997年招生收费并轨之后收费平均标准为1 620元，到2000年为3 550元，年平均增长速度超过30%，而"1989～1999年居民的人均收入增长速度不到10%"❸。第三，学生在校平均所需费用占居民家庭平均收入的比重偏高。2000年，我国农村居民家庭年纯收入7 053.14元，城镇居民家庭年可支配收入为19 656.4元，高校人均学费占农村家庭年收入的50%、城镇居民家庭年收入的18%。如果再考虑居民收入差距的因素，按一个大学生一年学费、住宿费、生活费共8 000元计，农村每户按平均4.2人计，占全国人口69.11%的农村人口中约有50%的农户家庭一年全部收入只够一个在校大学生的消费，约有20%的农户一年全部收入无法支付一个在校大学生所必需的费用❹。由中国青少年发展基金会撰写的《中国贫困生调查报告》显示，八成家庭付不起子女学费❺。一个贫困家庭面对远远超出自己收入水平和支付能力的高等教育费用，其子女往往是由于经济的而非智力的原因，被排除在高等教育的大门之外，就是勉强举债入学，生活也极为窘迫，这不符合高等教育机会均等的理念，必将走向教育公平的反面。事实表明，我国现阶段高等教育的收费标准已超出了大部分居民的支付能力，造成了高校贫困生比例逐年上升的态势。

（五）高校扩招造成贫困生数量急剧增加

随着我国高等教育招生规模的扩大和在校生人数的快速增长，高校贫困生的数量急剧增加。从1999年起，全国高校开始大规模扩招。1998年全国

❶World Bank. Higher Education：The Lesson of Experience. Washington DC：World Bank. 1994。

❷袁连生：《中国高等教育大众化进程中的财政政策选择》，《教育与经济》，2002（2）。

❸岳颖：《如何解析我国高等教育的学费难题》，《武汉教育学院学报》，2001（5）。

❹郑勇：《高校贫困生成因与援助方式选择》，《南京政治学院学报》，2003（2）。

❺中国经济网，2006－07－12。

普通高校本专科招生人数是108万人，1999年开始扩招为160万人，以后每年在上一年的基础上平均增加50多万人，直至2007年招生计划数已扩大到567万人。教育部周济部长在十七大记者招待会上介绍，我国高等教育持续健康发展，质量不断提高，全国各类高等教育在校生规模已达2 500万人，毛入学率为22%，已进入国际公认的大众化发展阶段。实践证明，扩招效果是好的：第一，有利于提高全民族文化素质。高等教育毛入学率已达到22%，使我国的高等教育由精英教育转向大众教育。这能够让更多的青年接受高等教育，有利于提高全民族的文化素质。据2000年我国人口统计的结果，我国具有大专以上文化程度的人口为4 571万人，占人口总数的3.5%，发展中国家具有大专以上文化程度的人口占总人口的8.9%，发达国家为30%~50%；我国初中及初中以下的人口为9.67亿人，占人口总数的75%。数据表明，我们依然属于文化程度较低的国家。高校的连续大规模扩招对于尽快提高国民的文化素质会产生积极影响。第二，扩招满足了更多的青年渴望进大学深造的迫切愿望。在高校扩招之前，由于每年的招生指标有限，报考的人数多，实际录取的比例太低。因升大学的入口太窄，形成了“千军万马挤独木桥”的紧张局面，不少青年难圆大学梦。这些难圆大学梦的青年中就有不少人是能够造就为人才，甚至是杰出人才的。大学扩招，让更多的青年有了成才的机会。第三，能够壮大社会主义现代化建设的人才队伍。至2000年底，我国具有中专及以上学历或专业技术职称的各类人员为6 360万人[1]，在全国12.9亿人口中，只占全国人口总数的4.9%。到2005年，全国人才总量达到8 350万人，也仅占全国人口的6.4%。我国的人才完全不能够满足现代化建设的需要。通过扩招，今后每年都有300多万大学生走向社会，能够较快地为我国人才队伍增添大量的新生力量，为社会主义现代化建设事业提供越来越多的人才，使巨大的人口负担尽快转化为人才资源。因此，高校扩招的成绩是应该充分肯定的。高校扩招是教育改革和发展的必然选择。只有通过扩招，才能尽快改变我国人口文化素质低的现状，提高高学历人数的比例。高校扩大招生，有助于中华民族伟大复兴目标的实现。

毋庸讳言，高校扩招对全面建设小康社会目标的实现和促进社会的发展是有利的。但是，由于大学生人数的迅速增加，高校贫困生人数的增长速度也很惊人。中国青少年发展基金会的调查显示，截至2005年8月，我国普

---

[1]《2002~2005年全国人才队伍建设规划纲要》。

通本专科学校在校生人数是 1 561 万余人，其中贫困大学生 405 万人，约占学生总数的 26%。各类高等教育在校生规模按 2 500 万人计算，贫困生比例按最保守的数字 20% 估计，特困生按 10% 估计，现在全国高校贫困生人数至少是 500 万人，特困生人数至少是 250 万人，可谓规模空前。

（六）资助制度的低效运行使贫困生数量居高不下

“穷国办大教育”是我们的国情。在国家对高等教育投入不足的情况下，要大力推进高等教育的大众化进程，就必须多渠道筹措资金，实施成本分担机制，这早已成为世界上大多数国家追求高等教育效率的政策选择。但在实施成本分担机制的同时，对贫困生实施资助也是世界上大多数国家体现教育公平的政策取向。美国在实施高等教育收费政策的同时，“联邦政府、各州政府及高校本身有各种各样建立在经济状况调查基础之上的助学金及一定补贴的学生贷款，这样所有的学生都至少能上得起公立大学和学院，而才华突出的学生则无论家庭收入如何都能保证上得起最贵的大学”[1]。我国政府和高校郑重承诺在实行收费政策的同时“决不让一个贫困生因家庭经济困难而辍学”，并逐步建立了以“奖、贷、助、补、减”为主体的资助体系，从而在一定程度上缓解了贫困生的经济压力，起到了一定作用。但由于资助制度尚不完善，运行乏力，资助效果还未能充分地发挥出来，问题主要体现在以下几个方面：

第一，贫困生获得奖学金的比例较低，以优异成绩作为评定标准的奖学金对贫困学生来说作用不大。虽然全国各高校都设立了优秀学生奖学金，其奖学金数量已占学校学生资助经费的一半以上，被视为学校对贫困生进行资助的重要手段之一，然而获得奖学金的学生与贫困生的对应度不高，原因是大多数贫困生都来自“老、少、边、穷”地区，基础较差，虽然学习很努力，但由于成绩不突出而与奖学金失之交臂。

第二，国家助学贷款因为多方面原因，举步维艰，乏善可陈。从 1999 年起政府启动了国家助学贷款，近年来又出台了一系列优惠政策，但时至今日作为资金提供者的商业银行，由于担心金融风险太大而积极性不高，一直持“慎贷”、“惜贷”的态度，无法满足贫困生旺盛的贷款需求。中国青少年发展基金会表示，截至 2005 年 12 月底，全部大学生中，获得助学贷款的比例约占有 14.6%；“该贷而未贷”的比例约占 11.4%，约有 178 万贫困大学生未能取得助学贷款，国家助学贷款的提供总量与实际需求之间存在显著

[1] D. 布鲁斯·约翰斯通：《高等教育成本分担中的财政与政治》，《比较教育研究》，2002（1）。

缺口。

第三，勤工助学资金匮乏，岗位不足，报酬偏低；加之很多高校教学改革不深入，弹性学制尚未建立，学生几乎没有时间去打工；高校后勤社会化改革之后，后勤服务实体为了降低运行成本、提高经济效益，一般很少使用学生去做一些服务性工作；一些贫困生没有处理好学习和工作的关系，以致“勤工误学”、“勤工废学”，上述种种原因致使勤工助学效果不理想。

第四，减免学费政策对经费一向不足的各高校来说实施困难，各高校实施积极性不高；部分学生及其家长对高等教育的非义务性缺乏认识，长期拖欠应缴费用，使高校欠费现象比较严重，学校也不敢贸然启动减免学费政策。

凡此种种，不一而足。因此，贫困生资助政策的低效运行使得贫困生数量长期居高不下。

第二章　高校贫困生资助体系的理论探讨

对和谐社会、教育公平、公共服务均等化等问题的理论探讨以及对教育产业化的反思，是解决高校贫困生问题的重要理论支撑，也是笔者立论的基础。马克思曾经说过，理论一经掌握群众，就能焕发出巨大的力量。如果政府、社会、高校和学生家庭都能认识到解决贫困生问题是和谐社会、教育公平、公共服务均等化的题中之义和必然要求，那么高校贫困生问题的解决就为时不远了。

一、和谐社会——爱无差等

和谐社会的价值内涵博大精深，非三言两语能够概括。但笔者细细体悟，觉得其核心内容中包含了“爱无差等”这样一种思想，这是一种以人为本的人道之爱，是一种没有差别等级的仁爱，是一种无边的大爱，是一种人类价值共同追求的博爱。贫困生是社会的一分子，贫困生群体是社会的一部分，贫困生之苦是和谐社会之痛，贫困生问题的凸显是和谐社会中不和谐的音符。因此，解决贫困生问题是和谐社会爱之所在。

（一）和谐社会的理论基础

实现和谐社会，是人类社会千百年来追求的理想境界，也始终是马克思、恩格斯孜孜以求的社会理想，是马克思主义追求的社会发展目标。马克思主义创始人在继承前人思想成果的基础上，创立了科学社会主义理论，它包含了对未来社会的科学构想，勾画了未来社会的美好蓝图，其中蕴涵着丰富的社会和谐思想。

1. 在批判资本主义造成尖锐阶级矛盾的同时，设想未来社会的和谐和平等历史必然性

马克思、恩格斯认为，资本主义创造的文明成果虽然超过了以往一切社会，但是资本主义是在种种不和谐的矛盾中产生和运行的，它仍然是片面发展和严重失调的社会，其中充斥着社会不平等和两极分化，存在着尖锐的阶级对抗，其社会发展以牺牲工人阶级和其他劳动人民的利益为代价。这种批

判，既有他们对空想社会主义者的合理思想的肯定，又有自己独特的见解。比如，在《共产党宣言》中，马克思、恩格斯对空想社会主义者关于未来社会的设想进行了辩证的分析，指出空想社会主义者有关社会主义和共产主义的著作含有批判的成分。这些著作抨击了现存社会的全部基础，因此提供了启发工人觉悟的极为宝贵的材料。空想社会主义者关于未来社会的积极的主张，例如消灭城乡对立，消灭家庭，消灭私人营利，消灭雇佣劳动，提倡社会和谐，把国家变成纯粹的生产管理机构——所有这些主张都只是表明要消灭阶级对立，而这种阶级对立在当时刚刚开始发展，他们所知道的只是这种对立的早期的、不明显的、不确定的形式❶。马克思、恩格斯认为："从封建社会的灭亡中产生出来的现代资产阶级社会并没有消灭阶级对立，它只是用新的阶级、新的斗争形式代替了旧的。"❷资本主义的这种不和谐主要表现为：雇佣剥削、贫富分化、社会异化、阶级冲突和社会动荡。这些矛盾的存在和发展，决定了资本主义社会在它的发展过程中，无时不伴随阶级冲突和社会动荡。马克思、恩格斯由此认为，资本主义社会决不是一个和谐社会，这种不平等、不和谐的根源在于资本主义社会的基本矛盾，在于资本主义生产方式，这是资本主义制度无法克服的弊端。同时，通过对人类社会发展规律的分析，提出只有在代替资本主义的新社会，才能实现社会和谐。

2. 在揭示未来社会运动的过程时，进一步论述了人与社会的和谐统一思想

马克思指出："只有在社会中，自然界对人来说才是人与人联系的纽带，才是他为别人的存在和别人为他的存在，才是人的现实的生活要素；只有在社会中，自然界才是人自己的人的存在的基础。只有在社会中，人的自然的存在对他说来才是他的人的存在，而自然界对他说来才成为人。因此，社会是人同自然界的完成了的本质的统一。"❸为此，马克思、恩格斯提出了人与社会和谐统一的思想。他们认为，人和社会是不可分的，人是社会的主体，社会是人的存在方式和存在形态。马克思在《1844 年经济学—哲学手稿》和与恩格斯合著的《德意志意识形态》等著作中对人与社会之间的辩证和谐关系作了敏锐的洞察和精辟的论断。在人与社会的关系上，马克思说："正像社会本身生产作为人的人一样，社会也是由人生产的。"❹人是社

❶❷《马克思恩格斯选集》第一卷，人民出版社，1995 年版。

❸《马克思恩格斯选集》第四十二卷，人民出版社，1979 年版。

❹《1844 年经济学—哲学手稿》，人民出版社，2000 年版。

会的人，社会也是人的社会。马克思、恩格斯揭示了“人的本质不是单个人所固有的抽象物，在其现实性上，它是一切社会关系的总和”❶，还认为，“一切民族，不管他们所处的历史环境如何，都注定要走这条道路，以便最后都达到在保证社会劳动生产力高度发展的同时又保证人类最全面的发展的这样一种经济形态”❷。

3. 在构想“自由人的联合体”时，提出了人的全面而自由的发展是和谐社会的本质规定

马克思、恩格斯把人的发展概括为三个基本的历史阶段或历史形态。第一阶段：以人的依赖关系为基础的缺乏独立自由、个性极不发展的形态。这一形态存在于前资本主义社会时期。第二阶段：以物的依赖关系为基础的具有较多的独立性、较丰富的关系和较多样的才能的形态。这一形态存在于资本主义社会的历史阶段。正如马克思指出的：“大工业的机器使工人从一台机器下降为机器的单纯附属物……一切‘有教养的等级’都为各式各样的地方局限性和片面性所奴役，为他们自己的肉体上和精神上的短视所奴役，为他们的由于接受专门教育和终生从事一个专业而造成的畸形发展所奴役……”❸第三阶段：指的是马克思、恩格斯在《共产党宣言》中第一次向全世界宣告的共产主义的伟大理想：“代替那存在着阶级和阶级对立的资产阶级旧社会的，将是这样一个联合体，在那里，每个人的自由发展是一切人的自由发展的条件。”❹ 之后，马克思又在《资本论》中再次指出未来的新社会是“以每个人的全面而自由的发展为基本原则的社会形式”❺。可见，人的自由全面发展是未来社会主义社会区别于其他一切社会的显著特征和根本标志，是人类社会发展的最高目标，是文明进步的尺度，也是未来和谐社会的本质规定。马克思、恩格斯所说的“人的自由而全面发展”，主要是指人的各种能力和潜能得到充分发挥，人的多样性需求不断得到满足，人的社会关系日益丰富，人与自然和谐共生，人的自由个性充分发展。用马克思的话说，就是“社会的每一个成员都能完全自由地发展和发挥他的全部才能和力量，并且不会因此而危及这个社会的基本条件”❻，“他们的体力和智力

❶《马克思恩格斯选集》第一卷，人民出版社，1995 年版。
❷《马克思恩格斯全集》第十九卷，人民出版社，1963 年版。
❸《马克思恩格斯选集》第四十二卷，人民出版社，1979 年版。
❹《马克思恩格斯选集》第一卷，人民出版社，1995 年版。
❺《马克思恩格斯全集》第二十三卷，人民出版社，1964 年版。
❻《马克思恩格斯选集》第四十二卷，人民出版社，1979 年版。

获得充分的自由的发展和运用”[1]。用恩格斯的话说，就是“人终于成为自己的社会结合的主人，从而也就成为自然界的主人，成为自身的主人——自由的人”[2]。

（二）和谐社会的思想资源

和谐是我国传统哲学的重要范畴，是中华民族传统的核心价值观。实现社会和谐，建设美好社会，始终是人类孜孜以求的一个社会理想。无论是中国还是西方，人们都把和谐作为社会的基本价值观进行不懈的追求和探讨，给我们留下了丰富的思想资源。

爱无差等[3]——墨子的和谐社会思想。墨家是百家争鸣中唯一代表广大人民利益和愿望的亲民学派，墨子被称为春秋战国时期伟大的平民思想家，他提出“爱无差等”这一思想，主张不分远近、亲疏、贵贱地爱一切人，体现的是一种“博爱”情怀，是其“兼爱”思想的具体表现，是墨子一生从事政治和学术活动的归缩。墨子认为国家之间的征战，君臣上下的篡乱，家庭人伦的不合，人与人之间的争斗，其实都是由相互之间“不相爱”而产生的。而医治的药方，就是“兼以易别”[4]、“爱无差等”、“施由亲始”[5]。墨子是中国哲学史上第一次提出“不分差别、彼此普遍相爱”思想的人，他指出，“每个人在天面前都是平等的”，要求“视人之国若视其国，视人之家若视其家，视人之身若视其身”[6]；因为人与人之间的平等关系，应当“有力者疾以助人，有财者勉以分人，有道者劝以教人”[7]；号召所有社会成员抛开等级、阶级、民族、地域和宗教的界限及偏见，摒弃小我，践行大爱，以达到饥者得食，寒者得衣，劳者得息，疾病得治，死丧得葬，进而实现“乱者得治”[8]的和谐社会。

政通人和——范仲淹的和谐社会思想。范仲淹对为官者提出了一个重要的考察标准，一个合格的官员要自觉地贯彻执行上级的指示精神，自觉地与上级保持一致，为官一任，造福一方。他认为，政令出自上级，贯彻要靠下

---

[1]《马克思恩格斯选集》第三卷，人民出版社，1995年版。
[2]《1844年经济学—哲学手稿》，人民出版社，2000年版。
[3]《墨子·经上》。
[4]《墨子·兼爱下》。
[5]《墨子·兼爱上》。
[6]《墨子·兼爱中》。
[7]《墨子·尚贤下》。
[8]《墨子·非命下》。

级，有了“政通”才能有“人和”。“人和”在今天而言，其内涵是人民安居乐业，社会欣欣向荣，国泰民安。“人和”是“政通”之后要努力达到的目的，我们要充分认识“人和”的重要性，现今而言，只有让人们在政府的公共服务方面有更多的话语权，只有贯彻以人为本思想，树立和落实科学发展观，让老百姓得到更多的实惠，为人民谋福利，才能达到“政通人和”的局面。

和而不同——孔子的和谐社会思想。孔子认为，“同”是相同东西的叠加，“和”为不同事物的融合，承认差别，承认矛盾。孔子把“不同”而又和谐相处相生，看做事物的本质，看做社会发展、做人做事的根本原则。著名社会学家、北京大学社会学系教授费孝通先生的“各美其美，美人之美，美美与共，天下大同”，强调文明交流与人类共同繁荣之间的关系及其意义，是对“和而不同”的极好的阐释。

还有很多“和谐”思想，诸如：

天理亦有个中和处——王阳明❶；

和实生物，同则不继——伯阳父❷；

天时不如地利，地利不如人和——孟子❸；

和则一，一则多力，多力则强，强则胜物——荀子❹；

中也者，和也，中节也，天下之大道，圣人之事也——周敦颐❺；

道生一，一生二，二生三，三生万物。万物负阴而抱阳，冲气以为和——老子❻；

中也者，天下之大本也；和也者，天下之大道也。致中和，天地位焉，万物育焉——《中庸》❼。

（三）和谐社会从空想走向实践

从“和谐”的思想出发，古圣先贤们勾画了人类的“至德之世”❽，从“天下为家，各亲其亲，各子其子”❾的“小康”模式：财产私有、生活宽

---

❶《中庸或问》第一章。

❷《国语·郑语》。

❸《孟子·公孙丑下》。

❹《荀子·王制》。

❺《周子全书·通书》。

❻《道德经》第四十二章。

❼《子思·中庸》。

❽《庄子·外篇·马蹄第九》。

❾《礼记·礼运》。

裕、上下有序、家庭和睦、讲究礼仪；到“天下为公，不独亲其亲，不独子其子，使老有所终、壮有所用、幼有所长、鳏寡孤独废疾者皆有所养，男有分，女有归。夜不闭户，路不拾遗”❶ 的“大同”模式：“老吾老以及人之老，幼吾幼以及人之幼”❷；再到道法自然，天人合一，人与万物融为一体，人与自然和谐相处的理想境界。

从“和谐”的思想出发，近代先辈们也设计了人类的理想社会，从洪秀全创建的“有田同耕，有饭同食，有衣同穿，有钱同使，无处不均匀，无人不饱暖”的太平天国；到康有为的“人人相亲，人人平等”的《大同书》；再到孙中山的以“自由、平等、博爱”为归宿的三民主义，无不想缔造一个“致国家于富强、使人民幸福安康、让社会美满和谐”的“大同世界”。

从“和谐”的思想出发，西方先哲们也描绘了人类的美好社会，从古希腊毕达哥拉斯的“美德乃是一种和谐”、古罗马柏拉图的《理想国》，到托马斯·莫尔的《乌托邦》、傅里叶的《全世界和谐》，再到欧文的“新和谐公社”、德国威廉·魏特林的《和谐与自由的保证》，他们的无限遐想，无不对和谐社会寄予了美好的希望。

然而，在当时的社会制度下，这些种种关于“和谐社会”的美好构想，犹如“水中月、镜中花”，是不可能成为现实的。

只有到了21世纪初，中国共产党人才赋予了“和谐社会”真正科学的内涵，把它从理论付诸实践，并为之奋斗。

2002年5月28日，李瑞环在纪念中英两国建交30周年时作了《和睦相处，和谐共进》专题演讲；2002年10月24日，江泽民在美国演讲时谈到：中华民族自古以来就有一个优良传统——以诚为本、以和为贵、以信为先。“和而不同”的思想是社会事物和社会关系发展的一条重要规律，也是人们为人处事应该遵循的准则，是人类各种文明协调发展的真谛。

党的十六大、十六届三中全会都曾提到和谐社会问题，十六届四中全会首次明确提出构建社会主义和谐社会的任务。

2005年2月19日，中共中央总书记胡锦涛在省部级主要领导干部专题研讨班上，对社会主义和谐社会进行了科学的概括和阐述，指出：“我们所要建设的社会主义和谐社会，应该是民主法治、公平正义、诚信友爱、充满

❶《礼记·礼运》。

❷《孟子·梁惠王上》。

活力、安定有序、人与自然和谐相处的社会。”[1]

随后党中央又确定了和谐社会建设的六大基本原则：必须坚持以邓小平理论和“三个代表”重要思想为指导、必须树立和落实科学发展观、必须坚持以人为本、必须尊重人民群众的创造精神、必须注重社会公平、必须正确处理改革发展稳定的关系；以及五大主要任务：构建和谐的经济结构、构建和谐的政治结构、构建和谐的文化结构、构建和谐的生态结构、构建和谐的人际关系[2]。

（四）解决贫困生问题是和谐社会题中之义

从和谐社会的特征、建设原则、建设任务来看，解决贫困生问题是和谐社会构建的本质要求，因为和谐社会的题中之义无不是贫困生的期求和渴盼。和谐社会是贫困生的福音！

1. “以人为本”是和谐社会的题中之义

以人为本就是要以“实现人的全面发展”为目标，从人民群众的根本利益出发促改革、谋发展，不断满足人民群众日益增长的物质文化需要，切实保障人民群众的经济、政治和文化权益，让发展的成果惠及全体人民。马克思说过，未来的社会是“以每个人的全面而自由的发展为基本原则的社会形式”[3]。以人为本就是要把人作为社会主体和中心，在经济发展中以满足人的需要、提升人的素质、实现人的发展为终极目标。只有坚持以人为本，把人当做发展的根本出发点和落脚点，一切以满足人的需要和权益为归依，才有可能使全体人民各尽其能，各得其所，才有可能构建社会主义和谐社会。所以，让更多的适龄青年能够上得起大学，帮助贫困生平等地接受高等教育，顺利地完成学业，是党和政府代表广大人民利益的充分体现，是以人为本、构建和谐社会的不易旨归。

2. “社会公平”是和谐社会的题中之义

社会公平的基石是教育公平，没有教育公平决不会有社会公平。而教育公平又是具体的，包括起点公平、过程公平、结果公平。对贫困生来说，起点公平意味着获得接受高等教育的机会均等，如果有些学生因为经济困难而辍学，或者因为经济困难不敢报考大学，那他们就会失去上大学的机会，谈不上起点公平。贫困生在接受高等教育的过程中，如果因为经济困难解决不

[1][2]胡锦涛：《在中共中央举办的省部级主要领导干部提高构建社会主义和谐社会能力专题研讨班开班式上的讲话》，《人民日报》，2005－02－20。

[3]《马克思恩格斯全集》第二十三卷，人民出版社，1964年版。

了温饱问题，或者因为经济困难而使全面发展的机会受到限制，谈不上过程公平。因为经济困难影响了贫困生的身心健康，影响了学习，导致最后不能顺利毕业，没法完成高等教育，谈不上结果公平。和谐社会提倡“社会公平”，那么首先要保证教育公平，教育公平的实现是有“起点公平、过程公平、结果公平”具体要求的，达到了这三个要求，贫困生的问题就容易解决了。

3. “诚信友爱”是和谐社会的题中之义

温家宝总理说：“民主、法制、自由、人权、平等、博爱，这不是资本主义所特有的，这是整个世界在漫长的历史过程中共同形成的文明成果，也是人类共同追求的价值观。”和谐社会之“友爱”正是温家宝总理所说的、人类共同追求的博爱，是没有差别等级的仁爱，是一种无边的大爱，是对全社会各个阶层，尤其是中、下阶层，弱势群体的无限关爱，使得每一个人享有最基本的社会保障，实现十七大所要求的“学有所教、劳有所得、病有所医、老有所养、住有所居”的愿景。让全体贫困生在接受高等教育的过程中衣食无忧、温饱不愁，每个人都能安心学习、全面自由地发展，顺利完成高等教育，这是和谐社会“友爱”的具体体现。如果高校贫困生这个群体长期存在，他们孤苦伶仃、茕茕孑立，凄苦地蹒跚在求学路上，那么和谐社会的友爱就成了一句空话，和谐社会的构建就是空中楼阁、没有根基了。所以说，解决贫困生问题正是和谐社会爱之所在。

4. “改革发展稳定”是和谐社会的题中之义

改革是为了更好的发展，发展是为了提高全体人民的物质文化生活水平，让社会各阶层公平地享有改革成果，人们安居乐业，社会欣欣向荣，国泰民安，共同构建和谐社会。因此，处理好改革、发展、稳定三者的关系，意义重大。改革开放以来，我国经济社会发展成就巨大，绝大部分人充分享受了改革开放的成果，一部分人已经先富起来。然而，像高校贫困生等社会弱势群体由于种种原因却较少享有改革开放的成果，他们最先也最为强烈地感受到改革、发展的成本和代价。随着我国当前客观存在的分配不公、阶层分化、贫富差距不断扩大的社会现实的延续，势必会造成广大贫困生及其家庭等社会弱势群体被剥夺感的增强和对社会公平正义的困惑，进而引起对改革、发展的种种不平衡心态的累积。这种不平衡心态伴随着社会弱势群体所具有的同质性、集中性、群体性的特点，促使他们表达和追求自己利益的愿望变得强烈起来，如处理不当，就可能激化矛盾，影响社会的团结稳定。没有稳定的社会局面，进一步的改革发展便无从谈起，和谐社会的建设目标就难以实现。所以，解决贫困生问题是处理好改革、发展、稳定三者关系的题内要求，是和谐社会建设的本意。

我们有理由相信，和谐社会构建之初，就是贫困生问题解决的开始；和谐社会成熟之时，将是贫困生问题圆满解决之日。

二、教育公平——有教无类

有教无类，不分贫富、贵贱、老少、男女、种族，让每一个人都有平等的受教育权和均等的受教育机会，是教育公平的价值目标。教育公平是社会公平价值准则在教育领域的延伸和体现，是现代教育的基本价值取向，是世界各国教育制度的根本出发点。教育公平是保证诸如社会底层人民、社会弱势群体中的每一个人都拥有接受教育权利的守望者，是所有受教育者享受公平待遇的保护神，是支撑贫困学子实现“知识改变命运”愿望的钢铁长城。

（一）教育公平之本义

1. 教育公平的两个表现面——教育权利平等、教育机会均等

教育权利平等：教育权利平等的理念是政治、经济领域的平等权利在教育领域的延伸。在超越了身份制、等级制等将教育视为少数人特权的历史阶段之后，平等接受教育的权利作为基本人权，成为现代教育的基本价值之一。20 世纪 40 年代的《联合国人权宣言》即规定“不论什么阶层，不论经济条件，也不论父母的居住地，一切儿童都有受教育的权利”。在 20 世纪 60 年代以来世界性的教育改革浪潮中，教育权利平等成为“全世界所有国家和所有与教育问题有关的人最关心的问题”。《中华人民共和国宪法》和《中华人民共和国教育法》也明文规定：凡中华人民共和国公民，不分民族、种族、性别、职业、财产状况、宗教信仰等，依法享有受教育的权利和义务，享有平等的受教育机会；受教育者在入学、升学、就业等方面依法享有平等权利。

教育机会均等：教育机会均等是指由于事实上存在的个体才能、禀赋的差异、社会政治经济地位的不平等，要求给所有人公平的发展和竞争的机会。由于传统的教育制度有利于享有特权的社会阶层，因而教育机会均等作为现代教育基本理念，具有鲜明的价值指向，主要是改变处于不利地位的社会阶层的教育状况，“机会均等的原则意味着任何自然的、经济的、社会的或文化方面的低下状况，都应尽可能从教育制度本身得到补偿”❶。

---

❶杨东平：《影响接受高等教育机会不均的制度性因素探析》，《中国高等教育》，2001（6）。

1960年，联合国教科文组织详尽阐述了教育机会均等的概念，它包括“消除歧视”和“消除不均等”两部分。“歧视”是指“基于种族、肤色、性别、语言、宗教、政治或其他观点、民族或社会出身、经济条件或家庭背景上的任何差别，排斥、限制或给予某些人以优先权，其目的在于取消或减弱教养中的均等对待”❶。其表现为：一是剥夺某个体或某团体接受各级各类教育的机会；二是把某个体或某团体限于接受低标准的教育；三是为了某些人及团体的利益，坚持分流教育制度；四是使某些人及团体处于与人的尊严不相容的处境。“不均等”是指在某些地区之间和团体之间存在的、不是故意造成也不是因偏见形成的差别对待。

教育机会均等包括三个层面：入学机会均等、进入不同教育渠道的机会均等、取得学业成功的机会均等。

2. 教育公平的三个观测点——起点公平、过程公平、结果公平❷

起点公平：是指尊重和保护每一个人的基本人权与自由发展，即教育权利的平等、入学机会的均等。与学业成就平等相比，这是一种最低纲领的公平诉求，在实践中尤其是指保障儿童接受初等教育、贫困生接受高等教育的权利和机会。

过程公平：既指在起点不公的现实中，通过相应的制度、政策继续体现和维护个人或群体在教育的不同部门与领域内经历及参与的性质和质量的公平，也包括在教育实施过程和师生互动过程中微观层面的公平，以保障个人或群体能够接受自己所需要的教育。

结果公平：是指最终体现在学生的学业成就上的实质性的公平，即教育质量平等，是一种实质性的、目标层面的平等。在研究中，接受大学教育经常被视为结果平等的目标。

3. 教育公平的三种价值观——效率、公平、自我实现

瑞典教育家胡森认为三种公平分别对应了效率、公平和自我实现这样三种主要的社会价值观：①效率优先的起点公平论，即在教育权利平等的前提下，经高度筛选、分流的教育制度，着重考虑经济合理性；②公平优先的过程公平论，即要求在教育资源配置和教学实践过程中，平等地对待每一个人，让他们享受同样的教育；③自我实现突出了个性发展的结果公平观，即以承认个体差异、发展的不平衡性为前提，给每个人提供不同的教育，使其

❶杨东平：《教育公平的理论和在我国的实践》，自然之友网，2006-04-28。

❷陈如平：《走向有质量的教育公平》，《中国教育报》，2007-08-18。

天赋、个性得以全面、自由的发展。

在现代社会的演进过程中，公平与效率经常处于难以兼得的冲突状态，教育发展也面临类似的困境。但与社会、经济领域不同的是，教育领域的这一矛盾呈现自身的特殊性。研究表明，在基础教育阶段，这两者的目标是高度重合的，“在发展中国家，普及基础教育不仅是最公平的，也是效率最高的”。因而，在不同的发展阶段，教育公平问题的特征和重心是不同的。在发展之初，贯彻“教育机会均等”的原则，最重要的是普及教育，保障儿童平等接受教育的权利。在教育初步普及之后，追求的是教育过程中的公正待遇和更高的教育质量，即对教育品质的追求。一般认为，就事实而言，世界各国在教育质量上的不公平比教育机会的不公平问题严重得多。而平等学业成就的实现，至今仍然是一种比较遥远的理想。它不仅反映了与生俱来的个体差异、适应这一现实的“差别性教育”的不足，也反映了在贫富分化、阶层分化的现实中，具有传递性的“文化资本”在教育中的深刻作用❶。

4. 教育公平的三种资源配置原则——平等原则、差异原则、补偿原则❷

教育资源配置的平等原则包括权利平等和机会均等，即受教育权平等和教育机会均等两个方面。

教育资源配置的差异原则是根据受教育者个人的具体情况区别对待，表现为教育资源配置的差异性。教育公平既要求人人都受公平的教育，又要求人人都受有差异的适应性教育。差异性原则要求提供多样性的教育，包括多种类型的学校、多种类型的课程。“教育多样性是教育差异性的表现和教育对差异性的尊重和适应”，对教育多样性的肯定将为追求教育公平开辟广阔的空间。

教育资源配置的补偿原则关注受教育者的社会经济地位的差距，并对社会经济地位处境不利的受教育者在教育资源配置上予以补偿。这种教育资源配置是不平等的，但却是公平的。教育补偿政策通过教育机会的再分配，有助于改变贫困家庭的生活机遇，有助于促进贫困阶层向上流动。

（二）教育公平之思想

1. 有教无类——孔子的教育公平思想

孔子是中国古代伟大的思想家、举世公认的杰出教育家，是我国教育史

---

❶杨东平：《教育公平的理论和在我国的实践》，自然之友网，2006－04－28。

❷吴开俊：《教育公平：我国教育政策的重要路向——学习十七大笔谈（8）》，广大新闻网，2007－11－12。

上第一个将毕生精力贡献给文化教育事业的伟大先哲。在古代，教育往往是贵族和上层统治者享有的特权，即所谓的“学在官府”、“不下庶人”。一般的平民百姓既无经济能力也无机会上学读书。针对当时的时弊，孔子以其远见卓识，从培养齐家治国平天下的人才出发，提出了“有教无类”❶ 的主张，大力兴办私学，扩大教育对象。孔子兴办私学是追求“教育公平”的伟大尝试，开创了“学术下移”之先河。

“有教无类”的本义是不分贵族与平民，不分国界与华夷，只要有心向学，都可以入学受教；体现了教育面前人人平等，每个人都有接受教育的权利，教育没有高低贵贱之分。

“有教无类”的理论基础是其“性相近也，习相远也”❷ 的人性论，“性相近”说明人皆有成才立德的可能性；“习相远”说明了实施教育的重要性。正是基于“人皆可以通过教育成才立德”的认识，孔子才提出了“有教无类”的论断。

在“有教无类”思想指导下，孔子设坛讲学，广收弟子，其门徒不分贫富、不分贵贱、不分老少、不分国籍，兼收并蓄，弟子三千，贤者七十二。从国籍看，有齐、鲁、宋、卫、秦、晋、陈、蔡、吴、楚、郑等诸侯各国。从家庭出身看，孔子的学生来自不同的阶级和阶层，比如有出身奴隶主贵族的孟懿子、南宫敬叔和司马牛等；有“穷居陋巷、一箪食、一瓢饮”的颜渊；有奴隶出身的冉耕；有被称为“卞之野人”的食黎霍；有百里负米养老母的子路；有身着芦衣为父推车的闵子骞；有亲自耕耘、帮母织布，三年不举火、十年不制衣的曾参；有憨厚朴实、乐学上进的平民青年樊迟；有曾为大盗的颜涿聚；还有“家累千金，结驷连骑”的大商人子贡等。

“有教无类”思想的实施，使广大中下层平民享有公平的教育权，满足了平民入学受教育的愿望，适应了社会发展的要求，扩大了教育的社会基础和人才来源，对全体社会成员素质的提高无疑起到了积极的推动作用。因此，孔子“有教无类”的思想在教育发展史上具有划时代的意义。

2. 穷人教育学——温家宝的教育公平思想

2007年教师节前夕，国务院总理温家宝来到北京师范大学，在与师生座谈时说：“我以前讲过穷人的经济学，今天讲讲穷人的教育学。我们的国家太大，尽管这些年经济社会发展很快，但发展很不平衡，很多地方特别是

❶《论语·卫灵公》。

❷《论语·阳货》。

农村还很困难。因此，我们必须大力发展教育事业，努力使教育体现出最大的社会公平，让所有的孩子都能圆上学梦。无论是做教师，还是做人，都应该有一颗同情心、一颗爱心。同情心和爱心是道德的基础。希望我们的学生懂得农民的甘苦，把他们记在心里；希望教育部门、学校和老师更多地关注贫困家庭和孩子。学校的大门是向人人敞开的。让所有贫困家庭的子女都能上学，真正享有受教育的平等权利，这就是穷人教育学。”❶

从穷人经济学到穷人教育学，体现的是温家宝总理一以贯之的民生情怀。时刻想着穷人，心中始终牢记着低收入群体，总理是这么说的，也是这么做的。两者之间其实也是以民生为关注点而一脉相承的，有穷人经济学，就必然会有穷人教育学。

然而，与穷人经济学相比，穷人教育学明显又递进一层，它是在更基本的权利、更高的层面上关注穷人、帮助穷人的民生济困思想。如果说穷人经济学解决的是吃饭和温饱问题，那么穷人教育学关注的就是如何脱贫、如何缩小贫富差距的最根本问题。前者要求我们将经济工作的抓手放到改善“穷人”生活这个着力点上；后者则表明，要想从根本上改变“穷人”的生活状态，就必须发展“穷人”教育，以穷人教育学来促进穷人经济学的各种措施的落实。

温家宝总理之所以提出穷人教育学，当然是事出有因。正如同其引用舒尔茨的穷人经济学是要告诉人们，发展经济要更多地关注穷人一样，穷人教育学其实就是要表明这样一个道理：教育不能只是精英教育，要有面向穷人的一面，要让贫困家庭的子女都能享有受教育的权利，让他们通过教育来改变自己的贫穷面貌。

我们常说，再穷不能穷教育，再苦不能苦孩子。但实际上，我们的教育一直没有“富”起来。多年来，财政性教育经费支出占 GDP 的比重还不到 4%，义务教育还未完全实现免费，独特的城乡二元经济结构决定了农村在教育投入上的落后局面。我国人口中，有 8 亿多农民，而多数穷人都集中在这个群体，再加上城市低收入者，这些穷人们经济地位上的不平等很容易转化为受教育上的不平等——越来越多的贫困家庭子女因为贫穷影响受教育的质量或止步于校门外，失去受教育的机会，教育在青睐精英的同时，不应冷落低收入贫困群体。当教育也患上“嫌贫爱富病”时，穷人教育学的提出就显得更加大有必要了。

---

❶新华网，2007－09－09。

站在公平的角度而言，教育可以直接体现最大的社会公平，因为受教育权是每个公民的基本权利，同时教育也以其巨大的力量而塑造公平。知识可以改变命运，对于穷人来说，教育是改变贫穷现状的一个根本途径，因为教育，贫富差距可以缩小，社会各阶层才有了融合的可能。但是倘若我们的教育不断地拒绝穷人，无异于在剥夺他们改变自己命运的机会，如此就容易陷入穷人越穷、富人越富的恶性循环，而这显然与“让所有人共享发展成果”相悖。

无可否认，在穷人经济学方面，有不少措施已经付诸实施，如免除农业税，在全国范围建立农村最低生活保障制度等，在穷人教育学方面，虽然也免除了农村义务教育阶段在校生的学杂费以及部分师范生的学费等，但离真正的穷人教育还有不少距离。英国哲学家培根说过：“只要维持公平的教育机会，贫穷就不会变成世袭，就不会一代一代、世世代代地穷。”言下之意是说，要改变贫穷，就要懂得穷人教育学❶。

3. 罗尔斯“公平的正义”❷

在当代纷纭复杂的政治哲学思潮和理论建构中，哈佛大学的哲学大师、自由主义思想家约翰·罗尔斯（John Rawls）独树一帜，提出“作为公平的正义”，强烈地表达了对社会公平的重视。其核心思想是：“所有的社会基本善——自由和机会、收入和财富及自尊的基础——都应被平等地分配，除非对一些或所有社会基本善的一种不平等分配有利于最不利者。”

罗尔斯提出关于公平的著名的三条原则：第一，每个人都有获得最广泛的、与他人相同的自由；第二，人所获得不均等待遇的职务、地位应该对所有人开放；第三，应使社会中最少受惠者获得最大利益。他言明了两种性质的公平：一种为“均等性”的公平，即平等地对待相同者，是一种水平性的、横向的、平均性的公平；另一种为“非均等性”的公平，是垂直性的、纵向的、不均等的公平，即“不均等地对待不同者”，如多劳多得、贡献大者先富等。同时，他指出了追求社会公平的价值取向，是在不公平的社会现实中，为处境不利者提供机会或利益补偿。

罗尔斯同时安置了价值的优先性排序。第一个优先原则是自由的优先性，自由权具有最高的地位，“自由只能为了自由的缘故而被限制”。第二个优先原则是正义对效率和福利的优先，正义原则“优先于效率原则和最

---

❶李龙：《从穷人经济学到穷人教育学》，新浪网，2007－09－11。

❷罗尔斯：《作为公平的正义——正义新论》，上海三联书店，2003年版。

大限度追求利益总额的原则”，以及“公平的机会优先于差别原则”。

4. 阿马蒂亚·森揭示的“反公平”现象

瑞典皇家科学院于1998年10月14日宣布，将该年的诺贝尔经济学奖授予印度经济学家阿马蒂亚·森，以表彰他对福利经济学的贡献以及对贫困和不平等问题的突破性创见。

阿马蒂亚·森被誉为“经济学的良心”，他认为功利主义价值观以“效用”作为公平的主要评价，其好处是重视结果、关注福利。但其也存在重要的缺陷，一是“后果主义”，即一切选择必须根据其后果来评值。而把效用定义为快乐、满意、幸福时，其测度十分困难。二是“福利主义”，即只关注实际效用，这导致对权利、自由、责任以及其他非效用因素的忽略。而权利和自由的重要性，不是物质“幸福”可以取代的。三是“总量排序”，即关心总量而漠视分配，只关注把不同人的效用直接加和得到的总量，而不注意这一总量在个人之间的分配，只追求效用总量的最大化而不计较分配的不平等程度。

阿马蒂亚·森认为，应当树立一种新的公平观，它首先是哲学、社会学的，然后才是经济学的。在新的公平观中，自由具有独立的价值，它自身就是价值，既不需要通过与别的有价值的事物相联系来表现其价值，也不需要通过对别的有价值事物起促进作用而显示其重要性。他的实质自由论的第一命题为“自由是发展的首要目的”，即“把发展作为扩大人民享受的真实自由的一种过程”。他的实质自由论的第二命题为“自由是促进发展的不可缺少的重要手段”，是可以用发展中国家的经验事实验证的。它的手段性作用，由政治自由、经济自由、社会机会（教育、医疗保健等）、透明性保证（知情权、信用等）、防护性保障（社会救济等）这样五类“工具性自由”建构而成。它被视为一种具体的“可行能力”，直接影响着人赖以享受更好生活的实质自由：健康、交往、就业、政治参与等。因而，扩展自由既是发展的主要目的，也是促进发展的主要手段。

（三）教育公平之功能

教育公平之所以成为现代教育的基本价值，是由于公平的教育具有促进社会平等的价值功能。自由主义教育家杜威认为，教育的主要功能之一，是促进社会平等化的职能❶。通过教育能够改善处于不利地位人群的状态。在社会客观存在经济、社会地位等方面巨大不平等的情况下，教育给人提供公

❶S. 鲍尔斯、H. 金蒂斯：《美国：经济生活与教育改革》，上海教育出版社，1990年版。

平竞争、向上流动的机会，帮助弱势者摆脱他出身的那个群体的局限，能够显著地改善人的生存状态，减少社会性的不公平。因而，现代社会的教育，一方面在社会流动、社会分化中具有“筛选器”的功能；同时，又具有稳定器、平衡器的功能，被视为是实现社会平等“最伟大的工具”。被称为美国“公立学校之父”的贺拉斯·曼这样宣称：“教育是实现人类平等的伟大工具，它的作用比任何其他人类的发明都伟大得多。”[1]

这就是贫困生之所以能在贫困之中刻苦攻读、愈挫愈奋、执着坚韧、孜孜以求，贫困家庭之所以有在家境贫寒之下不惜倾全家之力、供养子女上学的不竭动力，是因为他们相信“知识改变命运，教育提升层次”这个道理。

（四）教育公平之缺失

我国教育发展中比较突出的不公平主要体现为地区之间、城乡之间和阶层之间的差别上。教育资源配置不科学、教育政策和规则不合理、教育腐败等因素加剧了教育不公平。其不公平的具体表现有以下几个方面。

1. 庞大的贫困生群体的长期存在，是教育不公平的最明显、最具体表现

教育公平的三个观测点是起点公平、过程公平、结果公平。进入大学的高校贫困生虽然有了教育公平中所言的“起点公平”，获得了接受高等教育的机会，但因为贫困，在资助不到位的情况下，他们必须在求学的过程中不辞辛苦地为温饱、为学费而奔波，长此以往，势必影响学习；因为贫困，许多的学习资料没法买、许多的课外辅导没法报名、许多的素质拓展没法参加、许多的人际交往没法进行、许多的校园文化活动没法参与……这种情况下不可能做到“过程公平”。因为这许多的原因，贫困生要想实现全面、自由的发展，圆满地完成高等教育的学习任务，顺利地毕业，非常困难，这就不太可能做到“结果公平”。

教育公平的三种资源配置合理性原则是平等原则、差异原则、补偿原则。进入大学的贫困生虽然享有受教育的权利，获得了接受高等教育的机会，达到了平等原则的要求，但贫困生因为贫困而造成的生活困境并没有得到合理的补偿，因为贫困而造成的发展不全面、综合素质不高、学习基础不厚实等缺陷并没有得到区别对待而予以加强，这不符合差异原则、补偿原则之本义。

在过程公平、结果公平还没有实现之前，在差异原则、补偿原则还没有

---

[1] J. S. 布鲁贝克：《高等教育哲学》，浙江教育出版社，2001 年版。

落实之前，中国高等教育还谈不上真正的教育公平。

2. 地区差别造成的不公平

我国高等教育资源在地区分布上差异极大，发达地区的高校数量远远多于落后地区。2004 年我国东部、中部、西部分别拥有普通高校 759 所、647 所、401 所❶，这使高等教育资源丰富的东部获得了比中西部更多的招生指标，成为大众化教育阶段的最大受益者。1999 年东部每万人口平均拥有高校在校生 40.38 人，西部只有 24.58 人，相差 15.8 人❷。从高等教育毛入学率来看，2003 年全国总体水平为 17%，东部的上海、北京分别达到 53% 和 52%，率先在全国进入高等教育普及化阶段，天津达到 44%，接近普及化，江苏、辽宁均在 20% 以上，而中西部大部分省（市、区）低于全国总体水平❸，如西部的云南、贵州仅 11%。由中央政府投资的全国性重点大学招生名额向所在地倾斜，这使本地学生有了更多的进入全国性重点大学的机会。2003 年，北京大学、清华大学、南京大学、浙江大学、哈尔滨工业大学、中山大学、上海交通大学、西安交通大学、南开大学、中国科技大学、华中科技大学、中国人民大学、厦门大学等全国性重点大学在当地的招生人数远远高于其他地区的招生人数❹。2005 年，这种局面仍在持续，如浙江大学的浙江籍生源达 67.5%，复旦大学的上海籍生源占 63.1%，中山大学的广东籍生源为 62.4%，武汉大学的湖北籍生源超过 50%，南京大学的江苏籍生源达到了 40%❺。

3. 城乡差别造成的不公平

据国家相关课题组调查，近年来随着拥有学历人口的增加，城乡之间的差距逐渐拉大。现在，城市人口拥有高中、中专、大专、大学、研究生学历的人数，分别是农村人口的 3.5 倍、16.5 倍、55.5 倍、281.55 倍、323 倍。

城乡差别表现在方方面面，其造成的不公平，从小学、中学到大学，贯穿整个教育过程。其一，农村学生进入重点大学的比例呈下降趋势，他们更多地进入了非重点的地方院校。根据 2003 年的调查，1999 年北京大学招收

---

❶戴井冈、邱国华、杜瑛等：《我国普通高等学校布局结构分析与思考》，《教育发展研究》，2005（5）。

❷彭泽平：《当前我国东西部高等教育发展区域失衡的几点比较》，《比较教育研究》，2002（5）。

❸周绍森、朱文渊：《对高等教育发展若干问题的理性思考》，《中国高等教育》，2005（1）。

❹陈廷柱：《在公平与不公平之间——论高等教育的地区差异》，《教育发展研究》，2004（9）。

❺晏扬：《重点大学避免“本地化”》，《光明日报》，2005－07－27。

的新生中，农村学生仅占16.3%，比1991年减少2.5%；2000年清华大学来自农村的新生只有17.6%，比1990年下降4.1%；2002年北京师范大学录取的农村学生只占22.3%，比1990年减少5.7%；而在唐山学院、华北煤炭医学院、河北理工学院等地方院校，2001年以后，农村学生比例明显增加，2003年达到63.3%，比2001年增加7.9%❶。南京学者张玉林研究了北京大学和清华大学20年来的招生情况，结果令人惊叹：以1999年为例，两校招收的本科生中农村学生只占17.8%，与农村人口占全国总人口近70%形成鲜明对比。教育的基本功能之一，就是缩小贫富差距、促进社会平等，如果教育反而扩大社会差距，那岂不是背离了教育的初衷？其二，我国高等教育存在忽视地区差别和城乡差别的"城市中心"价值取向。教育作为一种公共产品，也具有社会福利的性质，长期体现的是"城市优先"价值，公共服务不均等。随着市场经济的完善和城市化进程的加快，这一思路显然已经不合时宜。其三，不同省市学生、城乡学生高等教育入学机会不均等。我国现行的统一高考制度，具备了形式上的公平——分数面前的人人平等。但实际录取学生采取的是"分省定额、分省划线"的录取办法，各地录取定额并非按考生数量平均分配，而是按各地高等教育资源的状况，以及优先照顾城市考生的原则。因此，出现同一份考卷，各地录取分数线的极大差异，从而加剧了原本已经存在的城乡之间的教育不平等。1998年，太原市中专录取分数线，非农村学生为376分，农村生按不同区划分别为532分、529分，最大差距达156分，引起社会强烈不满。

4. 阶层分化造成的不公

我国正处在经济社会转型期，不同的社会阶层正在形成，而不同阶层子女接受高等教育的机会大不一样。拥有较多经济、文化和组织资源的较高社会阶层子女的平均录取分数不仅低于较低社会阶层子女，而且前者还能获取更多的进入重点高校的机会，较多地分布在热门专业。

辈出率是衡量不同阶层子女接受高等教育差异程度的量化指标，其值为某一社会阶层子女在大学生中所占比例与该阶层人口在整个社会人口中所占比例之比，辈出率大于、等于、小于1，分别说明某一阶层子女享有高等教

❶"中国高等教育的公平问题研究"课题组发布阶段性研究报告——《高等教育入学机会：改善中的差距》的相关报道，《人民日报》，2005-02-16。

育机会高于、等于、低于全体社会阶层的平均水平❶。一项对闽、湘、川三省18所高校2002级6 773名在校生的调查显示，管理人员、专业技术人员、个体工商户、办事人员、产业工人、农业劳动者、失业人员阶层的辈出率分别是1.8、1.9、1.5、1.0、1.2、0.8、0.7，数据表明前三个阶层子女接受高等教育的机会远高于整个社会阶层的平均水平，处于显著的优势地位；在重点高校中，管理人员、专业技术人员、个体工商户、办事人员、产业工人、农业劳动者、失业人员阶层的辈出率分别为1.8、2.7、1.2、0.9、0.9、0.8、0.7，说明前两个阶层子女进入重点高校的机会大大超过全体社会阶层的平均水平❷。从录取分数来看，一项对湖南某高校2000级1 599名新生的调查显示，干部、工人、农民阶层子女的平均录取分数分别为512分、516分、634分；在该校5个热门专业中，干部、工人、农民阶层子女分别占40.8%、27%、32.2%，而在该校5个冷门专业中，这一比例却是24.4%、22.6%、53%❸。2005年2月，湖南省教委原党委书记朱尚同等5位教育界老同志在媒体上联合撰文追问中国教育公正问题，文章发出了空前尖锐的质问："今天有钱有势者的子女，进入好学校的比例，是不是增多了？他们都是考上的么？我们这么多教育工作者，对此是习以为常了，还是觉得汗颜？"

5.“高额收费”造成的不公

高等教育高额收费妨碍了教育公平的实现。自1997年我国公立普通高校全面实行收费以来，尽管国家明确了高校学费比例以年生均教育培养成本的25%为最高限，但由于中央和地方政府未随着大众化进程的推进而同步扩充对高等教育的投入，高校学费由1999年的3 200多元上涨到目前的4 000~6 000元，超出了城乡居民的经济承受能力。仅在2001年，生均3 985元的学费已分别占城镇居民人均可支配收入和农民人均纯收入的58.09%和168.4%，占高等教育培养成本的比例达到了31.4%，超过世界上大部分国家和地区20%的比例❹。而与收费制度配套的国家助学贷款政策

❶杜永红、杜学元：《论我国高等教育大众化中的入学机会不均等》，《西南师范大学学报：人文社会科学版》，2006，32（2）。

❷谢作栩、罗奇萍：《闽、湘、川3省社会阶层高等教育机会差异的初步调查》，《教育与经济》，2004（3）。

❸余小波：《当前我国社会分层与高等教育机会探析——对某所高校2000级学生的实证研究》，《现代大学教育》，2002（2）。

❹徐佳丽：《高等教育收费制度改革与实现教育公平》，《辽宁教育研究》，2005（6）。

也因风险规避、信用缺失等问题，在解决贫困生贷款上学方面远未达到预期目标。另外，加之在政府投入不足、学费收取日益重要的情况下，为了减轻办学经费和争取国家助学贷款的压力以及有效减少学生欠费，高校也倾向扩大经济发达地区的招生数、减少经济不发达地区的招生比例，这更是加重了贫困家庭子女上学难的情况。

我国居民对教育的投入是以其可支配收入为基础的，而居民的收入水平却因不同地区、不同阶层而存在着较大的差距。我国是一个农业大国，80%的人口在农村，农民收入低下，要支付一笔高昂的学费并不容易。不同社会阶层的经济支付能力成为其子女能否上大学和选择何种院校与专业的决定性因素。很多贫困家庭子女面对偏高的学费和“贷不应求”的助学贷款，有的在考上大学后被迫放弃入学机会，有的在完成高中学业后而不参加高考，有的甚至在初中毕业后直接放弃升入高中的学习机会。举全家之力、倾其所有，勉强能够支付大学费用的贫困生大多数不得不选择收费较低的农林、地矿、石油、师范、军事类院校和冷门专业，失去进入与他们能力和分数相配的院校与专业的机会，而且由于贫困造成其大学生活必定十分艰难，未来的发展也难免要受到许多限制。相反，经济条件较好的家庭子女却能够如愿更多地进入收费较高的重点院校和热门专业。这就出现了接受高等教育的机会分布越来越向有钱人倾斜的现象，导致享受高等教育机会均等程度的降低。

国务院发展研究中心研究员、社会发展研究部部长、学术委员会委员丁宁宁说：“在扩招问题上，我主张分数线以外的扩招收费。分数线以内的可以不收费或少收费。这样既坚持了分数面前人人平等，也为有经济实力的家庭提供了子女就学的机会……一律高收费的扩招，把贫困家庭的子女挡在大学的门外，是一种违背公民平等的社会歧视做法……从今年起，恢复了师范生免缴学费的做法，这是一个良好的开端。”国务院发展研究中心是国务院直属政策研究和咨询机构，是为党中央、国务院提供政策建议和咨询意见的国家最高智囊团，他的话既反映了老百姓的心声；同时，也着眼于民族发展大计、高屋建瓴。“不能把学费当做大学经费的主要来源。大学是酝酿、培养民族精神的殿堂，不应当有那么多的铜臭。如果大学不能做到分数面前人人平等，如何使大学生具备独立的人格和强烈的社会责任感呢？”❶

6. “高招录取”造成的不公

“全国统一高考、分数面前人人平等”，我国这一维持教育公平的高考

---

❶《南方都市报》，2007-09-18。

招生制度已实行了几十年，国人也受之若素、习以为常了。然而，按地区高等教育资源分布的“分省定额、分省划线”的录取办法却隐藏着极大的区域不公，有识之士开始为不平而鸣。随着高校扩招规模的持续扩大，经济发达地区，尤其是中心城市比落后、欠发达地区会得到更多的招生配额，已经出现了发达地区“低录取线、高录取率”和落后地区“高录取线、低录取率”的现象。同一张全国统考试卷，考出的同样分数，在不同地区往往有着截然不同的录取结果，这是中国高等教育不公平的最严重的情况之一，众所周知，而又不予纠正。例如，2006 年清华大学在北京的录取名额是 328 人，全国其他省（市、区）平均数为 110 人；复旦大学在上海录取的名额达 1 400 多人，也远高于全国平均数。又如，2002 年全国重点院校文理科录取线在各省（市、区）之间的最大差距为 106 分、120 分，一般院校文理科录取线的最大差距为 90 分、107 分❶。同样考分的学生在北京、上海能上重点院校，在发达地区只能进一般院校，而在中西部地区进入的只是高职高专学校甚至落榜。2005 年春天的“两会”上，来自湖北团的全国人大代表洪可柱在其关于“高招制度”改革的著名议案中，对当下招生配额不公的具体情形，进行了一番深入的分析：“据不完全统计，恢复高考制度 20 多年来，清华（清华大学）、北大（北京大学）在湖北省每校每年招生人数不足百人，在北京市则不低于 500 人，招生人数两者相差 5 倍；而湖北省总人口 7 500 万人，北京市总人口 1 500 万人，相差 5 倍。即同等条件下，如果湖北省只有一个招生指标，北京市却拥有 25 个指标，这是多么严重的不公平！据统计，湖北省考生上清华、北大的平均分数比北京市考生要高 160 分！”学者张玉林先生也解剖了清华招生情况：在迄今为止的 20 多年间，清华大学投放北京市的招生名额始终超过苏、皖、鄂、川 4 省总和，2001 年则占其招生总数的 18%，而当年北京高中毕业生数量只占全国总量的 0.9%。结果必然是各地录取比例和分数线的极大悬殊。北京大学教授郑也夫也指出：“所谓配额制，大多是偏向弱势群体的，只有在中国当代高考才反其道而行之，它公然照顾强势群体——大城市中的考生！”应该说，国立大学是依靠全体人民纳税的政府财政来维持的，清华是全国人民的清华，北大是全国人民的北大，理应对全民平等开放。而现在，一些大学以帮助落后地区培养人才为借口，搞分数线差异，“其真实目的，很大一部分是为了维护大城市的特权利益和小群体的特殊利益”。《中国青年报》调查显示，89.3% 的人认

❶杨德广、张兴：《关于高等教育公平与效率的思考》，《北京大学教育评论》，2003（1）。

为，目前全国重点大学招生指标的分配是不公平的。

从维护区域公平的角度上讲，国家在大众化进程中按反向歧视原则向少数民族地区、边远落后地区适度倾斜招生计划，以维护民族团结和进一步促进这些地区的经济与社会发展，这都是合理与必要的，也符合世界上缩小种族地区发展差距的惯例，但问题是在“扶弱”的同时，国家却大力“济强”——大幅度增加经济和教育文化程度本来就比较发达的地区和中心城市的招生配额与录取比例，包括允许主要集中在发达地区的全国性重点大学向所在地倾斜招生，这不仅有违区域公平原则，而且人为地扩大了地区之间的高等教育机会不均等程度，政策性地引致了严重的教育不公。

7. 教育腐败造成的不公

教育资源在我国仍然属于短缺资源，远远不能满足社会的实际需要，长期被认为是“一方净土”的教育，也受到社会腐败行为的侵扰。同时，在教育领域部分引入市场机制、扩大学校自主权、实行教育产业化的过程中，由于缺乏相应的制约和规范，也导致一些教育部门和学校的行为扭曲，出现了一些不择手段追求经济利益的腐败行为。

这种腐败集中表现在对公平竞争的升学考试制度的破坏上，通过权力和金钱的交易，换取短缺的教育资源。第一类是“条子生”，通过某种特权进入重点中小学、大学和成为研究生。第二类是“缴费生”，不符合入学标准，但通过花钱买分数取得入学资格。朱尚同等“湖南教育界五老”把这类学生分为三种：一是“定向生”，省属院校可按规定的录取线下降 20 分，收费“行情”不一，少则 1.5 万元，有的重点名校高达 10 万元以上，“定向生”并不“定向”，已是公开的秘密，可这种假指标仍一年年由有关部门郑重下达；二是“二级学院”，各校收费标准不一，大体 3 万元左右，录取线按生源多少而定，可以降 100 分甚至更多分；三是“专升本”，向专科生收费卖本科资格，一般在 1 万元左右。简而言之，如此行径，就是“卖考分”而已。在“缴费生”中，更有一部分是利用公款上学的，例如目前蔚然成风的领导干部读博士，大学设“博士研究生班”。第三类是“保送生”，皆为学校领导、干部子女和教师子弟。在各级教育中，本校教师子弟在入学时享有某种优惠已是普遍现象。

不少家长还观察到，高校招生中，常常让“上线”人数多于最终录取人数，由此产生了很大的“灵活空间”，使具有特殊背景的考生优先进入；至于“机动指标”、“特长生”、“三好生”、“优干生”流向，往往都不是一般平民子女。近年北京航空航天大学南宁招生“丑闻”、湖南省隆回一中

“保送生”舞弊案、上海交通大学“招生黑幕”、河南濮阳县高考舞弊事件、中国音乐学院器乐系招生不正常事件、西安市大面积“体育特长生”舞弊事件，都不过是冰山一角！

严重的腐败行为加深了我们对教育公平重要性的认识，它显示出了学校作为社会文明的标尺，在市场环境中道德自律的必要性，以及维持学术水准和社会公平的重要性。

（五）教育不公之危害

1. 教育不公是和谐社会不该有的痛

法律赋予了平等权，社会呼唤着平等权，专家关注着平等权，领导维护着平等权，应当说公平理念是牢不可破的，但由于历史的原因和现实的利益交织缠绕，阻力重重，在实际操作中真正做到公平并不是一件容易的事。历数教育不公的种种现象，毫无例外地可以解析出教育政策偏差导致教育公平的基础严重倾斜，和谐社会的构建只能是空中楼阁。

2005 年以来的中国教育界，公平问题无法回避地成为关注的焦点和热点。有人解读为，公平公正乃是“和谐社会”最基本、最紧要之元素。而越来越多的人痛感，教育不公平现象已经演化到非常严重的地步。从“山东考生状告教育部”到“西安音乐学院乱收费”，从愈演愈烈的基础教育“择校热”到民办教育遭遇“倒春寒”，从高考移民潮到考场故意舞弊案……教育公平的声音从来没有像今天这样激起国人强烈的共鸣和呼吁。

著名教育学者杨东平认为，当前我国教育发展中比较突出的不公平，主要体现为地区差异和发展不平衡导致的教育机会不均等。

为什么农村孩子的流失辍学率居高不下？仅仅是因为经济压力吗？为什么同样的高考分数，城里的孩子可以上北大、清华，而农村的孩子只能等来三类大学的通知书甚至落榜的命运？当素被称为“推动社会公正之利器”的教育，竟需要身份、地域、户口等附加值来增添砝码时，作为期望通过教育获取上升空间、改变命运的公民，我们还能期待什么？

正是“教育资源配置不公、教育政策和规则不公等政府公共政策偏差，加剧了现实中的教育不公”，全国人大代表李邦良由此建言制定教育公平保障法。教育公平一直被视为实现社会平等“最伟大的工具”，教育政策应该成为社会和谐的积极力量。但是审视我们一些教育政策、教育制度的出台，以牺牲公平为代价，非但没有体现效率，反而加剧了教育的非均衡发展，导致教育乱象环生。遗憾的是，这依然是今天我们制定政策的思维取向。在中国，政策就是最大的资源。我们完全相信一位学者的判断：“相对于缩小历史形成的发展差距而言，通过制度安排和政策调整来增进社会公平，是更为容易实现的。”

数字是枯燥的，但却是不容回避的现实，更将教育公平的社会问题摆在了我们面前。《缩小差距——中国教育政策的重大命题》一书指出，我国教育差距拉大的速度在许多方面比经济差距更严重。强势群体占有优质教育资源的现象有加剧的趋势。在重点中学，干部、知识分子和高收入家庭子女占学生总数的70%以上，在高等教育阶段亦有明显表现。一项涉及37所高校、7万名学生的调查表明，农民子女的比例随着院校层次的升高而降低。《我国高等教育公平问题的研究》也显示，清华大学、北京大学、北京师范大学等国家重点大学，20世纪90年代以来招收的新学生中，农村学生的比例呈下降趋势，贫困家庭子女所占比例就更低了。

现在最主要的问题还是政府的意识不到位，公共服务均等化只是口号而已。政府没有想到，政府是提供公共产品服务的政府，这是其存在合法性的前提，因此在新时代里要履行它的职能，就必须在义务教育里面扮演第一责任人的角色，别无选择。要把教育的公平作为政府首要的职能，政府在教育上要做的工作，就是要努力保障教育公平，通过保障教育公平为实现社会公平提供坚实的基础，进而构建“和谐社会”大厦。但令人失望的是，教育的不平等和由此引发的社会紧张、暴力与日俱增，其危险性并没有引起那些负有相应职责的权力机构的重视；相反，不平等仍然是一种价值取向。那么，和谐社会的建立就是遥不可及。

以“效率”和“示范”为幌子，以容易彰显的“政绩”和不便言说的“好处”为动力，相关决策者和执行者们的主要工作仍然突出表现为“锦上添花”，甚至“削贫济富”。这从某些省（区）至今仍然从农村提取本该用于农村教育的“教育费附加”而转向“支援高校建设”可见一斑。

我们呼唤教育公平，是因为只有确保起点公平、过程公平，才能最终实现社会公平。如果农民和城市低收入者的教育负担沉重如山，让孩子读书就像押宝，构建和谐社会的目标就将很难实现。缩小教育差距理应成为公共政策的重大命题。让教育公平重返时代重心，不仅是和谐社会人文关怀的题中之意，更是实现可持续发展的坚实基础。

2. 教育不公危及和谐社会建设

没有教育公平，就没有和谐社会。教育部原部长周济在接受媒体采访时多次表示，教育公平是个非常重要的问题，教育部门要把怎样处理好教育快速发展和教育公平之间的统筹和协调，作为一个非常重要的任务来抓。

两个“非常重要”，令人感怀！近年来，在教育快速发展的同时，国民占有的教育资源在城乡、地区、阶层之间的公平呈现严重失衡状态。比如，2005 年 2 月《中国青年报》就曾做过关于教育公平问题的特别报道专题，披露的种种教育不公现象令人触目惊心；而 2005 年 2 月，湖南省教委原党委书记朱尚同等五位教育界曾经的高官联名呼吁“遏制教育公平性的恶化趋向”，更反映了现状的严重性。

城乡公平失衡，从朱尚同等五位人士援引的 2002 年的数字可见一斑：全社会 5 800 多亿元教育投资，占总人口 60% 以上的农村却只获得其中的 23%。地区公平显失，有个对比是典型写照：2003 年教育部副部长吴启迪宣布我国高等教育已步入大众化阶段时，称北京市的毛入学率达 49%，即为平均数 15% 的 3 倍多，而云南省 2002 ~ 2003 学年教育事业统计公报显示，该省 2002 年的毛入学率仅 8.64%。至于阶层公平显失，人人都有切身感受，最明显地体现在择校费之类“钱学交易”和暗行或半遮半掩甚至公开的“权学交易”中。朱尚同等“湖南教育界五老”的质问言犹在耳。

时下，国民占有教育资源的公平显失，绝不可等闲视之，因为此害不除，和谐社会只能是海市蜃楼。道理很简单，在市场经济条件下，人们接受教育的差距对应着收入的差距，教育不公平的发展会使收入不公平不断呈“马太效应”循环下去，恶化社会的利益格局，埋下城乡、地区、阶层等人际矛盾、紧张、冲突的隐患，甚至仇恨的种子，与以人为本和全面、协调、可持续发展的科学发展观背道而驰。此种情景之下，还要奢谈和谐社会，只能是痴人说梦。

2005 年 3 月 3 日，《人民日报》发表题为“教育公平：和谐社会的基石”的短评，文章引用了新出炉的“关于我国高等教育公平问题的研究报告”，指出清华、北大在 20 世纪 90 年代以来招收的新生中，农村学生比例呈下滑趋势。作者评价：“教育的基本功能之一，就是缩小贫富差距，促进社会平等……如果教育反而扩大社会差距，那岂不是背离了初衷？”

武汉大学洪可柱教授对《南风窗》直言，中国现行高考制度仅仅具备形式上的公平，但实际采取的是分省定额、划线录取的办法，因此出现各省录取率和分数线的极大差异，加剧了地区之间原已存在的教育不平等，不利于当前中西部崛起的国家战略，不利于和谐社会建设。

所以，严峻的现实提醒我们，不仅应牢记“百年大计，教育为本”的真谛和实现科教兴国战略、人才强国战略重在振兴教育这一基本道理，更应关注如何缓解教育不公的问题。

目前，扭转国民占有教育资源的公平显失，已经具备了基本条件。在全国总体人口已基本越过了温饱关、迈向小康的现在，保障一个人享受正常的受教育权不该成为太大的困难，不论个人财力如何，仅靠公共的教育体系设计也应当能够予以妥善解决，如今之所以还存在着不少问题，关键是因为体制、政策、管理水平的与时俱进乏力。

“没有教育公平，便没有和谐社会。”2005 年春天的“两会”上，“教育公正”的呼声与建言不绝于耳。最引人注目的当属洪可柱教授领衔的 31 位全国人大代表提出的“春秋两季高考”的改革建议，包含“取消地域指标，重点高校实行联考，全国统一录取分数线”等一系列内容。该建议公布后，深得广大民众支持，一时各地报纸纷纷辟出专版讨论。

周济部长说，针对教育公平问题，教育部 2005 年将采取两个方面的措施，一是在义务教育阶段对农村家庭贫困学生实施“两免一补”；二是加大对高校贫困学生的扶持力度。这是好消息，但仅有这些还远远不够。

教育公平是和谐社会的基石，要建设和谐社会，必须实现教育公平。因此，改善教育不公的现状应置于我国教育事业发展的首要地位，故必须站到教育资源配置高度，对教育投资、规划、政策、管理体制等“动大手术”。现实观之，这不是行政主管部门——教育部可独立解决的，它需要全社会的共同努力。

（六）教育公平之阻力

推进教育公平是构建和谐社会的内在要求。然而，在当前，我国推进教育公平主要面临四大阻力：政绩阻力、民众阻力、融资阻力、惯性阻力。如果不看清这些阻力，不消除这些阻力，我们所期待的教育公平，可能只是“镜中花、水中月”。

1. 政绩阻力：教育“锦标主义”打造“五好”通途

在我国，教育往往与政绩挂钩。政绩思维下的教育，要突出亮点，要建设标志性工程，而教育的亮点和标志性工程，在很多地方政府教育主管部门看来，就是“重点学校”。为了建重点学校，地方政府不惜集中人力、物力、财力搞“形象工程”。

近年来，国家要求“取消重点学校，办学不分重点、非重点”，但是，“上有政策，下有对策”，一些地方政府想出各种办法，将重点学校摇身一变，取而代之以“示范学校”，“换汤不换药”让重点学校“名亡实存”。

地方教育主管部门为何如此热衷于办重点学校？原因在于长期盛行的教育“锦标主义”风气。比如，许多地方政府，经常把当地有多少学生考上全国重点大学、考上国内一流高校作为政府工作业绩，对考上好大学的学生以及培养他们的学校、教师实施政府奖励。这种教育“锦标主义”，很显然会使政府想方设法维持教育的“举国体制”——集中所有办学优势资源，对一些学生进行重点培养，构建“好幼儿园、好小学、好初中、好高中、好大学”的“五好”通途，以少数学生的“成功”替代所有学生的全面发展。

2. 民众阻力：公平理想“碰壁”强权现实

政府的办学思路，实际上还有“民意基础”。随着物质文化生活水平的提高，我国居民，尤其是城镇居民，对子女的教育日益关注，对优质教育资源的渴求日益旺盛。

强调教育公平，必然改变以前“锦上添花”的教育资源配置模式，而更注重教育资源的均衡配置。很显然，由此一来，势必将影响这一地区以前的“重点”、“示范”、“特色”学校的办学经费，进而可能影响其办学质量。

推进教育公平发展过程中，由于经费局限，有可能在短时间内出现“好学校办差，差学校没办好”的情况，而这正是民众，尤其是强势民众所担忧的，“择校”最常见的形式是“权、利择校”，一些经济条件不错，同时也拥有“话语权”的家长，往往就会对此施加压力，防止这种情况出现；而政府在大家日益提高的教育质量要求下，也就难以作出“均分蛋糕”的决策。

在高等教育入学机会方面，近年来人们一直呼吁要重新分配重点大学的地区录取名额，这种呼吁也受到现实的阻力。对于在北京、上海、广州等大城市原有政策的得利者来说，就坚决反对重新配置名额的改革。试想，如果把清华大学2006年在北京的328个录取名额，缩减到全国各省（市、区）平均数110人——这个招生人数只是原来规模的1/3，北京市民会都答应吗？把复旦大学在上海录取的1 400多名额，也降为全国平均数，那么将在上海考生中造成怎样的影响？因此，理想的设计，一到现实就会碰壁。

3. 融资阻力：教育产业化名亡实存

发展教育需要资源，这仅靠政府的投资是不够的，需要吸引社会资金。怎样吸引社会资金？是否将教育作为一项“产业”？很多教育主管官员不承认这一提法，但在实际操作中，走的正是这样的“路线”——把优质的资源民办化，用教育质量的差异，来开拓教育的“市场”，来作为收取高额学费的理由。

基础教育方面，在不少地方，公办转民办的小学、初中，均是最好的学校，这些最好的学校，收取高额的学费，拥有最好的师资。这些学校的存在，既将我国义务教育阶段免学费的法律架空成一纸空文，也将政府禁止“择校”的命令变为“自己打自己的耳光”——政府为了拓展办学资源，转制了优秀的办学资源，就是为了他们在择校中获得发展机会，禁“择校”令只对公办学校有效，对民办学校完全无效。

4. 惯性阻力：教育公平连遭“质疑”

推进教育公平，还遭遇“惯性阻力”：一是环境惯性，由当前教育不均衡现状、教育投入管理模式以及社会诚信环境形成；二是思维惯性，由简单、绝对的分数公平标准与特权意识形成。

在我国，教育发展不均衡问题已经十分严重。根据经济学的“马太效应”原理，教育的不均衡情况，如果没有积极的外在措施，将可能更加严重。贫困地区，教育落后导致人才匮乏以及教育观念落后，这将进一步影响教育的发展；而发达地区，人才聚集，信息畅通，已经处于优势地位的教育，拥有进一步发展的人才优势、资金优势。从目前我国教育投入、管理体制来看，还无法根本改变教育财政支出地方负责、分级管理的模式，而由于我国地区经济发展的不平衡，这些差异会加剧地区间的教育不均衡发展。

另外，一些教育改革措施，即便是针对教育公平的，由于我国的教育现状也会产生新的教育公平问题。我国的高考改革、研究生招生制度改革，近年来每推出一次改革举措，都会受到影响教育公平的质疑。

我国推出的集中时间分省命题的高考改革，被人们指责为妄图以不同的考题，来抹去统一考题造成的地区分数线差异——分数线是由当年考生考试情况，各高校在当地的录取名额确定的，在统一命题时，北京等发达地区的分数线要低于中部一些省100多分。有人甚至提出，高考改革应回到以前全国一张试卷上，并确定全国统一录取分数线，不再分地区指标进行录取。这是“分数”公平的典型表现，只有卷面的分数才能较好地避免大家作假。

此前，中国政法大学推出的按各省（市、区）人口比例分配录取指标的改革，初期被大家欢呼为教育公平的好举措，认为各地区的学生能享受到公平的入学机会，而随着大家讨论的深入，有人也开始责难。我国教育事实上存在的地区质量差异，按各省（市、区）人口比例分配录取指标，无异于“奖懒罚勤”：教育质量高的地区、学生考得好的地区，与教育质量差的地区、学生考得一般的地区，获得的升学机会是一样的，这对教育质量高的地区，是制造了新的不公平。大家预测，如果这种招生制度在所有全国重点大学推行，那么将会导致新一轮的高考移民，一些有能力的人，会把自己的子女向教育相对落后的地区移民，以获得升学的优势。

大学的自主招生，以及考研中将笔试与面试成绩综合计分录取的方式，也被大家担忧会制造新的教育不公。具体表现在两方面：一是在强调面试的自主录取中，一些来自不发达地区、贫困家庭的学生，由于受到的教育相对落后、见识不广，面试表现显然处于劣势，在以前的笔试考试中，他们能抓住机会改变命运，而面试录取则有可能使他们的机会缩小；二是当前的教育体制与诚信环境，会让有权有钱者有更大的操作空间。为此，一直被批评为“一考定终身”，影响学生个性发展、人格完善的高考制度，却成为老百姓接受度最高的制度，也被专家们认为是“最不坏的制度”。很多人相信，在我国，如果引进美国的高考录取制度（综合 SAT 成绩、高中成绩、学校面试表现、社区服务成绩，各高校对学生进行自主录取，以及每个学生可以获得多所学校的录取通知书），高考录取将乱成“一锅粥”，公众对教育公平缺乏信心。

专家指出，落实教育公平，必须在直面以上阻力的基础上加强对策研究；否则，我国的教育公平将在缩小教育不公平的旗帜下，行拉大教育差距之实。

（七）教育公平之呼唤

让教育公平成为时代议题的重心！

有许多值得聆听、尊重和沉思的声音发自广大的民间，发自富于良知和责任感的公民们的内心。

我们不应淡忘几年前那桩“高考学生起诉教育部”的冲天一诉。这一事件开启了公民参与国家教育改革的先河：2001 年 8 月，山东省青岛应届高中毕业生栾倩等 3 人起诉教育部高考招生计划违宪。她们认为，宪法赋予公民的权利，包含了平等权和受教育权，而教育部这一行政行为，根据地域对招生人数做了不同限定，从而直接侵犯了包括原告在内的广大考生的平等受教育权。

这一诉讼虽以栾倩等人撤诉告终，却在全国引起了极大震动。随后，山东省宣布取消省内各地区的分数线差异——这是中国招生指标松动的开端。

2005 年，武汉大学教授洪可柱等 31 名全国人大代表提出了关于“改进高考制度”的建议，包含“取消地域指标，重点高校实行联考，全国统一录取分数线”等一系列内容。建议公布后，深得广大民众支持，一时各地报纸纷纷辟出专版讨论。

还有更多温和或激进的改革呼声在积聚，在回荡。

湖南“教育界五老”朱尚同等建议，在国家预算法中规定，国家每年财政性教育经费占国民生产总值的比例不能低于4%，并应严格规定对农村义务教育投入的恰当比例。

全国政协委员崔琳在2005年春天“两会”上提议，农民工子女上学收费应与当地学生一视同仁，公办中小学要尽快成为吸收农民工子女上学的主渠道。

著名教育学者杨东平建议，大学应分为国立、省立、市立，其中，国立大学向全国公平招生，地方高校可倾向当地生源。其还认为中小学的“重点学校”制度完全违反义务教育法，造成强烈的择校热，应该停止。保送生、特长生、定向生、国防生、三好生加分等政策，也都应予取消。

以网上论政著称的全国人大代表周洪宇指出，应从农村开始实施九年义务教育完全免费制。这一提议已成为现实。

广东民营教育家信力建先生则认为，只有建立至少省一级以上的公共财政，实现教育财政划拨的整体均衡，才能产生真正意义上的公民教育或者国民教育。

呼声较高的教育改革吁求还包括：建立中央财政对经济困难地区义务教育的转移支付制度；行政部门只能按照《中华人民共和国宪法》和《中华人民共和国教育法》对学校进行投入和宏观规范，不能以政策方式进行具体干预和谋利；大学应实行政校分开的制度，鼓励自由和创新的学术研究；改革高考方式和内容，压缩考试科目、天数，增加高考次数，推行能力考试，减轻学生负担，考试由民间机构组织，招生由大学自主；尽可能地利用社会资源办大学，取消在高考招生、政策扶持等方面对民办教育的歧视；进城务工农民的子女应在所在城市平等就学；立法规定社区参与义务教育学校的管理和监督……

总之，人们向教育界大声呼唤的，乃是一个崭新的国民教育体系：公平的供给、公正的选择、公开的治理。

“教育的改革，关系到民族国家的深远利益，有理由发动广泛的社会力量来参与教育改革，吸收最大多数人的道德热情、聪明才智，共同铸造一个透明、法治的公共教育制度——和谐社会的理想就寓于其中。”洪可柱教授充满激情地如是呼吁。

和谐社会，爱无差等；教育公平，有教无类。我们期待着“教育公正”运动的开展，早日让平等受教育权成为时代议题的重心。

（八）教育公平之构建

重温教育公平的法理依据十分必要。

《联合国人权宣言》规定："不论什么阶层，不论经济条件，也不论父母的居住地，一切儿童都有受教育的权利。"

《中华人民共和国宪法》和《中华人民共和国教育法》也明文规定：凡中华人民共和国公民，不分民族、种族、性别、职业、财产状况、宗教信仰等，依法享有受教育的权利和义务，享有平等的受教育机会；受教育者在入学、升学、就业等方面依法享有平等权利。

法理问题毋庸置疑，关键是理解偏差和实践错位。触摸现实，聆听民意，我们可以感知到从"文本平等"到"实体平等"还有很多障碍，由"公民依法享有受教育的平等权益"到"依法拥有受教育的平等权益"尚需时日。

教育不平等造成了公民个人技能和劳动力资源上的不平等，使农村和城市贫困群体子女进入社会高层的门槛大大抬高了，贫困和富裕阶层之间上下流动的障碍增大了，教育这一最有效的扶贫和提高社会公平性的手段减效了。在欧美一些国家，教育不公平被认为是国家危机。

2004 年，联合国主管教育权利事务的特别调查员来华考察，离开时，她抛下一句让所有闻听者当场噎住的评价："在保证教育权利方面，贵国连非洲的乌干达都不如！"

2005 年是"八股取士"的科举制度被废除的第 100 个年头。许多人不约而同地提出一个令人颇感苦涩的问题："中国古代科举制度尚且能大致体现社会公平，而我们今天的社会主义国家还做不到吗？"

教育公平是社会公平价值在教育领域的延伸和体现，包括教育权利平等和教育机会均等两个基本方面。教育公平不仅是指公民人生起点的义务教育阶段基础教育年限的平等，更重要的是教育资源、教育质量和发展机遇的平等。有了起点的公平、过程的公平，才可能有结果的公平，即实质的公平，不同家庭背景、不同民族、不同性别的学生才能获得基本相似的学业成就。结果的公平，这是一个理想状态，也是所有关注教育的人的一个理想。

目前教育公平还远远没有成为教育公共政策的价值取向，但它被视为实现社会平等"最伟大的工具"，值得所有的人去努力争取。确保教育公平是关系国家战略的大问题，也是坚持科学发展观、落实以人为本这一治国理念的需要。

一般公认，教育是实现社会公平最直接、最有效的方式，应该是社会的平衡器、稳定器，如果教育都出现了不合理、不平等，那么会加速和凝固社会的不平等。总的来说，造成教育不公的原因，一是政府公共职能的缺失。义务教育不是非公共产品，也不是准公共产品，而是纯公共产品，让所有适龄儿童享受优质的义务教育是政府的职责所在，义务教育阶段的经费应该由政府全部承担，纳入财政预算，不应让广大老百姓分担其成本，让老百姓买不该买的单。二是社会不公平造成教育不公平。由于社会主义市场经济尚待完善、规范，社会的二元结构所带来的城乡差距明显加大，人们收入分配差距明显拉大，引发和衍生了诸多的经济、社会和政治问题，故而也导致了教育不公平。三是教育投入严重不足。长期以来，财政性支出占 GDP 的比重较低。近年来虽有改善，但仍然不能满足教育的基本需求。教育投入的严重不足，极大地影响了教育的发展，阻碍了实现教育公平的进程。四是不同教育观念的碰撞影响着教育公平的推进。社会的不公平造成教育不公平，教育不公平反过来又加剧了社会不公平，形成恶性循环。

三、公共服务——阳光普照

党的十七大报告提出，逐步实现全社会基本公共服务均等化。国务院《关于建立健全普通本科高校、高等职业学校和中等职业学校家庭经济困难学生资助政策体系的意见》开篇之首明言，建立健全家庭经济困难学生资助政策体系，使家庭经济困难学生能够上得起大学、接受职业教育，是实践“三个代表”重要思想、落实科学发展观、构建社会主义和谐社会的重要举措；是实施科教兴国和人才强国战略，优化教育结构，促进教育公平和社会公正的有效手段；是切实履行公共财政职能，推进基本公共服务均等化的必然要求。公共服务均等化是我国“十一五”规划提出来的新任务，对广大高校贫困生而言，犹如久旱之甘霖、普照之阳光，其重要性不言而喻，也是笔者介绍公共服务均等化理论的缘起。

（一）公共服务均等化的题中之义

所谓公共服务均等化是指政府及其公共财政要为不同利益集团、不同经济成分或不同社会阶层提供一视同仁的公共产品与公共服务，具体包括财政投入、成本分担、收益分享等方面内容。

公共服务均等化是我国公共财政制度改革的基本目标之一，具体来说，是中央政府要为社会公众提供基本的、在不同阶段具有不同标准的、最终大致均等的公共产品和公共服务。即在基本的公共服务领域政府应尽可能地满足人们的基本物质需求，尽可能地使人们享有同样的权利。

所谓公共产品，按萨缪尔森的经典表述，是指“每个人对这种产品的消费，并不能减少任何他人也消费该产品”❶，其实质是指具有共同消费性质的服务，而不是“产品”本身。

公共服务领域包括公共设施、公共医疗、文化教育、环境保护、社会保障等，这些服务和设施，涉及老百姓的切身利益，与经济社会发展密切相关，而市场又无法满足人们的需求。因为以市场化手段配置资源，追求的是资本利润的最大化。而在上述领域，资本却往往不能实现利润最大化——价格太低，投资者不能获利，价格太高，则消费者难以承受，因而私人资本往往不愿进入。这就需要政府负起责任，在这些市场失灵留下的“服务空白”❷中，由政府和社会给予制度性保证和有效的支持，确保社会领域基本公民权利的实现，这就是“公共服务”的真正含义。

公共服务均等化有助于公平分配，可以实现公平和效率的统一。在国外，公民享受基本均等的公共服务被认为是天经地义的、公民与生俱来的权利，因此公共服务均等化早已成为发达市场经济国家基本施政纲领。

在我国，党的十七大报告明确提出，逐步实现全社会基本公共服务均等化。这就为实现社会公平和正义、加快构建社会主义和谐社会，提供了坚实的物质和制度保障。

（二）公共服务均等化的基本内涵

对基本公共服务均等化的内涵，可以从三个方面来理解。第一，全体公民享有基本公共服务的机会应该均等。我国有13亿人口，尽管每个人的天赋能力不同，所占有的资源也不尽相同，但在享受基本公共服务的机会方面应该是均等的。第二，全体公民享有基本公共服务的结果应该大体相等。大体相等不是搞平均主义，而是大体均等或相对均等。当然，这里讲的不是所有公共服务，而是基本公共服务。第三，在提供大体均等的基本公共服务的过程中，尊重社会成员的自由选择权❸。

社会成员的需求千差万别，某些社会成员可能不去享受社会为之提供的公共服务，如有的家庭可能不愿意把孩子送到公立的九年义务教育学校上学，而是送到私立的学校就读。这是完全可以的，应该尊重这些社会成员的选择权。尊重人民的自由选择权与尊重人民享有均等的基本公共服务的权利

❶萨缪尔森：《公共支出的纯理论》，《经济学与统计学评论》，1954。
❷唐钧：《“公共服务均等化”保障6种基本权利》，《时事报告》，2006－07－07。
❸常修泽：《缓解社会矛盾，逐步实现基本公共服务均等化》，《人民日报》，2007－01－31。

并不矛盾，而且即使是在基本公共服务的框架之内，也应想方设法让人们有自由选择的空间，不能把基本公共服务均等化搞成计划经济时代的“配给制”。

同时，公共服务均等化应本着范围适中、标准适度的原则，在就业服务和基本社会保障等“基本民生性服务”，义务教育、公共卫生和基本医疗、公共文化等“公共事业性服务”，公益性基础设施和生态环境保护等“公益基础性服务”，生产安全、消费安全、社会安全、国防安全等“公共安全性服务”方面，逐步实现均等化。

具体说，政府应着重解决好以下五个问题：

一是就业与再就业，努力建立起多层次、多渠道的就业服务体系。

二是公共卫生和初级医疗保障，在制度上保证使人们能够享受基本的公共卫生和医疗服务。

三是发展教育，实现义务教育的全部免费，已成为社会对政府公共服务的基本要求；逐步完善高等教育、职业教育贫困生资助体系，加大对农民工的职业培训等❶。

四是社会保障，努力将所有的社会成员纳入社会保障体系。

五是公共安全，切实解决生产、卫生、食品等公共安全方面的问题。

这是实现全国人民公共服务均等化的具体步骤，也是建设社会主义和谐社会的一个重要途径。

（三）公共服务均等化的战略意义

（1）公共服务均等化是和谐社会的重中之重。

实行基本公共服务均等化，是体现以人为本和弥补市场公共品供给失灵的重要制度安排，是缓解社会矛盾的现实需要，是构建社会主义和谐社会的内在要求。

在过去30年的改革开放中，我国经济实力大大增强，人民生活水平显著提高，国家财政收入大幅度增加，但在基本公共服务上却走了一些弯路。一是在公共服务领域推行了过分市场化的改革路径；二是公共服务分配严重失衡，结果造成广大老百姓看病贵、看病难、学费高、上学难等情况。特别是广大农村义务教育得不到落实，养老保障体制不完善，各种社会保障机制不健全，农村发展滞后，困难群众、弱势产业得不到保护等，导致困难群体增多，城乡差距、贫富差距拉大。再加上我国正处于经济社会的转型时期，

❶金人庆：《逐步实现基本公共服务均等化》，《中国财经报》，2006-11-17。

利益主体和社会结构正在发生重大变化，社会矛盾和社会问题日益显现，这就更需要政府加强公共服务的均等化，在就业、公共医疗、义务教育、社会保障等方面满足人们的基本需求，努力使全体人民"学有所教、劳有所得、病有所医、老有所养、住有所居"，以促进社会公平公正、维护社会和谐安定。

（2）完善高等教育、职业教育贫困生资助体系，确保贫困生顺利完成学业是公共服务均等化的目标指向。

财政部前部长金人庆 2006 年在《求是》杂志发表《完善公共财政制度，逐步实现基本公共服务均等化》一文指出，在构建社会主义和谐社会的进程中，财政支出必须坚持以人为本，推进公共服务均等化，把更多财政资金投向公共服务领域，不断加大对重点支出项目的保障力度，向农村倾斜，向社会事业发展的薄弱环节倾斜，向困难地区、困难基层、困难群众倾斜，不断改善人民群众的生产生活条件，满足人们的公共产品需求，让广大人民群众共享改革发展成果、共同沐浴公共财政的阳光雨露。其中大力支持教育事业发展，逐步完善高等教育、职业教育贫困生资助体系，帮助贫困生顺利完成学业是公共服务均等化的目标指向之一❶。

党中央、国务院高度重视家庭经济困难学生资助工作。中共中央总书记胡锦涛在中央政治局第三十四次集体学习时指出，要完善帮助贫困家庭学生上学的资助制度和扶持政策。国务院总理温家宝在 2007 年的政府工作报告中郑重宣布，在普通本科高校、高等职业学校和中等职业学校建立健全国家奖学金、助学金制度。国务委员陈至立在 2007 年 5 月举行的全国家庭经济困难学生资助工作会议上要求不断加大对家庭经济困难学生的资助力度。

2007 年 5 月，国务院公布了《关于建立健全普通本科高校、高等职业学校和中等职业学校家庭经济困难学生资助政策体系的意见》，决定从 2007 年秋季学期开学起，进一步建立健全我国家庭经济困难学生资助政策体系。6 月，财政部、教育部等有关部门又连续下发了 8 个配套实施办法。

新资助政策体系从完善制度入手，通过切实加大中央和地方财政的投入力度、建立新的国家奖助学金制度、落实国家助学贷款政策和学校从事业收入中安排一定比例的助学经费等措施，大幅度扩大受助学生比例，切实提高资助水平。2007 年秋季开学实施新资助政策体系，中央财政支出由 2006 年的 18 亿元，增加了 95 亿元，加上地方财政的投入，总额达到 154 亿元。

❶《中国教育报》，2007－03－06。

2008 年全年达到 308 亿元。随着新的资助政策体系全部落实到位，每年国家用于助学的财政投入、助学贷款和学校安排的助学经费将达 500 亿元。全国每年将有大约 400 万大学生和 1 600 万中等职业学校学生获得各种形式的资助。全国有 20% 的大学生可以获得资助，90% 的中等职业学校一、二年级学生能获得国家资助。可以说这是公共服务阳光普照的真实反映。

（3）公共服务均等化的另一个目标就是大力支持就业和社会保障工作，以减少城乡贫困家庭数量，进而降低全国高校贫困生总量。

现实的情况是，中国高校贫困生规模大约是 500 万人，来自农村的贫困生占绝大多数，因为农村连起码的社会保障都没有；来自城镇的贫困生，其贫困主要是由于企业长期亏损、工人大量失业、社会保障乏力、政府福利中断等因素造成的。提倡公共服务均等化，加强就业和社会保障等方面的工作，城乡贫困家庭状况的改善是可以期待的❶。从国家现有经济实力和财力看，也具备了促进基本公共服务均等化的条件和能力。党的十七大报告提出，要加大对革命老区、民族地区、边疆地区、贫困地区发展扶持力度。为此，要建立以促进基本公共服务均等化为目的的公共财政体系，加大对这些地区的财政转移支付，增强地方政府提供公共服务的能力，缩小中西部地区与东部地区在享有公共服务方面的差距，使不同区域民众享有比较均等的就业、住房、医疗、教育、基本公共文化的机会及公共服务水平和良好生活环境。党的十七大报告明确要求："实施扩大就业的发展战略，促进以创业带动就业。加快建立覆盖城乡居民的社会保障体系，保障人民基本生活。"就业服务和基本社会保障属"基本民生性服务"。就业乃民生之本，人民群众能不能享受基本公共服务，首先要看就业服务。我国目前面临着巨大的就业压力，解决就业问题要确立劳动者自主择业、市场调节就业和政府促进就业的机制。从政府角度来说，应把"促进就业"摆在公共服务的突出位置，强化促进就业的职能，保证就业服务的均等化。比如，以城市为中心逐步建立就业的公共服务体系，特别是做好公益性、面向全体劳动者的就业培训和信息服务；建立县、乡两级就业公共服务网络；建立面向困难地区、困难行业、困难群体的就业援助制度。"基本民生性服务"还有一个很重要的方面是社会保障。构建严密而可靠的社会保障安全网，需要继续推进养老保险、基本医疗保险、失业保险、工伤保险、妇女生育保险以及农村的社会保险，同时积极发展社会救助、社会福利和慈善事业。目前，这项工作的难点在于

❶吴邦国在十届全国人大常委会第二十二次会议举行第三次全体会议上的讲话。

城市与农村的社会保障水平差距较大。应在继续推进城市社会保障事业发展的同时，着力加快农村社会保障事业发展步伐，以尽快建立并完善与经济发展水平相适应的社会保障制度，并逐步实现城市和乡村全覆盖❶。

如果以上两项基本民生性服务搞好的话，老百姓能安居乐业、劳有所得、病有所医、老有所养，那么中国社会国泰民安，贫困家庭数量将会大大减少，高校贫困生总量将会大大降低。

（四）公共服务均等化的客观必然性

我国现阶段需要逐步实现基本公共服务均等化的客观必然性表现在三个方面：

（1）从理论角度来分析，实行基本公共服务均等化是体现以人为本和弥补市场公共产品供给失灵的重要制度安排❷。坚持以人为本，就是坚持发展为了人民、发展依靠人民、发展成果由人民共享，既满足全体人民的物质生活需要，也满足其精神生活需要、生命健康需要、安全需要以及参与政治生活和社会生活的需要。为了达到这一目标，就必须实行基本公共服务均等化。发达国家的经验和我国改革开放的经验都说明，在提供私人物品和私人服务方面，市场机制的作用是不可替代的；但在提供公共物品和公共服务方面，市场机制却存在失灵或局限性，需要通过基本公共服务均等化的机制来弥补。

（2）从实践角度来分析，实行基本公共服务均等化是缓解社会矛盾的现实需要。目前，我国社会总体上是和谐的，但也存在不少影响社会和谐的矛盾和问题，如城乡之间、区域之间、经济社会之间发展不平衡等。就区域发展差距来说，试图在短期内让中西部地区赶上东部发达地区是不现实的。而在中西部地区经济总量和人均国民收入一时赶不上东部发达地区的情况下，在民众的基本公共服务方面逐步实现均等化则是可能的。因此，缩小公共服务方面的差距，对于缓解区域发展矛盾具有积极作用和重要意义。当前，广大人民群众对公共物品和公共服务的需求迅速上升与公共物品和公共服务供给不足且配置失当之间的矛盾比较突出，就业培训、社会保障、义务教育、基本医疗、廉租房、安全生产、社会治安等关系群众切身利益的问题日益凸显。逐步实现基本公共服务均等化，是缓解和消除这些矛盾现实可行的选择。

（3）从国际角度来分析，基本公共服务均等化是当今世界大多数国家

❶❷常修泽：《缓解社会矛盾，逐步实现基本公共服务均等化》，《人民日报》，2007－01－31。

社会政策的发展趋势。现在很多国家都把基本公共服务的供给作为治理国家的重要政策。一些国家之所以比较稳定，甚至在国家“神经中枢”出现变化的情况下依然能够保持秩序稳定，与其基本公共服务的均等化密不可分。我国逐步实行这项制度安排，是一个必然趋势。

（五）公共服务均等化的现实缺项

现行公共产品供给制度无法实现均等化目标。由于新中国从成立之初就推行以工业为主导的非均衡发展模式，从而形成城乡分割的二元经济结构。与此相适应，我国公共产品与服务的供给也一直是实行城市偏向型的非均衡供给制度。

目前，这种城市偏向型的公共产品供给制度主要存在两个问题：

一是公共产品供给的成本分担与收益分享不对称❶。在现代社会，税费是政府用来分摊公共产品成本的社会分配机制。按照现代税收的公平原则，税费分摊一般要遵循受益原则和能力原则。在我国，公共产品的成本分担并没有完全遵循这两个原则。从我国城乡居民的纳税能力对比和税收分摊制度安排看，农村居民的纳税能力明显弱于城市居民，但农村居民的相对税费负担却高于城市居民。而从公共产品的受益分享情况看，在城市偏向型公共产品供给制度安排下，我国除国防、外交等公共产品能够大致在城乡居民间均衡分享外，其余的众多公共产品均采用分割分享制度。城市居民可以享受包括基础教育、社会保障、基础设施、公共卫生医疗等为数众多的公共产品和服务。而广大农民却没有享受应有的“国民待遇”，由于政府公共财政资源投入不足，使得农村在社会保障、生活设施、医疗卫生等供给方面基本处于缺位状态，农民公共产品消费权益受损❷。

二是公共产品供给决策机制不规范❸。农村公共产品供给主要采取“自上而下”的决策机制。我国公共产品供给很大程度上取决于政府的偏好，由政府官员根据政绩和利益的需要决定公共产品的内容、数量和质量，各级政府往往热衷于投资一些见效快、易出政绩的短期公共项目，这造成了非意愿消费选择下公共产品的过度供给。目前各地出现的各类“政绩工程”、“面子工程”均是这种将公共产品消费主体排除在公共项目的决策、运作和监督之外，不能真正反映多数居民需求意愿的决策机制所造成的结果，导致有限财政资源的严重浪费。

---

❶❸罗涛：《公共服务均等化视角下的政府转型》，《湖北日报》，2007－08－23。
❷金晓伟：《农村公共产品供给的制度分析与创新思路》，《中国改革论坛》，2007－10－25。

（六）公共服务均等化的体制保证

逐步实现基本公共服务均等化，必须有相应的体制保证。举其大者，主要有以下几个方面：

（1）公共财政制度。应调整财政支出结构，建立和完善公共财政体制。财政资金应逐步退出一般竞争性领域，加大对目前比较薄弱的基本公共服务领域的投入。当前尤其要确保新增财力主要投向就业再就业服务、基本社会保障、教育发展、公共卫生和基本医疗、公共文化、公益性基础设施、生态环境保护、公共安全等方面。同时，加大财政转移支付力度，通过中央财政转移支付来缩小东西部地区之间在公共服务上的差距。

（2）收入分配制度。虽然基本公共服务均等化并不意味着收入分配要均等化，但目前社会收入分配差距过大，加大了实现基本公共服务均等化的难度。因此，需要加快收入分配制度改革。具体思路是："保低"——保障并提高低收入者收入水平，"扩中"——扩大中等收入者比重，"控高"——调控过高收入，"打非"——打击并取缔非法收入。在此基础上，通过缓解—遏止—缩小这样一个渐进过程，使收入差距扩大的趋势得到根本性扭转。这样做，可以缓解社会成员在获取服务上的"流动性（货币）约束"，从而减轻政府实施基本公共服务均等化的压力。从这个角度看，收入分配制度改革与实现基本公共服务均等化是相辅相成的。

（3）城乡协调发展制度。阻碍基本公共服务均等化最突出的问题是机会不均等，尤其是城乡分割的体制使广大农民和进城的农民工没有享受到应有的"国民待遇"。解决这一问题，需要加快建立有利于改变城乡二元结构的体制机制。一方面，继续推进城镇化进程，加快劳动力向城镇转移的步伐，并解决农民工的身份问题；另一方面，政府应把基础设施和社会事业发展的重点转向农村，逐步加大对农村基本公共服务的投入。

（4）公共服务型政府制度。我国公共服务供给的短缺与政府的"缺位"、"越位"有关。政府的"位"定在哪里？应该定在"服务型政府"。为此，应抓紧做好这样几项工作：第一，实现政府职能的根本转变，并建立健全基本公共服务均等化的考核体系，强化对地方政府的公共服务行政问责；第二，改革行政审批制度，彻底清理、减少、规范行政审批项目；第三，推进政府机构改革，逐步解决层次过多的问题；第四，推进与政府机构紧密相关的社会事业单位改革，对于与基本公共服务均等化密切相关的教育、卫生、文化等事业单位，按照公共性、准公共性和盈利性区别对待的原则与办法进行分类改革。

四、教育产业化反思

"教育产业化"这个曾经在中国风靡一时的口号在2004年以来成为众矢之的，从"山东考生状告教育部"到上海交通大学"招生黑幕"，从"北京航空航天大学录取通知书索价万元"到"西安音乐学院乱收费"，从湖南省隆回一中"保送生"舞弊案到西安市大面积"体育特长生"舞弊事件，从愈演愈烈的基础教育"择校热"到民办教育遭遇"倒春寒"，从高考移民潮到河南濮阳县高考舞弊事件，从"大学城"建设违规审批和非法圈占土地到贷款规模过大和偿贷风险太高……人们认为之所以出现这些问题，"都是教育产业化惹的祸"。

2004年2月，教育部部长周济在国务院新闻发布会上强调："中国政府从来没有提出教育要产业化。教育具有公共属性和公益性，这是教育的本质属性。"

2004年8月举行的第二届中外大学校长论坛上，教育部副部长吴启迪指出，教育部从未把"教育产业化"作为国家政策。

2004年9月，教育部副部长张保庆在新华网答问时，严厉抨击教育产业化，称："教育部历来是坚决反对教育产业化的，因为教育是一个要体现社会公平的最重要的部门，教育是一种崇高的公益事业……将教育产业化违背了我们的办学宗旨，也违背了我们的办学方针，也直接违背了人民群众的利益。可以说，直接违背了我们社会主义制度的一个根本原则。"❶

三位教育部高官对教育产业化的连续否定，让这个一度被奉为"神话"的口号变成了彻头彻尾的"笑话"，被媒体解读为"标志中国教育改革风向转变"的一个强烈信号。

就连被一些人视为教育产业化的始作俑者、亚洲开发银行北京代表处首席经济学家汤敏，在教育改革研讨会上都提出：我国目前应该对义务教育实现完全免费；对高校贫困生应免费，并提供部分生活费❷。可见问题之严重。

是的，在中国经济高速发展、财力日益雄厚的今天，大学贫困生的问题却愈演愈烈了，这确实值得我们好好反思。其实，大学贫困生免费只是问题的皮毛，真正的问题是：如何反思"教育产业化"？政府的教育投入到位了

---

❶《坚决反对把教育产业化》，新华网，2004-09-02。

❷《专家建议高校贫困生应免学费》，央视国际（www.cctv.com），2005-09-04。

吗？培养大学生的成本到底是多少？为什么在教育质量越来越差的情况下学费反而越来越高？学生的学费和财政的拨款里面，有多少是真正用在了教学上，又有多少是被高校内的贪污腐化、奢侈浪费吞噬掉了？不搞清楚这些问题，减免学费也好，助学贷款也罢，贫困生的难题都不会从根本上得到解决。

平心而论，千夫所指的“教育产业化”并不是魔鬼，教育产业的发展也有其正面价值，如教育经费的来源更为多样化，教育培养能力扩大，教育效率得以提高，教育服务、教育消费概念开始形成，教育市场和教育的选择性开始出现，学校与政府、社会和学生之间的新型关系开始建立等。但在中国当下的情境中，这一理论最大的弱点是，它淡化、模糊了政府在教育发展中的特定作用、政府教育投资的决定性作用、义务教育主要是政府的义务这样的概念，在一定程度上混淆了政府与市场、公办教育与民办教育的不同功能，从而掩盖了教育投入不足首先是政府不愿和未能履行法律规定的教育职责的严重问题。在实践中它已经成为地方政府卸除教育投入“包袱”的方便的借口。最极端的是，一些经济困难的县市通过出卖公办学校和幼儿园的方式“发展”教育，腐败盛行，乱象丛生，使得社会上下义愤填膺，老百姓怨声载道。教育产业化之所以落得一个“过街老鼠”的下场，实在是它的负面影响太大、后果太严重，其正面价值不足以抵消其消极面的百之一二，如不叫停，将祸及子孙，遗患无穷。在此，笔者对教育的属性、教育产业化的缘起、表现、实质及危害作一简单的、理性的梳理。

（一）教育属性分析

1. 教育是一种准公共产品

经济学将产品分为私人产品、公共产品、准公共产品。一方面，人们通过接受教育，学到了知识，提高了能力，从而提高了自身在未来社会活动中的竞争力，也增加了自己取得收入和享受生活的能力。这是一种内部效益，这种效益可为受教育者个人拥有。所以，教育具有私人产品的属性——竞争性、排他性、商品性、产业性。另一方面，因为教育不完全像私人产品那样在消费中具有独立性，它还有很强的外溢性，消费的结果不仅对消费者自己有好处，对他人、对社会也有很大好处；受教育者通过教育可以获得个人的种种直接收益，但受过良好教育的公民无疑可以给全社会带来广泛的收益，包括经济生产力的提高、社会文明程度的进步等。因此，教育又是一种外部社会效益很强的社会产品，同时具有公共产品的属性——非竞争性、非排他性、公益性、事业性。教育既具有私人产品的属性，又具有公共产品的属性，因而既不能说它是完全的私人产品，也不能说它是完全的公共产品。所以，定性教育为准公共产品，比较科学。

正是教育的这种溢出效应，也就是公益性，所以经济学把教育定义为“准公共产品”，而不完全是私人产品，这早已成为世界性的共识，成为世界所有国家主要由政府举办教育事业的最重要的理论根基❶。也正是基于这一点，我们党和国家才提出“百年大计，教育为本”，并制定出“科教兴国”、“人才强国”的战略方针。完全可以断言，没有教育的发展，我们就不可能有科学技术的发展、和谐社会的构建、综合国力的增强和人民物质文化生活的不断提高。

教育的天职与历史使命是育人，它不仅肩负着为经济进步提供高质量劳动力的功利性责任，而且承载着为社会全面进步而履行培养人文素质的非功利性使命。因此，教育更是一种崇高的社会公益事业，具有政治的、经济的、文化的、科技的、军事的、伦理的、生态的、美学的、宗教的等多方面的社会功能。

譬如，教育具有化民成俗的教化功能，是人谋求自身全面发展和社会进步的一种手段，对于塑造人们正确的世界观、人生观、价值观，对于形成文明优雅的社会风气、构建和谐的社会秩序，都具有不可或缺的重要作用。一个简单的事实是，教育产品不是物，而是人本身。教育对人的开发并不仅限于智力，而是德、智、体、雅的全面开发和真、善、美、爱的全面塑造，正所谓“十年树木，百年树人”。如果把教育仅仅看做用钱购买的商品，把受教育仅仅看成人力资本的投入，这一切又从何谈起呢？对于一个理性的社会，这显然是不可思议的；对于我们这样一个社会主义国家，这种论调就显得格外荒唐。

再譬如，教育是储存知识、传授知识、创造知识的特殊行业，在传承文明、发展文明方面具有无可替代的作用。对于我们这样一个具有五千年文明的国家和民族来讲，尤其如此。这样的社会效益，难道是金钱可以衡量的吗？教育的这种特殊社会功能，要求其保持学术的纯洁性，把保持良知、传承文明、探求未知、追求真理看成是自己的天职，学校尤其是高等学校应是圣洁的知识宝库、学术殿堂。为此，就必须为公立学，保证教育不被任何特定社会集团或社会阶层的利益所左右。如果教育成了商品，学校泛起铜臭味儿，还会有圣洁的学术殿堂吗？还会有严谨的科学精神吗？还会有真正的学

❶纪宝成：《清算教育产业化》，《新华文摘》，2006（13）。

术创新、学术繁荣吗?

正是基于教育的特有属性和它具有的功能，从我国的具体国情出发，在改革进程中我国逐步确立了向国民提供教育这种准公共产品的两种方式：小学、初中实行义务教育，由政府财政全额资助；高中阶段教育、高等教育为非义务教育，实行政府与受教育者分担教育成本的政策。从国际惯例看，义务教育被视为基本的人权，一般被视为公共产品，政府对义务教育的发展负有不可推卸的政治责任，政府对义务教育的投入是完全的、必须的和强制性的，应该免费。义务教育之外的其他教育，是准公共产品，受教育者承担少部分成本是应该的。

实践证明，这样的制度设计适应社会主义市场经济体制，有力地促进了我国教育事业的蓬勃发展，取得了历史性的巨大成就。这样的实践也告诉我们，办教育要重视市场经济规律的作用，更要遵循教育自身固有的规律、人才成长的规律和学术发展的规律。越是处于市场经济为主导的社会，市场对社会对人们的影响越大，就越有必要保持某些领域的相对独立。我们不能把经济思维、市场观念用于一切地方、一切领域。而教育的性质和其对人类社会的意义，更是决定了它应保持必要的独立、清醒和冷静。1999 年 10 月联合国教科文组织在巴黎召开了首次世界高等教育大会，大会一致认为“市场规律和竞争法则不适用于教育。教育不是经济的一个分支。教育过程、教育目标、教育结果或‘教育产品’都不能与经济相提并论。教育实际上具有其自身存在的功能，它是社会的一个基本领域，也是社会存在的条件之一。教育同时具有文化功能、社会功能、经济功能、公民和道德功能。教育与整个社会及其各个领域相关联，教育保证社会的延续，保证人类在其全部历史中所积累的知识、技能和规范以及经验的传授。教育造就使社会包括经济领域前进、进步、创新和变革的能力。”❶ 政府对教育的普及和提高、文化的延续和发展、学术的纯洁和繁荣负有不可推卸的责任。“为公立学”是我们的旗帜。

2. 教育是一种特殊的产业

1992 年中共中央、国务院《关于加快发展第三产业的决定》中指出：“教育事业是对国民经济发展具有全局性、先导性影响的基础产业，属第三产业。”❷

---

❶赵琦:《“教育产业化”透视》,宁夏大学网(www. nxu. edu. cn),2002 - 06 - 18。

❷王世忠、章元日:《高等教育产业化的辩证观》,《湖南师范大学教育科学学报》, 2004 (1)。

将教育作为第三产业的定位与同时将教育作为“具有全局性、先导性影响的基础产业”的定性来看，二者在逻辑上并列是不合理的。如果说教育具有全局性、先导性和基础性，其作用就不能只限于国民经济部门，而应是对整个社会的各行各业而言。这样的现代教育就应走在社会各行各业变革的前面，不是复制现型人，而是用培养超越型、创造型新人去推动或拉动各行各业向前、向高处发展。如果是这样，那么教育行业不仅不应与其他各行各业并列，而应居于其他行业之上位，作为一种特殊产业，方能显示其全局性、先导性和基础性的功能。唯此，教育优先发展战略的理论和决策才能名正言顺，才能使对教育的定位与定性一致，更重要的是，不致使教育被误认为是国民经济的一个下属部门，不再使教育的全局性、先导性和基础性成为一句空话❶。

经济学对产业的定性是生产物质产品和精神产品的活动，市场化、企业化、商品化、投入和产出、成本和利润、等价交换、公平竞争、优胜劣汰，是其不可缺少的基本属性。教育这一培养人的行业，虽也有经济的投入，但其“产品”与其说是“教育服务”，不如说是这种服务的结果，即所培养的新人。而新人既不是物质的也不是纯精神的，而是重新构建的、发展了的，由一定德、智、体、雅和真、善、美、爱等素质构成的具有个性化的主体。这种生产主体人的特殊产业，是各行各业所需要的，也是需要各行各业为其提供生存和发展条件的。这是现有各种服务业所不具有的。假如这种论述是合理的，那么教育这一特殊产业同经济产业是绝对不能等同的。

按经济学逻辑，在教育活动中，教师出卖自己的劳务换工资，学生毕业进入某一工作单位出卖自己的劳务换薪酬。如果说这是商品交换的买卖行为还未尝不可，但是如果说在这种商品交换中把人的品格、肉体甚至某种智慧都作为商品卖出买进了，这是不可能的。事实上谁也没看到哪位教师在给学生授课、以身作则之后，他头脑中的知识和思想因“卖出”而缺少了什么，也没有看到哪位学生缴了学费或听课费，而不动脑筋就能为自己头脑“买进”什么智慧和思想。属人的教育过程是以真情智慧为内容的，如果师生关系、生生关系被商品化，学校将异化为“学店”，就失去了育人功能，所以人的教育过程绝对是商品化的禁区。

教育的属性决定它不仅具有经济功能，而且同时具有政治的、文化的、

❶王逢贤：《中国“教育产业化”热点问题的冷思考》，《东北师范大学学报：哲学社会科学版》，2004（6）。

科技的、军事的、伦理的、生态的、美学的、宗教的全方位功能。如果从经济学角度把教育的功能萎缩、窄化为仅有的经济功能，进而把教育质变为经济活动和各行业中的一种，完全按经济产业的一般规律办教育，实际上等于否认教育的特殊规律和全方位、多种社会功能的存在。这就把经济生产和人力资本这一人类生存、发展和享用的手段变成了目的，把人驯化为“经济动物”，放弃了教育是促进人的素质全面发展的专门活动，也就是放弃了对人的人文关怀这一终极目的。这是与社会和人的可持续发展规律相悖的。

（二）教育产业化的缘起

我们先从改革开放以来教育体制改革的三个阶段对教育产业化的历史演进做一个梳理。

第一阶段：1985～1992年。1985年5月，中共中央做出了《关于教育体制改革的决定》，提出要“扩大高等学校的自主权，可以在计划外招收少数自费生”，“大力发展职业技术教育”。这一时期的改革和实践虽然涉及了教育要与商品经济适应，但并未正式提出教育产业。

第二阶段：1992～1997年。1992年，中共十四大确立“要建立社会主义市场经济新体制”的目标，教育也必须改变过去与计划经济体制相适应的政策。1993年，中共中央和国务院联合颁布的《中国教育改革和发展纲要》出台。教育体制改革以此为指导思想，突出理顺中央与地方、政府与高校之间的关系，建设“国家统筹规划、政府宏观管理、学校面向社会自主办学”❶ 的新体制，解决以往“条块分割”的管理体制，强调“共建、合作、合并、划转”等多种办学途径，确立“改变单一依靠财政投资体制”，实行“双轨”（即公费和自费）并存的制度，实现“多渠道筹建高等教育经费的新体制”。据统计，1994年在46所高校中实行“并轨”试点，到1997年全国已有1 000多所普通高校全部实行了“并轨”。高等教育的成本分担机制由此开始在实践中探索。高校收费制度的实行，引发教育界对教育如何适应市场需求、教育与市场经济的关系、教育产业与教育产业化等问题的讨论。这一时期的争论主要是概念上的争论。

第三阶段：1998年迄今。1998年亚洲金融危机之后，外贸乏力、内需不振。教育却始终处于卖方市场，考虑到当时高达6万亿元的居民存款和老百姓乐于为子女教育投资的心态，于是有些人包括学者汤敏，主张教育的产业化经营，期望由此拉动内需，促进经济增长。因为教育收费将是促进国民

❶1993年《中国教育改革和发展纲要》。

消费的好办法，既能满足老百姓让子女逐级受教育的需要，又能使办学者增加经济收入，不仅能改善办学条件，提高教育者的工资待遇，又能解除政府办学投入不足的困难。更为诱人的是，这种“教育产业化”不仅能让投资办学者得到丰厚的即时性的利润，同时还能从这种“创收”中上缴给政府一部分，为国家和地方政府增加财政收入，是“富国”的良策。有的报道则更为坦白，认为“教育是个大产业”，“投资教育，相当于买到本世纪最后一只原始股”，是“一本万利”的“大财源”❶。如此一来，教育商品属性、教育是否是产业、教育能否产业化等问题再次成为争论的焦点，争论还扩展到了教育的产业运作方式、如何产业化等操作层面。主张教育产业化的人强调教育具有产业属性，认为教育产业化是市场经济的必然要求；反对教育产业化的人则从教育的公益性出发，在价值层面质疑产业化的主张。在长达数年的争执中，双方观点毫无趋同的迹象，争执仍在继续。如果只是理论上的争论，也无大碍，学术讨论允许“百家争鸣”。问题是，教育产业化的实践同期也在人们或褒或贬的议论中广泛地进行着，而且教育产业化实践中伴生了太多令人厌恶、痛恨的现象，比如教育不公、教育乱收费、教育腐败、教育产业泡沫等，“教育产业化”也因此恶名昭著，走向末路。

目前，虽然政府三令五申，明确反对教育产业化，但其阴魂不散，产业化实践并未停止，而且教育领域存在的诸多问题并未得到彻底解决。人们不禁会问，何以如此？

教育产业化在我国为何能流布开来？究其原因，一方面是由于认识上的片面性造成的。一是对市场经济体制的片面理解，在“接轨”等含糊其辞的口号和“深化改革”等漂亮旗帜的“指引”下，人们自觉不自觉地无限扩大“市场”的覆盖领域，以为“越市场就是越改革”，不懂得市场领域之外还有一块公共领域；二是对教育属性片面甚至错误理解，只看到其商品属性的一面，忽视或看不到其公益性的一面；三是对市场经济条件下政府职能与财政功能缺乏正确的认识，没有意识到随着社会主义市场经济的确立，政府要从经济建设型政府转向公共服务型政府，财政要从投资型财政转向公共型财政；四是对我国现阶段多元化筹措教育经费的体制缺乏正确的认识，忘记了政府投入是多元中的主角。另一方面，教育产业化思潮也有着广泛的社会根源。这主要是当今社会在市场经济大潮的冲击下，出现了价值扭曲、诚

❶王逢贤：《中国“教育产业化”热点问题的冷思考》，《东北师范大学学报：哲学社会科学版》，2004（6）。

信沦丧、物欲横流、拜金主义等社会问题；唯利是图的人生观，急功近利的政绩观，重视经济发展、忽视社会进步的片面发展观，以及缺乏政治鉴别力和理论水准不高等，都为教育产业化的广为流布提供了极好的土壤和条件❶。

教育产业化之所以如此泛滥，还与许多地方政府的职能缺位、越位有特别关系。作为公共教育的责任主体，许多地方政府认为可以通过产业化把教育推向市场，通过改制卖掉优质公办小学、初中和高中，利用教育产业化和市场化，推卸提供公共服务的政府责任；利用市场经济改革和发展过程中有些相关制度建设滞后的漏洞，寄希望于通过收费让学生家长承担主要的教育成本，弥补政府的投入不足，转嫁政府投入教育的责任；不仅对民办教育不予以正确引导，对公办教育也不按照《中华人民共和国教育法》的要求，履行实现“两个比例”和“三个增长”的职责，使教育投入留下了巨大的经费缺口。与此同时，教育资源配置方面又存在种种弊端，部分重点学校、示范学校、中心学校占用过多的优质教育资源，造成了教育尤其是义务教育的地区、城乡和学校之间发展水平的差距❷。这为教育产业化起到了为虎作伥之“功效”。

（三）教育产业化的实质

教育是一种准公共产品，它的属性中有产业性的一面，但它是一种特殊的产业。教育产业化理论的核心主张是，把教育作为一个产业来发展和经营，以获取经济效益。

教育产业化的实质就是把教育的公共产品的那部分属性——公益性、事业性，掩盖、隐藏起来，甚至抹杀掉，将其看做完全的私人产品，根据私人产品的属性——商品性、产业性，按照投入、产出原则，依靠市场化的企业管理模式对其进行经营、运作，追求利润的最大化。教育一旦产业化，“化”的程度是无止境的，“化”有“彻头彻尾，彻里彻外”的意味，表示从量到质、从形式到内容的根本性变化。语义学认为，化得越是全面、深入、彻底，就越是成功、到家。简言之，教育产业化，化掉的是教育作为公共产品的公益性、事业性，化掉的是教育的除经济之外的政治的、文化的、科技的、军事的、伦理的、生态的、美学的、宗教的诸多功能，剩下的只有赤裸裸的私人产品的商品性、产业性和经济功能。难怪教育部前副部长张保

❶纪宝成：《清算教育产业化》，《新华文摘》，2006（13）。

❷《“教育产业化”激起群众强烈不满 背离教育本质》，中国经济网，2006－10－30。

庆深感教育产业化后果之严重，痛心疾首，大声疾呼：我们反对教育产业化，教育产业化将会化掉整个教育事业。

主张教育产业化的人看到的教育价值，只是其经济功能，而忽视了教育同时也具有政治的、军事的、科技的、文化的、伦理的、美学的、宗教的、生态的多种功能，这是错误的根源。教育的这些多方位功能是客观存在的，不可能被取消。即使在选择上被人为地遮蔽或扭曲，也只能是一时的历史现象。目前我国以经济建设为中心，强调发挥教育的经济功能是必要的，但如果人为地以此来抹杀或放弃教育的全方位功能，其后果是不堪设想的。当今世界确有些国家特别重视教育的某一功能，或文化的、或政治的、或科技的、或军事的、或宗教的。但同时也有些国家还将教育作为公共的福利事业，实行全部免费制，充分发挥教育的全方位功能。我们应牢牢记取以往曾过分注重教育的政治功能的教训，也要防止现在已经走向的另一极端，只注重教育的经济功能。

教育产业化论者把教育当做一般商品而非公共产品，无视教育的特殊性，把教育推向市场，用经济规律或产业运行规律支配教育的发展，鼓吹用办企业的方法办学校，怂恿学校去挣钱、去追求利润，以求得自身的生存和发展。由于盈利是产业的根本属性，学校盈利就是教育产业化题中应有之义。试想，学校一旦成为企业，政府不再投入，学校自主经营，自负盈亏，这学校还叫学校吗？如果教育成了盈利性产业，则经济效益第一，学校成了学店，则利润第一，教师成了店员，则创收第一，学生成了顾客，则有钱第一，知识成了商品，则畅销第一，那么，我们的教育将走向何方？我们的社会又将走向何方❶？如果我们当今的教育只培养“经济人”，那么“四有新人”、“合格公民”、“爱国者”、“社会主义事业接班人”、“享用文明幸福的人”，或非经济产业部门的公务员、军人、警察、医务人员、教育工作者……谁来培养❷？

正如中国农业大学首任校长毛达如所说，大学里有产业，但不等于说大学就是产业。大学本质上是公益事业，是非盈利机构，教育的效益不是体现在收了学生多少学费，拉动了多少内需，而是体现在为社会培养了多少有用

❶纪宝成：《认清“教育产业化”的理论误导与实践危害》，《中国高等教育》，2006（9）。

❷王逢贤：《中国“教育产业化”热点问题的冷思考》，《东北师范大学学报：哲学社会科学版》，2004（6）。

的人才，对社会发展作出了多大的贡献❶。

丁宁宁曾感触颇深地说："教育产业化是个错误口号，国际上没有这个提法……从国际经验来看，高等教育也不是完全市场化的做法……大学是酝酿、培养民族精神的殿堂，不应当有那么多的铜臭味。如果大学不能做到分数面前人人平等，如何使大学生具备独立的人格和强烈的社会责任感呢？"❷

（四）教育产业化的表现

广义的理解，教育产业化是指教育界利用市场机制经营教育、获得教育经费的行为和政策；最宽泛的理解，则泛指教育界和学校利用教育盈利的各种不规范现象、腐败现象，例如教育乱收费、高考腐败、权学交易和钱学交易、"注水文凭"等❸。

教育产业化具体表现为：①学校举办经营性的第三产业，例如劳动服务、教育服务公司，或者兴办科技产业，以获得一些经济利益，提高教师待遇，弥补经费不足；②通过发展民办教育来发展体制外的教育，以满足社会高涨的教育需求；③非义务教育阶段的教育通过收取学杂费获得经济利益；④高校后勤系统社会化；⑤农村集资办学，多渠道筹措教育经费；⑥基础教育阶段的学校"转制"政策；⑦高等教育阶段的"独立学院"政策；⑧向社会提供的各类职业技能培训、各种咨询服务等；⑨发展留学生教育等。

特别值得关注的是宏观层面上教育公共政策价值的偏斜和扭曲。例如，为解决农村教育经费困窘问题，农村兴起集资办学，起初是通过教师、干部等内部人自我集资，筹集办学经费。后来这一思路被制度化，形成"多渠道筹措教育经费"的教育经济政策，即俗话所说的"人民教育人民办"，并扩大到城市基础教育、高等教育等领域，成为基本的教育经济政策。

北京理工大学教育科学研究所教授杨东平在《教育公平，现实的理想》一书中这样描述：由于教育经费严重不足，从20世纪七八十年代开始，中小学校"自谋生路"，广设校办工厂、校办产业，出租校舍，经营创收，增加教师收入。它逐渐被奉为正路，在90年代初全民经商的氛围中，高校掀起大办校企的热潮，北京大学也"破墙开店"，一时公司林立，教师下海，出现了"村村点火，户户冒烟"的景象。一些高校的科技企业逐渐做大。至2000年底，全国近400所高校共有科技企业近2 100家。至2001年底，

---

❶《中国教育报》，1999－03－13。

❷《南方都市报》，2007－09－18。

❸杨东平：《辨析"教育产业化"》，《南方周末》，2004－10－09。

全国高校已有控股或参股的上市公司 33 家，其中在上海、深圳等地上市的公司 29 家，总市值占深、沪两市市值总额的 3% 左右。这一成就背后的事实是北大方正、清华同方那样的企业屈指可数，大多数校办企业都是不赚钱的，高校深感风险巨大，无利可图。由于企业运作不规范，校企不分，产权不明晰，造成校企“小的亏了，大的跑了”的骑虎难下之势。尤其是企业文化与校园文化的冲突，商业化价值对大学精神的侵蚀和对教育行为的扭曲十分明显，影响高校正常的教学、科研秩序。自 2001 年 8 月起，北京大学和清华大学进行校企改制试点，明晰学校与企业的关系，并最终使校、企完全分离，宣告着一个政策的终结❶。

杨教授这样定义“教育产业化”，指 20 世纪 90 年代以来，在教育经费严重不足的背景下，我国教育系统和各级学校使用市场机制和手段大规模经营创收、扩大教育资源的制度化活动。其基本特点是对教育资源的“宏观垄断，微观搞活”，它衍生出基础教育阶段的“转制”学校、高等教育阶段的“独立学院”等。它的确弥补了教育经费不足，扩大了教育资源，但与此同时，出现高收费、乱收费等严重弊端，致使教育行为扭曲，教育腐败丛生，教育的品质、质量和社会声誉受到极大伤害。

（五）教育产业化的危害

教育产业化对我国的教育发展乃至整个经济社会发展产生的危害不可低估。虽然教育行政主管部门从未提出教育产业化，并且明确反对教育产业化，但是近些年来教育产业化的空气在不少地方一直比较浓，有些地方则是愈演愈烈，并事实上或强或弱或多或少地成为了这些地方推进教育改革发展的理论指导和政策取向。这种状况对教育造成的“器质性内伤”已经随着时间的流逝逐渐显现❷。

1. 导致了高校贫困生的急剧增加

从 1999 年起中国的高等教育经历了一场跨越式发展。2006 年，各类高等教育在校生总规模达到 2 500 万人，毛入学率提升到 22%❸。作为发展中国家，中国高等教育已经进入大众化阶段，正在创办世界上规模最大的高等教育。

大学扩招的同时，学费高涨，毕业生就业困难，教育质量滑坡，特别是

---

❶杨东平：《中国教育公平的理想与现实》，北京大学出版社，2006 年版。

❷纪宝成：《清算教育产业化》，《新华文摘》，2006（13）。

❸教育部部长周济十七大记者会公布。

贫困生越来越多。新华社 2001 年 1 月 8 日发布的对北京 14 所高校的调查结果显示，贫困生占 14 所高校的 25%，而《北京青年报》差不多同时发布的一个调查显示这一比例高达 30% 多❶。郑州大学 2006 年贫困生比例是 23.04%，特困生比例是 9.22%；2007 年贫困生比例是 22.44%，特困生比例是 8.27%。初步计算，全国高校有 500 多万贫困生，250 多万特困生。有人依照数据加以对比，说中国今天普通高等教育的收费相当于 20 世纪 30 年代的贵族学校，在国民党时代、北洋军阀时代师范院校都是不收费的。那时候很多贫困人家的子弟想要读书都只能读师范院校，毛泽东就是其中一例。当然，从 2007 年秋季开始 6 所部属师范院校免收学杂费，是一个良好的开端。中国的普通民众在教育支出的重压下真是苦不堪言，“因教返贫”成了常见的现象，“学费杀人”的事情时有耳闻。教育高收费，已经成为全社会尤其是贫困家庭“不能承受之重”。

2. 减缓了政府对教育的投入

1993 年我国政府颁布实施的《中国教育改革和发展纲要》提出了到 20 世纪末国家财政性教育支出占国内生产总值的 4% 这一工作目标，这是世界上发展中国家当时的平均水平。1986 年我国的这一比重就已达到了 3.43%。然而遗憾的是，一方面中央提出了令人振奋的“科教兴国”的发展战略，另一方面国家对教育的财政投入这一比重却多年来一直徘徊在世界最低水平线上。就在提出 4% 的目标之后，这一比重不升反降，1995 年降到了最低点的 2.41%，此后虽然缓慢回升，1999 年达到 2.79%，2002 年达到 3.32%，2003 年却微降为 3.28%；对 2004 年全国国内生产总值调整后，该年的这一比重又回到了 1999 年 2.79% 的水平❷。这样的比重大体只相当于世界上最不发达国家的水平，发生在我国这样一个在改革开放中取得了巨大经济成就的社会主义大国，实在令人困惑！根据《世界银行发展报告》，我国的教育经费占政府预算在 1994 年降到了 2% 以下，在世界 151 个国家中，名列第 149 位❸。难怪，2004 年联合国主管教育权利事务的特别调查员来华考察，离开时，她抛下一句让所有闻听者当场无语的评价：“在保证教育权利方面，贵国连非洲的乌干达都不如！”

可以期待的是，2008 年初温家宝总理在政府工作报告中再次强调了投

---

❶专铁：《教育，如何面对中国农民?》，新华网（http：//news.xinhuanet.com），2005-03-01。
❷纪宝成：《认清“教育产业化”的理论误导与实践危害》，《中国高等教育》，2006（9）。
❸毅海：《教育已成中国人不折不扣的国耻》。

资教育 4% 的目标，而且义务教育免费、教育部 6 所直属师范院校师范生免收学杂费已开始实行。

3. 损害了教育的社会形象

在教育产业化思潮影响严重的一些地方、一些学校，教育价值失衡，教育行为失措，学校功能变异，学术精神沦丧。这是对教育的根本性伤害。在这类地方人们的兴奋点往往围绕着创收、经营、盈利、回报、改制、上市等经济话语，而党的教育方针、人才培养、教学方法、教学质量、科研水平、学术追求等却难以引起人们的兴趣，甚至被置之脑后。

由于教育产业化的误导，出现了种种教育乱相，部分抵消了教育改革发展的成果。

一是出现了一些优质公办小学、初中或高中，以种种借口收取借读费、择校费、赞助费等，把政府应该负担的部分教育经费，转嫁给了社会和学生家庭，引起了人民群众的强烈不满。

二是一些民办教育浑水摸鱼，借机敛财。一些人高举“教育产业化”的旗帜堂而皇之地将教育变成商品来谋取高额利润。在教育资源紧缺的“教育市场”上投资不但几乎没有任何市场风险，而且这类投资的“民办”性质还可以对学生高收费，虽以盈利为目的却仍能享受教育用地和免缴各种税费的优惠，于是投资教育、大发教育横财，以积累、壮大私人资本，就成了一些民营资本的最佳选择。

三是一些地方官员在教育产业化的旗号下不仅将其权力范围内的高中、技校这种非义务教育阶段的国有教育资源出让给民营资本，甚至对承担义务教育的小学、初中也不放过，而且提出什么“靓女先嫁”，把优质的高中、初中、小学以“改制”的名义卖掉。

四是在财政拨款不到位的情况下，教育产业化也成为一些学校乱收费、高收费的“理论根据”，甚至成为教育领域极少数人“寻租”活动的挡箭牌。“校中校”、“一校两制”、“国有民办”以及多半是人为制造出来的“择校热”和巨额“择校费”等，都不过是高收费、乱收费的花样翻新。

五是教育产业化论者还片面夸大“教育拉动消费、刺激经济增长”的所谓经济功能。在这里，神圣的教育功能不见了，只剩下扩大招生对即期经济增长的所谓“贡献率”。有专家测算，在各行各业中教育拉动消费的作用其实要排在 100 位之后。

教育产业化的失范行为败坏了教育的崇高社会形象，扭曲了个别学校办学的价值取向，导致教育领域的逐利，既让人们心目中圣洁的殿堂沾染铜臭，也使得作为人类灵魂工程师的教师职业为之蒙羞。作为直接后果，受到影响的还远不仅是教育的声誉和学校本身的健康发展，也坑害了广大老百姓和学校的教职员工，成为引发社会矛盾和社会不稳定的因素；同时招致拷问和摇撼的还有教育的社会功能、学校的天职和教育工作者的社会良知。

4. 影响了和谐社会建设

教育产业化的失范行为有悖于和谐社会建设的目标要求。若教育产业化得不到有效遏制，一部分低收入家庭的子女会因无力负担高额费用，而被剥夺平等接受良好教育的权利；而更多的家庭只能减少其他开支，忍受过重的教育收费。与此同时，另一部分经济承受能力较强家庭的子女，即便是学习成绩和资质都很一般，却也能够通过"买分"进入教育质量高、办学条件好的学校接受教育。这样的结果还会导致公办学校、民办学校都出现"平价生"与"高价生"的等级区分，以致在最不该形成阶层和等级的领域出现沟壑，既造成教育机会的不均等和社会的不公平，也给经济承受能力较弱家庭子女的身心健康造成伤害，同时使讲求有教无类和传承美德的教育受到侵蚀，甚至还可能在那些倾囊或负债进入高价学校的学生以及因家境贫寒不能进入高价学校学生的心灵中播下怨恨的种子。

应当警惕的是，一旦容许经济实力和社会地位成为决定学生接受教育质量和程度的条件，优质教育就可能成为富裕阶层的特权，这不但违背了教育公平原则，造成受教育机会、过程以及结果的不均等，给全面实施素质教育带来直接阻碍，影响受教育者个人的全面发展，最终会影响到国家、社会的和谐发展和民族的长远利益。武汉大学教授洪可柱峻言，"没有教育公平，便没有和谐社会"，值得深思！

5. 违背了教育的特殊规律

教育需要大量物力、财力投入，更需要思想、感情和精神投入；同时教育不仅会生产劳动能力，而且会生产和再生产知识与人的品德等素质。这些特殊性决定了教育产出不易衡量，教育服务质量也不易量化，因而也就决定了教育这一特殊产业不能按市场规律运作和像企业那样实行标准化的经营管理。办学收费从来不是教育盈利的手段，最多只是教育成本的合理分摊。而教育成本的分摊也应以国家、社会、个人分别在经济运行中获利的多少和教育事业性的特点为依据。

《中华人民共和国教育法》明确规定：任何组织和个人不得以盈利为目的举办学校及其他教育机构。教育效率和效益最终要靠教育质量的提高，教育的产业性和经济功能最终要通过所培养的人来实现而不是靠学校收费盈利。这种特殊的投入、产出机制决定了教育是永恒而崇高的育人事业而非庸俗功利的创收产业。

6. 妨碍了教育的均衡发展

教育均衡发展是指受教育者接受相同数量和质量的教育，其基础是教育资源配置的均衡。具体体现在两个层面：一是教育的事业性与产业性、教育类型结构与人才素质结构等方面均衡发展而不至于厚此薄彼；二是教育在区域之间、民族之间、城乡之间、阶层之间均衡发展而不至于相差悬殊。

由于历史的原因，我国教育发展已经严重失衡，在构建社会主义和谐社会的今天，这已成为一个亟待解决的紧要课题。教育产业化引导学校以盈利为目的，追求利润最大化。校长成为教育企业家，学校成为盈利的企业，自主经营，自负盈亏。学校之间的经济竞争势必使强者更强、弱者更弱，导致教育资源分布的不均衡。“社会平衡发展的研究表明，以个人的能力与努力，而非家庭财产，来获得更好的教育机会，是社会保持正常运转的重要制度保障，而且是社会低收入者向上流动的重要途径……所谓教育产业化正在毁掉许多社会低收入者的理想，使许多贫困家庭学生无缘高等教育”❶。如果按产业的思路去办教育，其成本完全由受教育者承担，并推行所谓的“教育达尔文主义”，而政府作壁上观，让教育听凭市场召唤，优胜劣汰，那么贫困地区本已贫困的教育就会“雪上加霜”，发达地区发达的教育就会“锦上添花”。如此下去，教育就在为加剧社会的不公平推波助澜，与教育的目的适得其反。

7. 忽视了教育的事业性

教育不仅是一种特殊的产业，更是一种社会公益事业；教育不仅有经济功能，还有政治、道德、文化等多种功能，它对人的影响是全方位的，不仅表现在文化素质上，还表现在世界观、人生观和价值观等多个方面，最终促进国民综合素质的提高。

教育产业化的理论缺陷和认识误区不在于看到了教育的经济功能，而在于它片面追求教育的经济功能，而忽视了教育的政治、文化等功能，更忽视了教育全面提升人的综合素质的育人功能。正如教育部前副部长张保庆所说：“教育产业化了，就毁掉了教育事业了。”不能因为教育被划为第三产业就要产业化，国家机关、社会团体、军队、警察同样被划为第三产业，又怎能产业化呢？教育产业化的终极目标是要将教育全面彻底商品化、市场

❶唐萌：《教育产业化产生的诸多危害》，《Market Modernization》，2004（15）。

化，把教育看成是以质量求生存的自负盈亏的企业。根据选材原则，产业化的教育就会无情地把智力平平的学生当做次等品看待而放弃教育的责任；根据优质优价原则，优等教育就会因无钱缴纳高额学费而堂而皇之地把普通平民子弟冷冰冰地拒之于门外，使他们还未进入社会就因经济贫困而输在了教育的起跑线上❶。试问，在资本的介入甚至操纵下，教育一旦驶上追逐财富与金钱的快车道，逐利的教育还能成为真正意义上的人类的教育吗？还能成为人类文明和社会全面进步的助推器吗？因此，教育产业化与当今世界教育追求民主、公正、进步的国际潮流是背道而驰的，理智的人类对此应当保持高度警惕。

8. 背离了国际教育发展趋势

从国际教育发展的趋势来看，即便是发达的市场经济国家，也始终强调教育的公益性，没有哪个国家把教育产业化作为教育改革的政策导向。在很多市场经济国家中，尽管经济的私有化程度很高，个人分担的教育成本也有逐步增加的趋势，但教育仍然是一种公共事业，公共教育投入仍然是教育投入的主体。即便是那些签订了“世贸组织教育服务减让表”的国家，也只是有限度地向国外开放本国的教育市场，并没有因此而放弃对本国居民提供公共教育服务。相反，很多国家的政府都把教育作为公共政策的优先领域，把加大公共教育经费作为重要施政举措。联合国教科文组织 1996 年发布的《教育——财富蕴藏其中》指出：“不论教育系统的组织情况如何，其非集中程度或多样化情况如何，国家都应对公民社会承担一定的责任，因为教育是一种集体财产，不能只由市场来调节。”1998 年世界高等教育大会通过的《为了拟定 21 世纪的高等教育日程》提出：“应当澄清这一方面的模糊与混淆。市场规律和竞争法则不适用于教育，包括高等教育……减少国家在经济领域的作用是当前世界趋势，但是这一趋势不能自然而然地扩展到教育领域。一方面，不能直接或间接地迫使用于高等教育公共经费的减少；另一方面，也不能将大部分沉重负担转移给家庭。这只能加重进入高等教育方面的不平等。”❷

9. 误读了高等教育成本分担理论

实行教育成本分担，并不是在提倡教育产业化。不能简单地认定教育在

---

❶夏茂林、冯文全：《教育产业化批判》，《西南师范大学学报：人文社会科学版》，2006，32（2）。

❷国家教育发展研究中心专题组：《教育产业化不是教育政策的方向 》，2006 年。

计划经济体制下是福利事业，而在市场经济体制下就一定应当变成产业甚至产业化。政府在提高非义务教育学费标准和规范公办学校收费时，必须考虑当地居民的实际需求和平均承受能力，并辅之以多渠道的贫困生资助制度，以确保家境贫寒的学生不会因成本分担而失去学习机会。成本分担机制是在非盈利原则下的部分成本补偿行为，不属于教育产业化的范畴。

根据党的十六届六中全会确定的方针和政策，今后我国将继续坚持教育的公益性，建立与公共财政体制相适应的教育财政制度，强化各级政府对教育投入的责任。义务教育经费由政府承担，非义务教育经费以政府投入为主渠道，由政府、受教育者和社会共同分担。逐步形成与社会主义市场经济体制相适应的、满足公共教育需求的、稳定和可持续增长的教育投入机制，营造促进教育公平的制度环境。

10. 误导了民办教育发展方向

有人把鼓励发展民办教育等同于教育产业化，甚至认为反对教育产业化就是反对民办教育，这种认识是不符合事实的。大力发展民办教育与教育产业化完全是两个概念，不能相混淆。《中华人民共和国民办教育促进法》规定：民办教育事业属于公益性事业。民办教育的公益性和不以营利为目的，不仅是民办教育健康发展的基本前提，也是政府鼓励、支持和规范民办教育的出发点与法理依据。虽然允许非营利性质的民办学校的出资人取得“合理回报”，但这种“合理回报”只是对出资举办民办学校的一种激励措施，也是我国依据国情对国际惯例做出的变通，并非鼓励学校出资人以获得投资回报为目的的办学行为，更不是鼓励其追求高额利润甚至暴利❶。

从国际范围看，各国基本都把民办学校定位在非营利组织的范畴，民办学校在享受非营利组织的待遇（如税收减免、政府资助等）的同时，也必须承担非营利组织的义务，如出资办学属于捐赠，办学的利润不能分配给出资人，不得用于办学以外的其他目的等。国际民办教育发展的经验表明，只有坚持民办教育的公益性和非营利性，民办教育才可能实现可持续发展，并成为广义的公共教育的组成部分。由于我国民办教育的历史不长，法制体系尚不够完善，加上教育产业化思潮的影响以及一些地方在理解和执行政策上的偏差，在民办学校的发展过程中，出现了一些不规范的、以营利为目的的办学行为，这些行为背离了民办教育的公益性目的，损害了学生的利益和民办学校的社会形象。

---

❶《民办教育促进法立法备忘录》，新华网·云南频道，2003－03－07。

（六）必须旗帜鲜明地反对教育产业化

教育涉及国计民生，关乎民族兴亡。教育是准公共产品，是惠及全民的公益性事业，创造人人获得平等发展的机会，同时承担着最广泛意义上的社会启蒙使命。教育需要体现政府的公共服务职能，需要国家竭诚负责。

1. 正本清源，坚持教育公益性原则

教育的公益性是由其本质决定的，教育通过培养社会经济发展所需要的各类人才，来推动经济和社会的全面进步。因此，教育活动应当尊重社会全体成员的共同利益，而不应该是实现少数人利益的工具。毫无疑问，发展教育以及推进教育各项改革的最终目的，也应该是为了维护教育的公益性，促进教育公平，以实现最广大人民群众的根本利益❶。

过分强调教育的商品属性，而忽视其公益性，是对教育社会属性的片面理解。公办学校以其公办优质品牌收取赞助费、择校费、转学费，就无异于按照市场价格明码标价出售教育公共资源，实质上是一种有悖于公共利益的寻租行为。而民办学校乱招生、乱收费、压低成本办学，无疑是把办学作为一种投资赚钱的“生意”，谋求短期行为但不谋长远发展，谋求做表面文章但不谋教书育人，谋求经济收益但不谋提供优质的教育服务，从根本上背离了教育的宗旨。

显然，以营利为目的的教育产业化趋向，必将增加人民群众教育负担，难以充分保障全体公民应该享有平等受教育机会的法定权利，任由其继续蔓延，既不符合落实科学发展观的精神，也有违和谐社会构建的战略目标。为此，各级政府需要旗帜鲜明地反对教育产业化，引导和推动学校办学回归教育本源。

2. 履行职责，发挥政府教育服务的主体作用

政府“兴资办学、投资教育、资助贫困学生”是法律明文规定的。

《中华人民共和国义务教育法》第 10 条规定：“国家对接受义务教育的学生免收学费。国家设立助学金，帮助贫困学生就学。”该法第 12 条还规定：“国家对经济困难地区实施义务教育的经费，予以补助。”《中华人民共和国教育法》第 7 章第 53 条规定：“国家建立以财政拨款为主、其他多种渠道筹措教育经费为辅的体制，逐步增加对教育的投入，保证国家举办的学校教育经费的稳定来源。”

我国是发展中的人口大国，目前 8 亿以上的人口是农民，对教育的承受

❶《“教育产业化”激起群众强烈不满　背离教育本质》，中国经济网，2006-10-30。

能力总体上仍然不强，教育尤其是基础教育，决不能办成主要由受教育者承担教育成本的教育，决不能办成为少数人服务的非公益性教育和“贵族教育”。因此，各级政府必须承担发展各级各类教育的公共服务职能和主体作用，通过不断增加投入和实行全民教育，保证公民获得必要的知识和思想启蒙，保证公民享有公平地接受教育的基本权利。面对我国人均收入水平仍然偏低、教育基础仍然薄弱的现状，期望主要依靠社会力量出资，来满足人民群众日益增长的教育需求，不符合我国现阶段的基本国情。事实上，我国政府一直坚持保障教育的公益性和公平性，多年来积极实施了一系列重大政策措施。主要包括：依法明确各级政府教育投入的责任，努力增加财政性教育经费，在义务教育阶段不断完善管理体制，加大中央和省级政府对农村义务教育的转移支付和专项拨款的力度；建立健全助学制度，扶持家庭经济困难学生接受义务教育，实行义务教育免费；严厉查处各种教育乱收费，限制义务教育阶段公办学校改制，对高中择校收费实行“三限”的规范性政策；严格控制高等学校收费标准，有关部属师范院校师范生免费，加强对家庭经济困难学生资助的制度建设等。今后，按照完善社会主义市场经济体制和公共财政体系的客观要求，我国将依法增大财政性教育投入占 GDP 的比重，使之尽快达到同期发展中国家 4% 的平均水平，进而在更长远的时段内达到中等发达国家 5% 左右的平均水平。政府将全力支持免费义务教育，确保国家重点建设领域的人才需求，保障弱势群体的学习权利，加强对于财政拨款使用的管理与评估，为政府在公共教育领域中的行为准确到位打好坚实基础。

3. 加大社会参与，民办教育任重道远

坚持教育的公益性不等于要国家把发展教育的责任全部包揽下来，也不意味着国家举办所有的教育。为了满足公民多样化的教育需求，世界各国都在坚持教育公益性原则的前提下，注重调动和发挥社会各方面的力量，举办和参与举办各级各类教育。事实证明，即便是世界上经济发达、社会福利化程度较高的国家，单纯依靠政府的力量，也无法满足社会日益增长的多样化的教育需求。作为人口众多的发展中国家，我国由政府举办和提供的教育供不应求，相比发达国家，更迫切需要动员与组织社会力量举办和参与举办各类各级教育。为鼓励和支持民办教育发展，国家颁布了《中华人民共和国民办教育促进法》及其实施条例。诚然，在教育领域引入市场机制，可以让人民群众享受更多的教育服务，但依赖“教育产业化”不能平衡教育的供求关系，市场的驱动机制是私益而不是公益，如果放任对私益的追逐，那么教育产业化就会演变成一种无序状态，甚至改变教育的公益性质。民办学校、公办学校都是国家批准设立的公益性机构，因此在其运行过程中有义务坚持和践行公益性原则，即必须全面贯彻党和国家的教育方针，保证教育质量，培养社会需要的人才，抵制非公益性因素对学生的不利影响❶。

总之，在社会主义市场经济体制下，教育系统要更好地适应市场需求，需要适当引入竞争机制，以提高教育资源的配置效率，也需要多渠道筹措教育经费；非义务教育需要实行成本分担，允许某些类型的教育或培训实行产业化运作。但这些改革不是要把整个教育系统变成营利性事业，因而与教育产业化完全是两回事。教育产业化过去不是、今后也不应成为我国教育政策的价值取向。我们反对教育产业化，是反对地方政府以“教育产业化”为幌子推卸办学和投入的主体责任，是不赞成公办学校公然出售公共教育资源，是不允许民办学校以营利为目的、过度追求经济收益，而不顾办学水平和教育质量。教育是事关国家可持续发展与社会和谐的公共事业。教育作为公共服务的基本领域，其公共性、公益性不仅不应弱化，相反应得到加强。因此，教育领域必须旗帜鲜明地反对教育产业化。

❶《“教育产业化”激起群众强烈不满 背离教育本质》，中国经济网，2006－10－30。

第三章 高校贫困生资助体系的政策评价

政府在实施“科教兴国”、“人才强国”战略的进程中，为了使包括贫困生在内的全体大学生都能通过接受高等教育成为社会主义的合格建设者和可靠接班人，在高校贫困生资助方面做了大量工作，成就巨大；全国各高校以“三个代表”重要思想为指导，落实科学发展观，认真贯彻执行国家有关高校贫困生资助的各项政策，成绩斐然。为此，全面回顾过去高校贫困生资助工作，将有助于总结经验，发扬成绩，避免不足，不断加强和改进今后的资助工作，以推动高等教育的健康发展。

一、政策效果

（一）国家助学成就巨大

随着高等学校招生制度改革的顺利进行，扩招之后贫困生问题日益成为高校学生管理中的一个重要问题。目前全国各类高等教育在校生中，贫困生500多万人，特困生约为250万人，做好高校贫困生的解困助学工作是一项事关全局的大事。新中国成立以来，党和政府一直极为关注高校贫困生的问题，制定了一系列的政策和措施，取得了巨大的成绩。

新中国成立后助学制度的发展经历了三个阶段。

第一阶段：1949~1987年的高福利助学制度。公有制的计划经济制度和较小的高等教育规模，使国家成为高等教育的单一投资者，受教育机会成为面向特定群体的公共产品，群体内每一个成员不仅不需要履行投资责任，而且在生活上享受福利（如助学金、定量供应）等。

第二阶段：1987~1998年的“奖、助、补、减”助学制度。由于改革开放带来生活水平的提高，原有的国家补助标准，特别是生活补助难以维持正常消费，出现了大学生贫困问题。1987年，原国家教委和财政部共同研究制定了针对贫困大学生的“奖（奖学金）、助（勤工助学）、补（困难补助）、减（减收或免收学费）”制度。由于国家助学资金有限，这一制度具有局限性和竞争性，受益者只是贫困学生中的一部分，未能从根本上解决大学生贫困这一社会问题。

第三阶段：1998 年迄今的助学贷款制度。由于国家经济制度的变革引发了办学投资体制的变革，高等教育成本分担理论、人力资本投资理论确立了个人对接受高等教育的部分投资责任，个人须支付的费用大幅度上升，加上宏观经济环境的变化和贫富差距的加大，“贫困家庭子女上大学难”的问题成为一个具有普遍意义的社会问题。在坚持“奖、助、补、减”的同时，中国人民银行、教育部、财政部等部门经过多年的探索，开展了助学贷款业务，从根本上为解决贫困生问题提供了有力支撑。

在扩大高等教育规模和推进高校收费改革的过程中，由于经济发展不平衡等种种原因，近年来高校中贫困生的数量急剧增加。如何解决好贫困生的学习和生活问题，一直牵动着党中央、国务院领导的心。党中央、国务院一再强调，要认真研究并不断完善高等学校资助贫困生的政策体系，各级政府要加大相应的专款投入，努力做好资助贫困生工作，“保证所属高校每一个学生不因经济困难而辍学”。1997 年 6 月，国务院办公厅向全国发出《关于做好资助高校经济困难学生工作的通知》。为此，教育部、财政部、中国人民银行等有关部门按照党中央、国务院的要求，努力探索建立中国特色的资助贫困生的政策体系。

多年来，党中央、国务院一直十分关心高校贫困生问题，要求有关部门和所有高校把解决贫困生问题提到实践“三个代表”重要思想、落实科学发展观、构建社会主义和谐社会的高度来认识，提到实施科教兴国和人才强国战略、优化教育结构、促进教育公平和社会公正的高度来认识，提到切实履行公共财政职能、推进基本公共服务均等化的高度来认识。

中共中央总书记胡锦涛同志在十七大报告第八部分关于“优先发展教育，建设人力资源强国”的讲话中专门强调要“健全学生资助制度”，还在中央政治局第三十四次集体学习时指出，要完善帮助贫困生上学的资助制度和扶持政策。把这一工作写进十七大报告，充分地体现了党中央对解决贫困生问题的高度重视，表明了全社会尤其是教育部门认真做好这项工作的极端重要性。

温家宝总理指出，要坚持教育公平，建立和完善贫困生助学体系，促进社会的和谐与稳定。2006 年 11 月温家宝总理在主持召开教育工作座谈会时强调，要把教育摆在优先发展的战略地位，千方百计增加教育投入，努力实现财政性教育经费占国民生产总值 4% 的目标；2007 年 3 月温家宝总理在十届全国人大五次会议上再次强调教育经费的投入要达到GDP的4%，并且中央已明确把这一比例写入《国家教育事业发展“十一五”规划纲要》。这充分体现了党中央、国务院对教育的重视以及对教育加大投入的决心，这对整个教育战线来说，都是振奋人心的。

党和国家领导人江泽民、朱镕基、李岚清、陈至立等也多次就做好资助贫困生工作作出重要批示。江泽民同志在十六大报告第六部分关于大力发展教育和科学事业的讲话中，强调要“完善国家资助贫困生的政策和制度”。朱镕基同志曾在国家科教领导小组会议上指出：“我们要在继续落实现有各项助学政策和措施的同时，建立面向高等学校家庭经济困难、品学兼优学生的奖学金制度”。李岚清同志曾批示，要保证国家助学贷款工作“广泛、健康、持久地开展”。陈至立同志也曾批示“望进一步加强工作。一要巩固已经取得的成果；二要继续克服制约助学贷款机制有效运作的‘瓶颈’；三要完善管理办法”。

为帮助我国高等学校贫困生顺利入学和圆满完成学业，在党中央、国务院的高度重视和关心下，经过教育部、财政部、中国人民银行、银监会等有关部门十几年的艰苦探索和高等学校等各方面的共同努力，迄今我国已经基本建立起以奖学金、助学贷款、勤工助学、特殊困难补助、学费减免和绿色通道为主体的，多元化的资助贫困生的政策体系，上下同心，合力推进，工作扎实，成就巨大。

1. 奖学金

现行的奖学金主要有以下形式：国家助学奖学金——国家助学金；国家优秀学生奖学金——国家奖学金；国家励志奖学金——励志奖学金；专业奖学金；定向奖学金；研究生奖学金——优秀奖学金、普通奖学金；高校自己设立的各种奖学金；社会组织或个人设立的各种专项奖学金。

高等学校奖学金制度是由人民助学金制度改革而来的，是我国教育体制改革的重要内容之一。1986年，国家教委和财政部开始在部分普通高等学校实行“奖学金制度”试点。1987年7月，原国家教委和财政部发出通知，规定在1987年入学的本科普通高等院校的新生中全面实行奖学金制度。

1991年，普通高等学校开始实行研究生奖学金制度。设立研究生奖学金，是为了保证普通高校研究生本人的基本生活需要，鼓励研究生在校期间勤奋学习，积极参加科学研究。

2002年，普通高等学校开始实行国家优秀学生奖学金制度，即国家奖学金。用于奖励普通本科高校和高等职业学校全日制本专科在校生中特别优秀的学生，每年奖励5万名，奖励标准为每生每年8 000元。

2005年，国家优秀学生奖学金制度改革为国家助学奖学金制度，即国家助学金。国家助学金资助面平均约占全国普通本科高校和高等职业学校在校生总数的20%。平均资助标准为每生每年2 000元，具体标准由各地根据实际情况在每生每年1 000～3 000元范围内确定，可以分为2～3档。

2007年，普通高等学校开始实行国家励志奖学金制度，用于奖励资助普通本科高校和高等职业学校全日制本专科在校生中品学兼优的家庭经济困难学生，资助面平均约占全国高校在校生的3%，资助标准为每生每年5 000元。

设立本、专科学生的国家奖学金，是为了奖励高校学生在校期间刻苦学习，奋发向上，在德、智、体、美等方面全面发展；专业奖学金，是为了鼓励学生报考师范、农林、体育、民族、航海等专业；定向奖学金，是为了引导学生毕业后到边疆地区、经济贫困地区工作。设立国家励志奖学金、国家助学金，是中央政府关怀广大贫困生的一项重大举措，其目的是帮助高校贫困生顺利完成学业，激励贫困生勤奋学习、努力进取、自立自强，促进他们在德、智、体、美等方面得到全面发展。

奖学金制度是我国现行高校资助政策的开端，在学生资助工作中发挥了积极作用，起到了资助学生和激励学生奋发向上的双重作用。2002年开始设立的国家奖学金制度也已顺利实施，并受到学校和广大经济困难学生的欢迎。据统计，2002年全国各普通高校奖学金资助总金额为263 141万元，资助366万人次；其中，国家奖学金资助金额为2亿元，共资助45 000名学生。奖学金制度是学校对学生实施的一种最快、最根本的激励机制。

2. 助学贷款

助学贷款主要包括三种贷款形式：国家助学贷款、高校无息贷款、一般性商业贷款。

国家助学贷款，是在社会主义市场经济体制下，国家利用金融手段加大对高校贫困生资助力度而采取的一项重要措施，也是进一步完善高校资助政策体系的新探索。随着我国高等学校在校生规模的不断扩大，高校中贫困生的人数迅速增加，原有的资助政策和措施已难以覆盖和完全解决所有贫困生的问题。为进一步完善现行的资助政策，加大资助工作力度，在国务院领导同志的亲自关心和推动下，借鉴国外的经验，结合我国的具体情况，制定了国家助学贷款政策。为保证国家助学贷款工作的顺利进行，1999年先在北京、上海、天津、重庆、武汉、沈阳、西安、南京等8个城市进行了试点。

从2000年9月1日起，在全国范围内全面推行，所有普通高等学校均能申办国家助学贷款。在全国推开后，国家助学贷款工作取得了一定成绩，但也同时暴露出政策设计和运行机制上存在的缺陷。根据党中央、国务院领导的一系列批示精神，教育部、财政部和有关金融部门反复调查、研究，认真分析和总结国家助学贷款工作中存在的问题和矛盾，提出了进一步改进工作的意见和建议。在此基础上，起草了《关于进一步完善国家助学贷款工作的若干意见》，并于2004年6月经国务院批准下发。该意见对国家助学贷款政策、实施机制、风险防范、组织领导等方面进行了重大调整和完善，建立了以风险补偿机制为核心的国家助学贷款新政策、新机制。

1）政策方面

（1）改革财政贴息办法。考虑到贫困家庭学生在校期间本来就经济困难，无力支付利息，现在实行贷款学生在校期间的贷款利息全部由财政补贴，毕业后全部自付的办法，换言之，学生上学期间政府全部贴息，毕业以后全部自己付息。

（2）延长还贷年限。改革以后实行贷款学生毕业后视就业情况，在1～2年后开始还贷、毕业后6年内还清的做法，等于还贷时间延长了2年。

（3）为鼓励获得国家助学贷款的毕业生到艰苦地区和艰苦行业工作，提出了研究建立国家助学贷款代偿机制。如果学生毕业后自愿到艰苦地区基层单位从事一线工作，服务期在3年以上（含3年）的，其在校学习期间获得国家助学贷款本金及其全部偿还之前产生的利息将由国家代为偿还。

2006年9月《高等学校毕业生国家助学贷款代偿资助暂行办法》正式颁布执行。

2）实施机制方面

（1）改变由国家指定四大国有商业银行经办国家助学贷款业务，实行由政府按隶属关系委托全国和省级学生贷款管理中心通过招投标方式确定国家助学贷款经办银行。

（2）对普通高校实行贷款总额包干办法。全日制公办普通高校每年的贷款总额原则上按全日制普通本专科学生（含高职学生）、研究生以及第二学士学位在校生总数20%的比例、每人每年6 000元的标准计算确定。

（3）由高校和银行共同操作。助学贷款的前期宣传、申请材料的审核等工作主要由学校完成，银行根据学校报送的申请材料，在学校的贷款包干额度内审批贷款。

3）风险防范方面

（1）针对商业银行认为国家助学贷款风险较高的情况，建立了国家助学贷款风险补偿机制。按学校隶属关系，由财政和普通高校按贷款当年发生额的一定比例建立国家助学贷款风险补偿专项资金，给予经办银行适当补偿，具体比例在招投标时确定；风险补偿专项资金由财政和普通高校各承担50%。

（2）建立了学生还款约束机制。国家金融管理等有关部门、经办银行、学生贷款管理中心及各高等学校各负其责，共同建立还款约束机制。

4）组织领导方面

（1）加强统筹和协调。成立由教育部、财政部、中国人民银行、银监会等部门参加的部际协调小组，及时研究解决国家助学贷款实施过程中出现的问题；各省、自治区、直辖市也成立相应的协调机构，加强对本地区国家助学贷款工作的统筹和协调。

（2）健全管理机构，进一步强化并改进管理。要求进一步加强全国和省级学生贷款管理中心的建设，配备足够的工作人员；各普通高校更要加强对国家助学贷款的管理工作，设立专门的学生资助工作机构，并在文件中明确要求学校原则上按全日制普通本专科学生、研究生在校生规模1∶2 500的比例，在现有编制内调剂配备专职工作人员。

新政策新机制推行以来，受到了广大贫困生、高等学校、金融机构的普遍欢迎，工作成绩很大。截至2007年6月末，各项助学贷款余额192.9亿元。截至2007年3月，全国累计审批国家助学贷款人数逾300万人，银行累计审批合同金额266亿元[1]。

自2004年6月国家助学贷款新机制实施以来至2006年6月底，全国申请贷款人数211.1万人，银行审批人数154.3万人；申请贷款金额171.8亿元，银行审批金额131.7亿元。与2005年底相比，审批人数和审批金额分别增加33.9万人和29.1亿元。

自2004年6月至2006年6月底，银行审批贷款合同金额排在前10位的省份为：湖北（8.74亿元）、山东（5.8亿元）、河南（5.69亿元）、安徽（4.97亿元）、江苏（4.79亿元）、陕西（4.3亿元）、辽宁（4.25亿元）、广东（3.96亿元）、重庆（3.58亿元）、上海（3.31亿元）。

获得贷款的在校生数占在校生总数的比例排在前10位的省份为：云南

[1] 中新社北京2007年10月8日电（记者：翁阳、于晶波）。

(22.19%)、湖北(21.97%)、贵州(20.88%)、西藏(18.99%)、青海(18.65%)、河南(14.56%)、山西(13.61%)、上海(12.84%)、浙江(12.18%)、福建(11.66%)。

自2004年6月至2006年6月底，银行审批贷款合同金额排在前10位的中央部门所属高校为：吉林大学(1.98亿元)、山东大学(1.5亿元)、武汉大学(1.38亿元)、四川大学(1.15亿元)、华中科技大学(1.14亿元)、武汉理工大学(1.08亿元)、兰州大学(1.02亿元)、湖南大学(9 597万元)、中国石油大学(华东)(9 113万元)、中南财经政法大学(8 975万元)。

获得贷款的在校生数占在校生总数的比例排在前10位的中央部门所属高校为：中国石油大学(华东)(30.18%)、西北农林科技大学(29.23%)、东北师范大学(26.12%)、南京森林公安高等专科学校(24.23%)、华中农业大学(23.85%)、兰州大学(23.34%)、合肥工业大学(23.06%)、江南大学(22.77%)、武汉大学(22.63%)、中国农业大学(22.55%)、中央民族大学(22.55%，并列)。

高校无息贷款，是高校利用学校资金对学生办理无息借款的制度，也是由人民助学金制度改革而来的。按照原国家教委和财政部通知要求，1986年开始在部分高校进行试点，1987年开始在当年入学的本科普通高等院校的新生中全面实行；1993年，原国家教委和财政部根据形势的发展变化，对这种借款的额度和享受贷款学生的比例等部分条款进行了修订。目前各高校办理的这种借款最高额度一般为每人每年1 000元以上。

一般性商业贷款，是指各金融机构以信贷原则为指导，对高校学生、学生家长或其监护人办理的，以支持学生完成学习为目的的一种商业性贷款形式。这种助学贷款近年来也得到快速发展，是对国家资助政策的有益补充。一般性商业助学贷款财政不贴息，各商业银行、农村信用社等金融机构均可开办。

学生贷款制度有利于引导学生树立自立自强、诚实守信的观念，有利于鞭策学生勤奋学习、努力上进，有力地推动了高校学生素质教育的改革；为学生获得公平、公正的教育机会，提供了社会保障机制。学生贷款制度将成为资助高校贫困家庭学生的最主要措施之一。国家助学贷款将逐步发展成为我国全日制公办普通高校资助贫困生政策体系的主体。表3-1为2001～2005年我国国家助学贷款概况。

表 3-1　2001～2005 年我国国家助学贷款概况

项目	2001 年	2002 年	2003 年	2004 年	2005 年
全国在校大学生人数（万人）	748	940	1 158	1 450	1 900
贫困大学生获贷总人数（万人）	17	32.7	79.1	65	120.4
贫困大学生所需贷款额（亿元）	119.97	150.4	185.3	232	304
实际获贷金额（亿元）	12.6	16.9	35.7	51.5	102.5

资料来源：《中国教育年鉴 2001～2005》。

3. 勤工助学

高等学校组织学生参加勤工助学活动，是高等学校收费制度改革的一项重要配套措施。这项活动不仅有利于学生德、智、体、美全面发展，而且可以使学生通过参加劳动取得相应报酬。这是对广大学生，特别是贫困生的有效资助办法，是对他们安心完成学业的有力支持。高校勤工助学岗位主要有校内的助教、助研、助管岗位，以及实验室、校办产业、后勤服务、各项公益劳动岗位等，不允许组织学生参加高空作业、严重污染、辐射等极易对人体造成伤害和危险的特殊行业和专业的劳动。教育部、财政部规定各高校每年都要从所收取的学费收入中提取 10% 的资金，用于发放参加勤工助学学生的报酬，以及开展其他有关资助工作。目前，大多数高校都成立了专门的机构，配备了专职人员负责管理勤工助学工作。

4. 特殊困难补助

特殊困难补助，是高校资助政策的辅助性措施之一，是各级政府和高校对经济困难学生遇到一些特殊性、突发性困难和突发事件时给予的临时性、一次性的无偿资助。据统计，2002 年全国各普通高校发放特殊困难补助金额为 38 135 万元，资助学生 78 万人次。

5. 减免学费

在我国高校收费制度改革过程中，为帮助部分经济特别困难的学生顺利完成学业，1995 年，教育部印发《关于对普通高等学校经济困难学生减免学杂费有关事项的通知》，要求对普通高校中部分经济特别困难的学生，实行学费减免制度，尤其是要对其中的孤残学生、少数民族学生及烈士子女、优抚家庭子女和来自“老、少、边、穷”地区的特困生等减收或免收学费，具体减免额度由学生所在高校确定。

尤其鼓舞人心的是，2007 年 5 月《国务院关于建立健全家庭经济困难学生资助政策体系的意见》规定，从2007年秋季开始，对教育部6所直属师范大学新招收的师范生实行免费教育。现在《教育部直属师范大学师范生免费教育实施办法（试行）》已经执行，北京师范大学、华东师范大学、东北师范大学、华中师范大学、陕西师范大学和西南大学6所部属师范大学从2007级师范生起，开始享受免费教育。免费教育师范生在校学习期间免除学费、免缴住宿费，并补助生活费，所需经费由中央财政安排。国家试图通过部属师范大学的试点，积累经验，建立制度，为培养造就大批优秀教师和教育家奠定基础。可以说，这是政府重视教育的一个重大举措，是在实施“科教兴国”、“人才强国”战略过程中动的一次大手笔，必将产生深远影响。

据统计，2002年全国各普通高校学费减免金额为32 778万元，减免人数为17万人。

6. 绿色通道

为保证刚考入大学的贫困生能够顺利入学，2000年教育部、财政部、国家发展改革委规定各高校都必须建立“绿色通道”制度，即对被录取入学、经济困难的新生，一律先办理入学手续，然后根据核实后的情况，分别采取不同的资助措施，确保每一位新生都能够顺利入学，杜绝学生因经济困难而辍学的情况发生。2006年6月，教育部再次发出通知，要求各高校对所有新入学的贫困家庭学生开通“绿色通道”，并确保“绿色通道”通行无阻。表3-2为全国2002年普通高校资助贫困生情况。

表3-2　全国2002年普通高校资助贫困生情况

在校学生总人数953万人			贫困生约182万人，占19%	
资助总额		702 270万元	资助人数	732万人
资助项目	奖学金	263 141万元	资助人次	366万人
	校内贷款	50 699万元	发放人数	19万人
	国家贷款	206 076万元	贷款人数	25万人
	勤工助学	76 831万元	资助人次	124万人
	特殊困难补助	38 135万元	补助人次	78万人
	学费减免	32 778万元	减免人数	17万人
	副食品价格补贴	34 610万元	享受人数	103万人

注：通过“绿色通道”办理入学手续的学生23万人，占在校生总数的2.42%，占经济困难学生数的12.64%。

综上所述，多年来实践表明，在党中央、国务院的高度重视和关心下，经过社会各方面的共同努力，通过以上政策的综合运用，高校资助贫困生工作已取得了巨大的成绩，基本实现了“确保没有一名考入公办普通高等学校的学生因为经济困难而辍学”的工作目标。这是认真实践“三个代表”重要思想的实际行动，符合广大人民群众的根本利益。

（二）河南助学成果丰硕

近年来，河南省全面贯彻党中央、国务院关于高校家庭经济困难学生资助工作的方针、政策，采取五大有力措施，不断完善资助体系，理顺管理体制，落实资金来源，通过“奖、贷、助、补、减”等多种渠道，为家庭经济困难学生提供有效资助，基本实现了“不使一名考入公办大学的学生因家庭经济困难而无法入学”，“不使一名公办大学的学生因家庭经济困难而辍学”的资助工作目标。河南省的经验如下：

一是加强领导，健全机构，确保资助工作顺利进行。原省委书记徐光春、原省长李成玉多次强调，要把家庭经济困难学生资助工作作为各级党委、政府的大事抓紧抓好。省政府建立了经常性助学活动联席会议制度，每年召开专门会议部署资助工作，统筹协调各种形式的经常性助学活动项目，并在省教育厅设立办公室，具体负责日常工作。为进一步推动国家助学贷款工作顺利开展，省政府2005年批准成立了河南省教育贷款管理中心。省教育厅建立了河南省普通高校困难学生资助工作领导小组，协调全省资助家庭经济困难学生工作。各地、各高校也普遍成立了以单位负责同志为组长的资助家庭经济困难学生工作领导小组，对资助工作统一领导。

二是密切配合，共同努力，稳步推进国家助学贷款工作。河南省与国家开发银行密切合作，积极开展国家助学贷款工作。2005年、2006年两年，共发放国家助学贷款11.1亿元，资助困难学生23.6万人次，贷款发放范围覆盖所有符合贷款条件的88所高校。2007年，国家开发银行又承诺贷款额度6亿元，确保每一位符合贷款条件的家庭经济困难学生均能获得国家助学贷款。为推动国家助学贷款工作持续健康开展，河南省以防范风险为核心，完善措施，强化管理，加强教育，保证了新机制的顺利运行。2006年，已毕业的贷款学生共有10 719人次，贷款金额5 136万元；截至2006年年底，已有4 461人次提前4~5年还款，提前还款金额2 132万元，提前还款率约为42%。

据统计，截至2007年8月31日，国家开发银行河南分行国家助学贷款余额为9.42亿元，已有35 856人次（27 497人）提前还款1.66亿元，占毕业贷款学生人数的52.4%，约占毕业学生贷款金额的46.9%。

据了解，“河南省国家助学贷款信息管理系统项目”目前已实现了银行、中国人民银行个人征信系统、教育厅、高校以及学生之间的多层次信息共享和动态管理，这为国家助学贷款在河南省良性发展打下了坚实基础。国家开发银行河南分行有关负责人表示：虽说河南省国家助学贷款总量已经做到全国第一，但是国家助学贷款有关政策今后还可以再优惠些，比如针对当前大学生就业难以及就业初期工资水平相对较低的现状，可采用固定利率并适当延长学生助学贷款的还款期限以缓解贷款学生的压力等。

三是健全资助体系，保证财政供给，扎实推进资助工作。2006年，政府和学校共发放各种奖、助学金7亿元，受奖、助学生超过63万人次。其中，省级财政拨付奖、助学金1.9亿元，受助学生18万人次；发放政府奖、助学金4 800万元，奖励品学兼优的优秀家庭经济困难学生8 000人，按150元/月生活费补助省财政直供高校学生1.6万人，高校按规定从学费中提取经费3.6亿元，用于奖、助学金、勤工助学等；提供勤工助学岗位13万人次，资助家庭经济困难学生5万余人次。为保证特困生能及时有效地得到资助，自1998年起在全省设立了“特困生最低生活保障线”，保证特困生每月生活费来源不低于120元，2002年调整为每月150元。全省通过“绿色通道”进入高校学习的学生达10余万人，减、免、缓缴学费近3亿元。

四是广泛动员社会各界，积极开展多种形式的捐资助学活动。据不完全统计，近几年来，省直有关部门、社会团体及各类企事业单位向普通高校家庭经济困难学生捐助的资金近3亿元。2004～2006年，河南总工会与河南省教育厅联合举行的“金秋助学工程”，募集资金1.5亿元，资助家庭经济困难学生4.8万人。省里要求各高校对资助家庭经济困难学生的专项资金和社会各界的捐赠资金设立专户，加强管理，专款专用，确保资金的有效使用。同时，建立健全家庭经济困难学生资助工作制度，坚持“公开、公正、公平”的原则，严格资助学生审批办法，建立家庭经济困难学生动态档案，增加工作透明度，确保家庭经济困难学生资助工作健康进行。

五是加强对家庭经济困难学生的思想教育和诚信宣传教育工作。各高校在对家庭经济困难学生进行物质资助的同时，还从思想上关心他们的进步和成长，通过多种形式引导家庭经济困难学生解除思想负担，正视所面临的暂时困难，珍惜党和人民的关怀，树立信心，以优异的成绩回报国家和社会，增强了助学育人的效果。从2006年开始，河南省教育厅会同中国人民银行郑州中心支行、国家开发银行河南省分行在全省高校开展了“诚信校园行”系列宣传教育活动；河南省教育厅组织了自强不息优秀困难大学生评选表彰和巡回演讲活动，对家庭经济困难学生和全体大学生进行艰苦奋斗、立志成才教育；在全省宣传河南中医学院学生王一硕诚实守信、提前还贷的先进典型，为贷款学生积极还贷树立榜样。

2008 年河南省教育厅出台为农村学校培养教育硕士师资政策。攻读该学位不仅免缴学费，贫困生在校期间申请的国家助学贷款也将由国家代偿。这一优惠政策出台的目的是为了提高农村学校师资学历水平和整体素质。

据了解，今后报考农村师资教育硕士的考生获得入学资格后，需先到指定的扶贫县农村学校任教 3 年，取得教学实践经验，再到高校学习 1 年硕士研究生课程，之后回到原任教农村学校边学习、边工作，并完成硕士论文答辩；获得硕士研究生毕业证书和教育硕士专业学位证书后，还要在原任教农村学校至少继续工作几年。

农村师资教育硕士在学习期间免缴学费，并按照在职教师脱产学习的规定，带薪及享受相关待遇。

（三）郑州大学助学步履扎实

1. 2003～2006 年助学工作情况

郑州大学的勤工助学活动已初具规模，为了做好这一工作，使其在资助工作中发挥重要作用，学校设立了专门机构，建立了一套完整的规章制度和管理办法，如《郑州大学关于在学生中开展勤工助学活动的安排意见》等，对勤工助学岗位的设立、酬金的审批、酬金发放方式、发放时间等都作了明确规定，使勤工助学活动有章可循，有据可依。同时，学校各部门密切配合，努力拓宽勤工助学渠道，增加了勤工助学岗位，每月能安排上千人次参加勤工助学活动。学生通过劳动每人每月平均能领到 80～200 元不等的酬金，补贴了生活费用。目前，学校针对勤工助学工作岗位较少、形式相对单一等问题加以认真研究，不断探索和尝试勤工助学新方法、新形式，以提高勤工助学工作的知识含量和科技含量，促进学生的全面发展。

郑州大学从 2006 年开始，率先开展了“暑期提前设岗爱心资助活动”，在全国高校录取工作还没有全面铺开之际，向第一志愿报考该校且考分超过当地重点线 20 分以上、家庭经济困难的考生发出召唤，虚位以待，让他们在暑假里提前来校勤工助学，帮助他们减轻家庭负担，解决部分学费。学校每年拿出 20 多万元为近百名报考郑州大学的优秀贫困学子提供了图书管理、校园保洁、食堂帮厨、学生工作助理等岗位，免费提供食宿、体检和往返路费。为保障学生在校勤工助学期间的生活和安全，学校实行了集中管理、集中安排食宿，配备了专职辅导员。在一个月的校内勤工助学结束后，这些学生每人将获得 1 500 ~ 2 000 元的报酬。郑大提前打开困难学生“绿色通道”，提前进行新生入学教育，引起社会广泛关注和充分肯定，新华社、中央电视台、《人民日报》、《光明日报》、《中国青年报》、《中国教育报》等新闻媒体对此多次给予专题报道。

郑州大学 2003 ~ 2006 学年助学工作情况见表 3-3 ~ 表 3-8。

表 3-3　郑州大学 2003 ~ 2006 学年国家（省政府）助学奖学金发放情况一览

项目名称	2003 ~ 2004 学年		2004 ~ 2005 学年		2005 ~ 2006 学年		共计	
	发放人次	金额（万元）	发放人次	金额（万元）	发放人次	金额（万元）	发放人次	金额（万元）
国家奖学金	151	67. 2	100	44. 4	79	31. 6	330	143. 2
国家助学金					1 502	225. 3	1 502	225. 3
省政府奖学金			300	100	232	69. 6	532	169. 6
总计	151	67. 2	400	144. 4	1 813	326. 5	2 364	538. 1

表 3-4　郑州大学年度国家助学贷款汇总

项目	贷款人数（人）	贷款额（万元）	学费住宿费（万元）	生活费（万元）	贷款人均额（元/人）	学费住宿费人均额（元/人）	生活费人均额（元/人）
2004 ~ 2005 学年	2 847	1 505. 4	1 176. 098	329. 302	5 288	4 131	1 157
2005 ~ 2006 学年	4 866	2 378	1 937. 8	440. 2	4 887	3 981	90
两次贷款	7 713	3 883. 4	3 113. 898	769. 502	5 034. 3	4 037. 207 3	997. 668 9

2. 2007 年助学工作情况

郑州大学高度重视贫困学生救助工作，由学生处成立了学生资助中心，专人专职负责贫困学生救助工作，建立了以国家助学贷款为主体，奖、助、补、减、免、缓等多元化的资助体系，多方面对贫困学生进行救助。在物质扶贫的同时，注重精神帮贫，不断开拓新的助学模式。在资助体系多项内容中，各项工作都得到有条不紊的开展和扎实推进。

表 3-5 郑州大学 2003～2006 学年勤工助学开展情况一览

年份	固定岗位（人/次）			临时岗位（人/次）	发放金额（万元）		
					固定岗位	临时岗位	共计
2003～2004 学年	教室保洁	900	1 778	8 500 余	213.36	62.84	276.20
	校园保洁	298					
	自行车管理队	200					
	文明纠察队	265					
	图书管理	68					
	助管岗位	67					
2004～2005 学年	教室保洁	1 250	2 670	8 108 余	320.4	89.273 7	409.673 7
	校园保洁	400					
	自行车管理队	300					
	文明纠察队	300					
	图书管理	58					
	助管、助研、助教	362					
2005～2006 学年	教室保洁	1 667	3 627	15 380 余	435.24	91.256	526.496
	校园保洁	495					
	自行车管理队	406					
	文明纠察队	400					
	图书管理	83					
	助管、助研、助教	576					
总计	8 075			31 988 余	969	243.369 7	1 212.369 7

表 3-6 郑州大学 2003～2006 学年困难学生生活补助发放情况一览

项目名称	2003～2004 学年			2004～2005 学年			2005～2006 学年			共计	
生活补助	发放人次	金额（万元）		发放人次	金额（万元）		发放人次	金额（万元）		发放人次	金额（万元）
	211	4.89		1 641	196.92					1 852	201.81
棉大衣	发放人次	数量（件）	费用（万元）	发放人次	数量（件）	费用（万元）	发放人次	数量（件）	费用（万元）	1 540	15.4
	340	340	3.4	400	400	4	800	800	8		
返乡路费	发放人次	金额（万元）		发放人次	金额（万元）		发放人次	金额（万元）		529	12.66
				328	5.4		201	7.26			
总计	551	8.29		2 369	206.32		1 001	15.26		3 921	229.87

表 3-7　郑州大学 2003～2006 学年困难学生减(缓、免)交学费开展情况一览

项目名称	2003～2004 学年		2004～2005 学年		2005～2006 学年		共计	
	发放人次	金额（万元）	发放人次	金额（万元）	发放人次	金额（万元）	发放人次	金额（万元）
西部开发助学工程	37	10.07	19	11.015	63	18.035	149	39.12
革命老区			10	3.99	10	3.99	20	7.98
毕业生减免			9	5.383 5			9	5.383 5
绿色通道	40	11.6	163	63.57	397	154.83	600	230
总计	77	21.67	201	83.958 5	470	176.855	778	282.483 5

表 3-8　郑州大学 2003～2006 学年社会捐助开展情况一览

项目名称	2003～2004 学年		2004～2005 学年		2005～2006 学年		共计	
	发放人次	金额（万元）	发放人次	金额（万元）	发放人次	金额（万元）	发放人次	金额（万元）
刘家骥教育基金	69	6.9	60	15	60	15	189	36.9
可口可乐奖学金	20	6	20	4	20	2.4	60	12.4
新长城助学金	14	2.576	9	1.656	56	10.304	79	14.536
宋庆龄基金	36	10.8	36	10.8	36	10.8	108	32.4
总计	139	26.276	125	31.456	172	38.504	436	96.236

1）助学工作现状

2007 年，郑州大学贫困生占全校学生总人数比例为 22.44%，特困学生占全校学生总人数比例为 8.27%，贫困生共计约为 11 256 人。

经调查，造成这些学生家庭经济困难的主要原因有：第一，贫困学生大都来自以农业收入为主、家庭收入偏低的农村，或来自下岗家庭、家庭遭受意外事件等，这些贫困学生中农业户口学生占贫困生人数的 84.78%，城镇户口学生占贫困生人数的 15.22%。第二，特困生主要是来自收入极低的农村家庭、家庭遭受自然灾害、突发事件等，这些特困生中农村户口学生有 2 530多人，占特困生人数的 83.47%，城镇户口学生有 500 多人，占特困生人数的 16.53%。

2）物质扶贫项目

（1）国家助学贷款。国家助学贷款为郑州大学资助体系的主渠道，涉

及面广，受助学生多。为做好国家助学贷款工作，郑州大学于2005年1月成立了国家助学贷款管理中心（于2006年9月和助学管理办公室合并为学生资助中心），并配备了专职管理人员，解决了办公设备和办公用房，保证了国家助学贷款各项工作的顺利开展。2007年度共为6 987名学生发放3 199.64万元的贷款。

（2）勤工助学。针对一般性贫困学生，积极引导学生参加勤工助学，自己救助自己，从符合工种的要求、学有余力的贫困生中选拔学生参加社会实践，通过助研、助管、助教、助工等各类助学项目，为贫困学生安排勤工助学岗位，共安排贫困学生3 789多人参加固定岗位（教室保洁、自行车管理队、校园保洁、文明纠察队、图书管理、助研、学生工作助理），占学校学生总人数的10.34%；安排临时岗位1万余人次，每个岗位150～200元的劳动报酬，全年用600多万元解决了贫困学生的生活问题，占贫困学生总数的33.66%。另外，积极组织贫困生参加各类突击活动，并努力加大与社会企、商业单位联络，安排学生参加社会活动达1万余人次，创造一切条件为贫困学生提供勤工助学岗位。学生通过勤工助学活动获得的酬金基本上能解决他们每个月的生活费，勤工助学是除国家助学贷款以外，郑州大学用于资助贫困生采取的又一主要措施。

（3）政府资助。政府资助包括国家励志奖学金、国家助学金、西部开发助学工程、革命老区贫困学生减免学费。其中国家励志奖学金资助1 236名学生，资助金额618万元；国家助学金资助9 144名学生，资助金额914.4万元；对81名学生进行了学费减免，减免金额31.428万元。

（4）绿色通道。为保证考入郑州大学的贫困新生能够顺利入学，2007学年开学初，特为学校2007级贫困新生开通绿色通道，共为1 041名2007级贫困新生开通了绿色通道，缓缴学费共计478.501 1万元。

（5）社会捐助。郑州大学的社会捐助资金包括15个项目：宋庆龄基金会丰田助学金、宋庆龄基金会中海油助学金、宋庆龄基金会OLAY女性创新与梦想基金、中华文化发展基金会21世纪东方之子奖学金、中国扶贫基金会新长城自强助学金、中国教育发展基金会助学金、刘家骥教育奖励基金、丰隆亚洲－新飞助学金、河南省红十字会九头崖山泉基金、韩宪保助学金、阳光助学金、智诚奖学金、长虹助学金、忠勤助困金、中国银行奖学金。2007学年社会捐助共资助329名学生，资助金额101.984万元，占贫困学生人数的2.9%。

宋庆龄基金会丰田助学金：该项助学基金实施年度为2006～2014年，

共资助5届学生（最后一届学生将于2014年毕业），资助人数为每届10人，每人次年度助学金为5 000元，接受一年后，经审核符合资助条件者，持续资助最长年限为4年。

宋庆龄基金会中海油助学金：全称为宋庆龄基金会中国海洋石油集团贫困大学生助学基金；每年在郑州大学资助30名学生，每名学生受助金额为3 000元。

宋庆龄基金会OLAY女性创新与梦想基金：该基金针对在校女大学生。共资助15名女大学生，其中1名受助金额1万元，其余14名受助金额5 000元。

中华文化发展基金会21世纪东方之子奖学金：该项奖学金设立期限为3年，每年资助21名学生，每人每年资助2 100元。

中国扶贫基金会新长城自强助学金：该项助学金只针对新生，每年资助名额不定，根据接收捐赠款项而定。每名学生受助金额为1 840元。

中国教育发展基金会助学金：该助学金由中国教育发展基金会设立，每年资助学生人数不确定。2007年度共资助郑州大学3名学生，每生3 000元。

刘家骥教育奖励基金：该奖励基金的分配比例及额度为物理工程学院与文学院共占50%，其他院（系）的特困生占50%；该基金每年共资助60名学生，每名学生受助金额为2 500元。

丰隆亚洲-新飞助学金：该助学金由河南省新飞电器有限公司在郑州大学设立。每年资助郑州大学20名大三学生，每名学生受助金额1万元，连续资助两年。

河南省红十字会九头崖山泉基金：该基金由九头崖公司通过河南省红十字会在郑州大学设立，每年共资助20名学生，受助金额为每名学生一年学费。

韩宪保助学金：该助学金由卫华集团董事长韩宪保先生出资设立。每年资助9名学生，每名学生受助金额为一年学费。

阳光助学金：该助学金每年共资助11名学生，每名学生受助金额为一年学费。

智诚奖学金：该助学金每年共资助30名学生，每名学生受助金额为1 000元。

长虹助学金：该助学金由长虹集团设立，每年共资助10名学生，每名学生受助金额为1 000元。

忠勤助困金：该助学金由台湾大敬法师捐资设立，每年共资助 15 名学生，每名学生受助金额为 2 000 元。

中国银行奖学金：该奖学金由中国银行捐资设立，每年共资助 10 名学生，每名学生受助金额为 5 000 元。

(6) 越冬棉大衣。对贫困新生发放越冬棉大衣，共资助 800 名贫困新生。

3）不断开拓新的助学渠道，尝试新的助学模式

(1) 成立学生融莘模拟创业公司。

为教育和引导大学生增强创新意识和创业精神，为郑州大学学生构建一个自我锻炼、展示才华的平台，充分发挥学校与社会的桥梁作用，凭借知识、智慧和胆识去开创能发挥个人所长的事业，同时着眼于广大经济困难学生，积极致力于学校帮困助学工作，为解决贫困生生活学习问题献上自己的一份力量，于 2006 年 5 月 12 日成立了郑州大学学生融莘模拟创业公司。

郑州大学融莘创业公司是由郑州大学学生处批准成立，由郑州大学在校学生自主创办、自主经营的校园经济实体，服务于郑州大学 4 万多师生，依托学校在教育方面的雄厚实力和人力资源优势，以市场为导向，致力于经营人才推介、产品代理、校园推广等多种业务。

创办校园助学超市，各种生活用品以零利润价格服务于广大贫困学生。

(2)“关爱优秀贫困考生　暑期提前设岗助学”爱心大行动。

在全国高校录取工作全面铺开之前，郑州大学学生处于 2007 年暑假 7 月 15 日至 8 月 15 日期间，再次启动“关爱优秀贫困考生，暑期提前设岗助学”爱心大行动，助学岗位虚位以待，针对第一志愿报考郑州大学、超重点线 20 分以上的高考优秀贫困考生而设立，保证他们不因贫困而上不起大学。

2007 年郑州大学学生处共拿出近 20 万元，设立助学岗位 71 个，报酬为每名学生 1 600 元，负责学生食宿，并报销往返交通费。

在 2006 年“关爱优秀贫困学生，暑期提前设岗助学”爱心大行动的基础上，2007 年又增设岗位，特别增设了专业实验室学生助理岗位。一方面一些院系暑假需要学生工作助理，另一方面学校也考虑到很多理科相关专业的新生可以提前接触实验室，对他们今后学习也有一定的帮助。此外，不断丰富充实助学内容，助学工作与助学育人并重，积极培养他们对学校的归属感，对党和政府、学校的感恩心，树立贫困新生自强自立的奋斗精神。这一活动继续受到各大媒体的广泛报道和肯定。

郑州大学学生处还对2006年参加暑期设岗助学的优秀贫困生进行了跟踪调查。从各个院系反馈的情况看，这批学生开学不久就很快进入大学生角色，大一期间他们各个方面表现都非常出色，很多学生都成为学生干部，热衷于参加学校举办的各种有意义的活动。

此次爱心活动继续受到社会广泛关注和充分肯定，被中央人民广播电台、《中国青年报》、《中国教育报》、河南省电视台、《河南日报》、《东方今报》、《郑州晚报》等中央、省、市新闻媒体多次报道，产生了很大的反响。

(3) 对没有申报而经核实家庭确实困难的学生进行“隐性”资助。

鉴于部分贫困学生自卑感较强，不愿告知家庭经济贫困状况，郑州大学学生处联合后勤集团对学生手持的“一卡通”消费进行跟踪，对学生餐卡消费情况做出完整、全面的统计分析，对每月生活费低于150元钱的学生每月补助60元，采取直接输入学生餐卡的方式，共为近700名学生发放了这项补助。

郑州大学在完善以奖、贷、助、补、减为主体的助学体系的同时，将视角投向一些学校的“隐性”贫困生，在给贫困生经济补助的同时，也充分考虑到对他们的自尊心与隐私的保护。通过对全校学生的“一卡通”消费情况进行调查监控，对一些没有申报而经核实家庭确实困难的学生进行“隐性”资助——为部分家庭经济困难学生加60元餐卡补助。

这种做法受到《中国青年报》、《中国教育报》、《光明日报》及省内各大媒体的广泛报道，被称为“隐性”补助，极大地提高了学校的影响力和知名度，为学校争得荣誉。

(4) 开展“倡导节约风尚，体验简朴生活，构建和谐校园”的主题教育活动。

为积极引导郑州大学青年学生牢固树立勤俭节约的意识，充分认识勤俭节约的有效方法，继而养成节约的好习惯，郑州大学学生处在全体学生中开展“倡导节约风尚，体验简朴生活，构建和谐校园”主题教育活动。要求家庭经济条件较好的学生参加，每个班级一人，采用写实性记录消费情况的方法。经过一周的活动，广大青年学生自觉发扬艰苦奋斗、勤俭节约的优良传统，努力营造了良好的校园氛围。

4) 实施方法

根据各年级、各专业学生不同情况，建立贫困生档案，把贫困生分为特困生、贫困生和一般性经济困难学生，针对不同贫困程度的学生实施相应的救助措施。同时，也注重对贫困生的精神扶贫，鼓励贫困学生积极向上、自强自立。

（1）建立贫困生档案，对贫困学生实行动态管理。对受助学生档案进行动态管理，及时将受资助项目、金额等信息录入贫困生档案中，以进行更有效的管理，同时也为以后的工作奠定了基础；真正做到让每一名贫困生都能享受到资助，感受到政府和社会的关爱，从而使得贫困学生能够顺利完成学业。

（2）对品学兼优的特困生发放奖学金。品学兼优的特困学生可以申请国家励志奖学金、宋庆龄基金会OLAY女性创新与梦想基金、中华文化发展基金会21世纪东方之子奖学金、刘家骥教育奖励基金、河南省红十字会九头崖山泉基金、智诚奖学金、中国银行奖学金，同时还有优秀学生奖学金。

（3）对贫困生发放助学金。对贫困学生有国家助学金、宋庆龄基金会丰田助学金、宋庆龄基金会中海油助学金、中国教育发展基金会助学金、中国扶贫基金会新长城自强助学金、丰隆亚洲-新飞助学金、韩宪保助学金、阳光助学金、长虹助学金、忠勤助困金等项目。

（4）对一般性经济困难学生安排勤工助学。对于一般性经济困难学生，给予安排勤工助学。每月每名学生有150~200元不等的劳动酬金，基本上解决了生活费。

（5）在物质扶贫的同时，注重精神扶贫，积极引导贫困生健康成长。郑州大学秉承“授人以鱼不如授人以渔”的资助工作理念，本着为贫困生长远着想的工作思路，在“物质扶贫”的同时，注重“精神扶贫”，积极引导贫困生健康成长。注重培养贫困学生的感恩意识、诚信意识、回报意识，锻造同学们自立、自强的精神品格。

通过一些文化精神活动的开展，在贫困学生中树立榜样、模范，鼓励广大贫困学生向他们学习。

（6）不断开辟新的助学渠道，尝试新的助学模式。除了开展一些常规性的助学工作，郑州大学还积极探索新的助学渠道，不断尝试新的助学模式。这些都旨在为广大贫困学生创造更多接受“物质帮助”或“精神帮助”的机会，为郑州大学培养更优秀、更杰出的大学生贡献一份力量。

二、政策评价

（一）评价的理论依据

1. 高等教育机会均等理论

教育公平、教育民主化的核心是教育机会均等。由于事实上存在的个体才能、禀赋的差异，以及社会政治经济地位的不平等，因此对教育公平的关注集中在给所有人公平的发展和竞争的机会。

由于传统的教育制度有利于享有特权的社会阶层，因而教育机会均等作为现代教育基本理念，具有鲜明的价值指向，主要是改变处于不利地位的社会阶层的教育状况。“机会均等的原则意味着任何自然的、经济的、社会的或文化方面的低下状况，都应尽可能从教育制度本身得到补偿”。

教育机会均等的三个层面对应着三种不同类型的公平：入学机会均等——起点公平、进入不同教育渠道的机会均等——过程公平、取得学业成功的机会均等——结果公平。

起点公平：是指尊重和保护每一个人的基本人权与自由发展，即教育权利平等、教育机会均等，包括在价值层面和制度层面的构造。

过程公平：既指在起点不公平的现实中，通过相应的制度、政策继续体现和维护教育公平，也包括在教育过程和师生关系的互动中微观层面的公平。

结果公平：是指最终体现在学生的学业成就上的实质性的公平，即教育质量平等，目标层面上的平等。

2. 高等教育成本分担理论

高等教育成本分担原则是指高等教育经费由谁，以及如何支付的问题，即高教成本如何在政府、社会、企业团体、个人、家庭等社会各方之间合理分担并最终实现的问题，与“高等教育筹资多元化”、“对高等教育进行混合投资”、“高等教育成本摊还”及“高等教育成本补偿”等提法属同一范畴。

在高等教育经费来源多元化的潮流中，高等教育成本分担，即由受高等教育者个人或家庭分担一部分高等教育培养成本，或提高个人或家庭的分担比例，成为多数国家不约而同的选择。

公共经济学认为，高等教育虽然在未达到拥挤的前提下具有一定的非竞争性，但又具有排他性，不是纯粹的公共产品而是准公共品。同时，高等教育的收益虽然具有很大的正外部性，社会收益大于个人收益，但接受高等教育者从中得到的收益，如高的薪水、舒适的职位等，是完全可以内部化的，高等教育的个人收益是明显的。这就决定高等教育的成本，若单独由国家负担则会出现高等教育的供给不足，若单独由个人负担则会使大量低收入家庭子女被排斥在高等教育之外，因而应该由国家和个人共同分担。

20 世纪 70 年代，美国经济学家 D. 约翰斯通提出的高等教育成本分担理论认为，高等教育成本无论在什么社会、体制和国家中，都必须由来自政府、家长、学生、纳税人和高等学院几方面的资源来分担。就实践来看，当今世界，除一些高福利国家（如瑞典）和特殊国家（如朝鲜）的高等教育实行免费外，世界上绝大多数国家和地区的高等教育成本都实行国家和个人共同分担，在这个分担机制中国家应负担高等教育成本的主要部分。

对高等教育成本分担的合理性辩护的主要依据是“受益者付费”原则。研究者认为这一政策举措的理论依据之一在于，在市场经济条件下，上大学对个人来说是一种收益很高的投资行为，而导致高等教育经费需求膨胀的原因之一是人们对高等教育机会的追求而带来的高等教育规模的扩展。从理论上说，当社会收益等于或小于社会成本，而个人收益仍大于社会成本，由于个人需求驱动导致的高等教育规模的扩大，从而发生的高等教育成本与社会收益的差值，就应当由受教育者个人来分担。简单说来，就是受教育者由于其接受的高等教育而获得了高于他人的个人收益，因此其本人或家庭理应分担部分高等教育成本。

高等教育收益率的研究表明，在中国，受过高等教育者存在显著的收入优势，高等教育已经成为一项能够给个人带来收益的投资。虽然这一收益率与其他市场经济国家相比较还处于比较低的水平，但从历史发展的角度看，我国的高等教育收益水平正处于提高的过程中，而且新近就业的受过高等教育的年轻劳动者的教育收益水平高于改革开放前就业的中年劳动者。加之人们对高等教育非经济收益的预期，意味着人们对高等教育个人收益的实际预期要高于计算出的高等教育私人收益率所表达的收益水平。所以，在现时的私人成本和收益的格局下，进一步有限度地提高成本补偿水平不会造成居民接受高等教育的积极性的下降。

3. 人力资本投资理论

1）人力资本投资理论的提出

美国芝加哥大学教授著名经济学家西奥多·W. 舒尔茨（Theodore W. Schultz），1959 年他在《人力投资：一位经济学家的观点》一文中首次提出人力资本的概念。1960 年 12 月 28 日他就在任美国经济学会主席的第 73 届年会上以“人力资本的投资”为题系统地阐述了人力资本理论，其中心论点就是，人力资源的提高对经济增长的作用，远比物质资本和劳动力数量的增加重要得多。他在 1961 年出版的《人力资本投资》一书中进一步阐述了这一观点。瑞典皇家科学院称“舒尔茨是研究人力资本理论的先驱者”，1979 年舒尔茨获得了诺贝尔经济学奖，贺辞这样说：“世界上大多数人是贫穷的，所以如果懂得穷人的经济学，我们也就懂得了许多真正重要的经济原理；世界上大多数穷人以农业为生，因而如果我们懂得农业经济学，我们也就懂得许多穷人的经济学。”这是对他的最高褒奖。

所谓人力资本(Human Capital),指的是劳动者投入到市场中的知识、技术、创新概念和管理方法的一种资源总称。它的最主要特点是人力资源天然属于个人,可以交易。而市场,就是财务资本和人力资本的一种契约关系。

舒尔茨在人力资本理论方面所发表的论文，始于1958年的《新出现的经济现象和此现象与高等教育的关系》，1960年发表的《由教育形成的资本》是人力资本发展史上的一本重要文献。他用经验研究法，对1929～1957年间体现在雇佣劳动上的人力资本进行了估计，说明学校教育投资的重要性，在文章中证明了学生在接受高等教育时放弃的收入是人力资源价值的重要组成部分，也是人力资源投资决策中应该考虑的重要因素。他的研究证明了长期以来在美国的经济发展中，人力资本的投资报酬率一直比物质资本的投资报酬率高出许多。第二次世界大战以来，国民收入的增长一直比自然资源、实物资源和劳动时间投入的增长快得多，而且在战争中遭到严重破坏的一些国家如日本、西德都创造了奇迹般的成就；另一些资源条件很差的国家和地区如亚洲“四小龙”，同样实现了经济起飞，取得了很大的成功。舒尔茨认为，人力是社会进步的决定因素；而人力又是投资的结果，只有通过一定方式的投资，掌握了一定知识和技能的人力资源，才是一切生产资源中最重要的资源。概括起来有三点：其一，人力资本投资收益率超过物力资本投资的收益率。舒尔茨认为人力资本与物力资本投资的收益率是有相互关系的，认为人力资本与物力资本的相对投资量，主要是由收益率决定的。收益率高说明投资量不足，需要追加投资；收益率低，说明投资量过多，需要相对减少投资量。当人力资本与物力资本二者间投资收益率相等时，就是二者之间的最佳投资比例。在二者还没有处于最佳状态时，就必须追加投资量不足的方面。当前相对于物力投资来说，人力资本投资量不足，必须增加人力资本投资。其二，人力资本在各个生产要素之间发挥着相互替代和补充作用。舒尔茨认为，现代经济发展已经不能单纯依靠自然资源和人的体力劳动，生产中必须提高体力劳动者的智力水平，增加脑力劳动的成分，以此来代替原有的生产要素。因此，由教育形成的人力资本在经济增长中会更多地代替其他生产要素。例如，在农业生产中，对农民的教育和农业科学研究、推广、应用，可以代替部分土地的作用，促进经济的增长。其三，具体数量化计算，进一步证明人力资本是经济增长的源泉。舒尔茨运用自己创造的“经济增长余数分析法”，测算了美国1929～1957年国民经济增长额中，约有33%是由教育形成的人力资本作出的贡献。

舒尔茨认为，教育促进经济增长是通过提高人们处理不均衡状态的能力的具体方式实现的。所谓处理不均衡状态的能力，是指人们对经济条件的变化、更新所作出的反映及其效率，即人们根据经济条件的变化，重新考虑合理分配自己的各种资源，如财产、劳动、金钱及时间等。舒尔茨称这种分配能力为处理不均衡能力。这种能力的取得与提高，主要是由于教育形成的人力资本的作用。这种分配能力可以带来分配效益，从而促进个人或社会的经济增长，增加个人和社会的经济收入。

2）人力资本投资理论的发展

继舒尔茨之后，诺贝尔经济学奖得主库兹涅茨在研究中进一步证实了人力资本理论的正确性和有效性。库兹涅茨经过相当长期的观察认为，西方国家的发展过程中，在国民收入的增长中，物质资本的贡献率由45%降到25%，而人力资本的贡献率由55%提高到75%。

真正给人力资本下定义的是加里·贝克尔（GaryBecker），他在1964年出版的《人力资本》一书中明确指出："所有用于增加人的资源并影响其未来货币收入和消费的投资，为人力资本投资。"他在《人类行为的经济分析》一文中，从效用最大化原则出发，对人类的经济行为作了十分广泛的分析，人力资源问题是这些分析中的重要内容。加里·贝克尔研究人力资本的特点是把人力资本理论发展为确定劳动收入的一般理论，确定了收入和人力资本之间的对应关系。他认为，人力资本可以解释很多复杂的现象。这些现象是：①随着年龄的增长，收入一般都按递减的比率增长，增长率和减少率都与技术水平成正比；②失业率一般与技术水平成反比，技术水平越低，失业率越高；③不发达国家的企业比发达国家的企业对雇员表现出了更多的家长作风，发达国家的人力资本技术含量高，雇主对雇员要家长作风，雇员就会走，流动性大；④年轻人比老年人得到更多的正规学校教育和在职培训，年轻人比老年人更频繁地改变工作；⑤有能力的人比其他人受到更多的各种培训；⑥典型的人力资本投资者比财务资本投资者更加冲动；⑦人力资本的作用越来越大，当人们预测到对人力训练的投资效益大于对财务资本的投资效益时，人们将投资于人力训练。

新发展经济学在贝克尔之后把人力资本作为经济社会发展的内生变量来研究，认为各国发展速度不同的真正原因就在于人力资本的投资。其观点是：①人力资本包括着广泛的内容，既包括先进的知识和技术，也包括先进的经营理念。当面临知识经济全球化时，人力资本较其他要素对市场竞争和经济发展更为重要。国家在财政预算的安排上应予以足够的重视。②学习将在不知不觉中成为人们的自觉行动，成为人们安身立命之本，教育将成为一种投资而不是一种消费。③教育本身的结构要调整，质量也要提高，因为在市场经济中人们不仅重视文凭，而且会更重视与文凭相适应的能力。④重视人力资本，必然带来市场组织结构的变化，即不仅仅一般意义上的资本所有者应当取得利润，人力资本所有者也应当取得不同于简单劳动的回报。

3）人力资本投资与高等教育

高等教育的个人投资包括：①直接投资，表现为上大学必须支付的学费、杂费、书本费、学习用品费等；②间接投资，指因上大学而不得不放弃的收入；③非货币投资，指上大学期间因为考试压力等各种原因所造成的精神投资或心理投资。

高等教育的个人收益包括：①货币收益，受过高等教育者在未来的终身工作中所获得的总收入将会比没有受过高等教育者要多；②非货币收益，社会地位或声誉的提高，对各种娱乐活动欣赏能力的提高等。

高等教育的社会收益包括：①教育投资直接导致国民收入水平的提高和社会财富的增长，从而提高整个国家和社会的福利水平；②教育投资有助于降低失业率，从而减少失业福利支出，同时起到预防犯罪的作用；③较高的教育水平有助于提高政策决策过程的质量和决策效率；④父母的受教育水平在很大程度上会影响下一代的健康以及教育状况；⑤教育水平的提高有助于提高整个社会的道德水平和信用水平，降低社会以及经济中的交易费用，提高市场效率。

人力资本投资于高等教育的结论：①市场利用大学毕业文凭作为筛选工具是一种既简单明确而且预测准确率也较高的好办法；②在其他条件相同的情况下，投资后的收入增量流越长（即收益时间越长），则一项人力资本投资的净现值就越可能为正；③在其他条件相同的情况下，人力资本投资的成本越小，就会有越多的人愿意投资于人力资本；④在其他条件相同的情况下，大学毕业生与高中毕业生之间的收入差距越大，愿意投资于大学教育的人就越多。

4. 有偿资助原则

有偿资助的核心思想是权利和义务的对等，它不仅反映了高等教育现时代的价值取向，还折射出高等教育资助理念与时俱进的发展方向。

在社会主义市场经济条件下，权利与义务的对等，既是按劳分配要坚持的原则，也是社会福利和社会保障所必须坚持的原则。虽然接受国家和社会的资助是每个贫困大学生应该享受的基本权利之一，正如劳动者只有履行了劳动的义务之后才有享受社会保障的权利一样，接受资助的权利主体只有履行了相应的义务，才能取得权利主体的地位。

长期以来，世界各国政府和高校本着“慈善与宗教”、“生而平等与国家利益”、“工农受教育权与干部培养”等理念对大学生实行无偿资助，如英国的学费赠与制、美国的教育机会助学金、我国的高校免费入学等，都是一定历史条件下的产物。由于20世纪70年代前后是西方国家经济发展最快的时期之一，产业结构的调整和经济的快速发展使得高素质的劳动者供不应求，扩大高等教育的规模势在必行，无偿资助政策是保证这一目标实现的重要手段。西方国家政府在加强了对高等教育宏观调控的同时，也承担了大部分的教育经费投入，包括对大学生的经济资助。新中国成立之初，为了在人们经济收入普遍偏低的情况下鼓励工农子弟上大学，以解决历史遗留下来的阶级差别，并为百废待兴的新中国培养大批各行业急需的建设者，也实行了免费教育。

但随着时代的发展，“免费加助学金”资助模式的合法性已悄然失去。“免费加助学金”模式虽然在各国都曾为扩大高等教育规模、促进高等教育机会均等和实现教育民主化方面起过一定的积极作用，但是在20世纪70年代以来全球性经济危机和社会动荡中，西方国家进入大众化阶段的高等教育规模扩张与政府高等教育财政拨款萎缩之间的矛盾日益尖锐，这一模式受到了前所未有的冲击，人们在深刻的反思检讨后发现了它的缺陷在于：第一，以“高等教育机会均等”为口号的“免费加助学金”模式，在实践中蜕变为“人人均沾”、“数量趋同”的平均主义的资助。第二，这种模式宣称以扩大均等、增加贫困学生高等教育机会为宗旨，但是由于免费和助学金使高等教育成本大大增加，反过来限制了高等教育规模的扩大；高等教育规模的受限，必然导致入学机会竞争，在竞争中失利的总是处于不利地位的贫困学生，因为贫困学生所受基础教育质量不及富裕家庭学生，他们总是最早离校、最早出局的。第三，这种模式虽然出于“机会均等”的理念，但是忽视了高等教育与基础教育的不同，忽视了高等教育的社会投资大而个人回报高的事实，忽视了社会公平中“成本与收益”一致的要求，造成了高等教育的直接受益者——学生不承担教学成本，而间接受益者——纳税人却要为学生背上沉重的负担；未承担高等教育教学成本还获得生活补助的学生在毕业后获益最大，收益率最高。他们所获的回报远高于社会为高等教育投资所获的回报。由于资金紧缺及上述“公平”问题的存在，20世纪80年代中期世界各国在建构新的资助理念和寻找新的资助方式的基础上，纷纷建立新的资助政策体系。在高等教育成本分担理论的广泛影响下，各国政府对大学生的无偿资助越来越少，取而代之的是有偿资助，如助学贷款和勤工俭学。我国从 1997 年全面实行“招生并轨”后，高等教育也不再是免费教育，开始实行缴费上学制度。相应地，大学生资助模式也经历着从无偿为主到有偿为主的变化。

笔者认为，在现实条件下，高等教育有偿资助方式将逐步取代无偿资助方式的必然性在于，有偿资助具备了无偿资助不可能有的独特优势。

1）资助理念的现代化

有偿资助体现了人力资本投资理念：高等教育是一种对个人未来发展的投资行为，受教育者获得成就的可能性在接受高等教育后会成倍增加，是这项投资的直接受益者和最大获利者，“受益者付费”符合市场经济规则。

有偿资助体现了高等教育机会均等理念：有偿资助要达到的目的就是，支付能力强的学生不愿申请资助，支付能力弱的学生能够得到资助；它一视同仁，给所有大学生提供一样的享受权利的机会，任其自由选择，人人都有申请资助、完成高等教育的均等机会；否则，“撒胡椒面式”的均等必然会掉进绝对平均主义的泥沼，造成新的不公平。

有偿资助体现了高等教育成本分担理念：1997 年我国高等教育已全面实行收费制度，上学缴费合理合法，合乎国际惯例。高校的经费来源有三：政府拨款、学生缴费、社会捐赠。《中华人民共和国高等教育法》明确规定,高等学校的学生应当按照国家规定缴纳学费。所以,任何人上大学都有依法缴费的义务,高等教育的获益者应当承担教育成本,贫困决非免费的理由。

2）资助效能的最优化

有偿资助不是免费午餐，它需要获得资助的学生履行相应的义务，如付出一定的劳动或承担还款的责任。正因为如此，它能达到这样的效果：不需资助的人不会要求资助，需要资助的人能够得到资助。其效能最优化具体体现在：

效率优先，兼顾公平。有偿资助将有限的扶贫资源完全用到了贫困生身上，大大提高了解困资源的使用效率。得到资助的贫困生是要付出劳动或还款的代价的，“拿了不白拿”；没有得到资助的同学少了打工那份辛苦，没有还款的压力，也不觉得吃亏。

解困育人，完美结合。有偿资助强调的是权利和义务的对等，它在帮助贫困生完成学业的同时，避免了“等、靠、要”的懒惰、依赖思想的滋生，阻止了“天上掉馅饼”侥幸心理的萌生，各自选择助学贷款、勤工助学等方式，以工代赈，以酬代补，自立自强，变压力为动力，牢记责任和义务，奋发图强，立志成才。

对号入座，自动界定。贫困生界定一直以来是高校助学工作的一大棘手问题。对于贫困生的界定标准，学界一直在争论，众说纷纭，难有定论；各种贫困证明材料，真真假假，难辨真伪；还有界定过程中所产生的诸多副作用也在贫困生得到资助的同时影响他们的健康成长。凡此种种，不一而足。有偿资助一旦实行，这些问题就会迎刃而解。有偿资助将享受贫困资助的权利与履行相应的义务挂钩后，解困资源不再是免费午餐，在家中可以获得免费早餐的非贫困生是不愿意吃这份午餐的，因为这份午餐不仅要付费，而且价格并不比市场上便宜，只有得不到家庭免费早餐的贫困生才会付费去吃这份午餐。这样，贫困生与非贫困生“孰是孰非”，他们自己对号入座，就能自动地界定出来。

消除阴影，健康发展。为了加强那些无偿资助工作的有效性，许多高校可谓用心良苦，工作起来慎之又慎，譬如对申请资助的贫困生调查摸底、张榜公示、集体监督等，其间难免涉及贫困生的个人隐私，无形中给他们造成了心理压力，成为日后自卑、内向的起因，无意间对他们造成伤害。实行有偿资助后，由于它的自动界定功能，上述很多程序都可省去，高校再也不必要采取公开个人隐私等步骤，并且所有资助都需贫困生付出一定的劳动或履行相应的义务，取之有道，受之泰然，他们完全可以坦然地发展自己，为自身的健康成才提供有力的心理支撑。

弥合隔阂，加强团结。无偿资助会诱发贫困和非贫困学生争相获取资助的心理定势和心理预期，甚至还会催生出对解困资源日趋膨胀的索取欲，义务感下降甚至消失；大家为了争吃这块“免费蛋糕”难免会产生这样那样的隔阂，或是心存芥蒂的诱因，或是相互歧视的起点，或是等级划分的前奏，最终势必影响大家的团结。实行有偿资助，可以模糊贫困生与非贫困生群体之间的界线，弥合他们之间的隔阂。

精兵简政，省钱省力。贫困生资助工作从申请、认定、审批到发放，手续繁杂琐碎，过程耗时费力，效果还不一定理想。实行有偿资助后，鉴于上述原因，既降低了认定成本，简化了申办手续，减轻了工作负担，又避免了诸多不利事情的发生，有事半功倍、兴利除弊之效。

3）资助行为的持久化

由于资助资源的高效、循环使用，符合可持续的科学发展观，注定了有偿资助强大的生命力，必然会为高校贫困生资助工作呈现出一片美好前景。

（二）评价的案例依据

案例依据之一：河南省近年来的助学经验，上文已介绍。

案例依据之二：郑州大学2003~2007年的助学实践，上文已介绍。

案例依据之三：郑州大学土木学院2003~2007级的助学情况（见表3-9~表3-14）。

表3-9 土木学院各年级贫困生情况汇总

年级	总人数（人）	贫困生人数（人）	贫困生比例（%）	特困生人数（人）	特困生比例（%）	“绿色通道”人数（人）
2003级	345	123	35.6	92	26.8	17
2004级	358	88	24.6	57	15.9	19
2005级	359	140	39.11	34	9.50	23
2006级	364	119	32.69	50	13.74	57
2007级	428	143	33.4	57	13.3	48

表3-10 2003级助学情况一览

学年	申请贷款人数（人）	实际贷款人数（人）	二者比例（%）	贫困生获奖学金人数（人）	贫困生中获奖学金的比例（%）	勤工助学岗位（人）	困难补助人数（人）	学费减免人数（人）	提前还贷人数（人）	提前还贷率（%）
2003~2004	0	0	0	62	50.4	36	16	0	0	0
2004~2005	72	72	100	64	52.0	42	18	0	0	0
2005~2006	73	73	100	59	48.0	42	14	0	0	0
2006~2007	72	72	100	68	55.3	31	0	0	15	12.5

表3-11 2004级助学情况一览

学年	申请贷款人数（人）	实际贷款人数（人）	二者比例（%）	贫困生获奖学金人数（人）	贫困生中获奖学金的比例（%）	勤工助学岗位（人）	困难补助人数（人）	学费减免人数（人）	提前还贷人数（人）	提前还贷率（%）
2004~2005	46	46	100	33	37.5	28	21	0	0	0
2005~2006	38	38	100	35	39.8	38	42	0	0	0
2006~2007	45	45	100	36	40.9	49	23	0	0	0
2007~2008	42	42	100	0	0	0	0	0	0	0

表 3-12　2005 级助学情况一览

学年	申请贷款人数（人）	实际贷款人数（人）	二者比例（%）	贫困生获奖学金人数（人）	贫困生中获奖学金的比例（%）	勤工助学岗位（人）	困难补助人数（人）	学费减免人数（人）	提前还贷人数（人）	提前还贷率（%）
2005～2006	136	101	74.3	65	46	48	38	2	0	0
2006～2007	128	95	74.2	71	51	48	46	2	0	0
2007～2008	116	97	83.6	0	0	49	108	1	0	0

表 3-13　2006 级助学情况一览

学年	申请贷款人数（人）	实际贷款人数（人）	二者比例（%）	贫困生获奖学金人数（人）	贫困生中获奖学金的比例（%）	勤工助学岗位（人）	困难补助人数（人）	学费减免人数（人）	提前还贷人数（人）	提前还贷率（%）
2006～2007	174	127	72.99	50	42	50	54	0	0	0
2007～2008	136	87	63.97	0	0	6	91	1	0	0

表 3-14　2007 级助学情况一览

学年	申请贷款人数（人）	实际贷款人数（人）	二者比例（%）	贫困生获奖学金人数（人）	贫困生中获奖学金的比例（%）	勤工助学岗位（人）	困难补助人数（人）	学费减免人数（人）	提前还贷人数（人）	提前还贷率（%）
2007～2008	143	83	58	0	0	40	96	0	0	0

（三）评价的具体过程

资助体系中的奖、贷、助、补、减等方式在资助贫困生的长期过程中起到了巨大的作用，功不可没。为了不断完善、改进助学工作，与时俱进，这里我们还是本着实事求是的原则，把各种方式在运行过程中表现出的不足摆出来，以期今后工作上能扬长避短，以科学的态度把助学育人工作做得更好。

1. 关于奖学金

（1）以优秀学生作为评定标准的奖学金对贫困生的资助作用不大。在突出综合素质的奖学金竞争中贫困生比例很低，或者说，奖学金获得者与贫困生对应度不是很高。因为贫困生大部分来自经济、文化、教育较为落后的老、少、边、穷地区，文化基础较差，进入大学后，虽然很刻苦，但学习仍然比较吃力。另外，由于经济困难造成的生活和精神等多方面的压力，有时还为了生活不得不去打工，严重影响了他们的学习，致使其成绩不理想。

（2）“国家奖学金获得者可减免当年学费”这一政策存在非议，对于经费紧张的大多数高校来说，执行起来比较勉强，没有积极性，要么变通减免一半，要么干脆不减免。

（3）国家奖学金是专门为贫困生而设的，优秀学生心理不平衡：好像越困难越光荣的样子。

（4）国家奖学金名额偏少，金额偏大，获得者凤毛麟角，而且让别人有“一夜暴富”的感觉。

（5）奖学金是我国高校传统的奖励方式，它有两个功能，一是激励功能；二是资助功能。就其激励功能来讲，奖学金的作用功不可没，无可厚非；但其资助功能一面，基本上是免费的，无须履行任何义务，也就是说，这一日益受到重视的资助形式的一半是免费午餐，不符合高等教育理念，不利于人才成长。

2. 关于助学贷款

（1）贷不应求，贷款进度不理想，发放金额严重不足，不能满足贫困生的贷款需求。

（2）慎贷惜贷，银行对风险的判断和估计过高，发放过于谨慎，手续复杂，程序烦琐，工作量大，消极抗贷。

（3）还贷期限过短，毕业生还款压力大，到期难以还清，致使违约率上升。

（4）诚信不足，还贷率低，国家信用体系建设不完善，违约受罚的法律法规不到位，赖账不还现象较多。

（5）国家没有担负起资金投入主体责任，贷款本金应由国家承担，银行只负责操作，收取相应的手续费，实现零风险，提高积极性。

3. 关于勤工助学

（1）勤工助学最大的问题是资金不足、岗位有限、报酬偏低。

（2）勤工助学的方式大多还停留在“劳务型”层次，技术含量低，未能发挥学生专业特长。

（3）一些同学在勤工助学过程中没有处理好工作和学习的关系，学习时间难以保证，以致“勤工误学”或“勤工废学”。

4. 关于困难补助

（1）困难补助是由国家、学校或社会团体拨出专款或专用物资发放给贫困生的一种资助方式，它是纯福利性的，是一种无偿的“免费午餐”。它作为学生遇到天灾人祸、意外变故的救急补助措施尚可，如果大面积、经常性地发放，则不利于人才的健康成长，因为它的无偿性，免费的钱不要白不要，容易让学生滋生依赖、懒惰心理，不愿意依靠自己的努力去解决困难，养成不劳而获的思想；一些人深谙“好哭的孩子多吃奶”的老理，不思进取，一心想着“等、靠、要”。

（2）评定、发放困难补助，手续繁杂，工作量大，人为因素多，各种困难证明材料真真假假，难以辨别，以致评定的结果准确性不是很高。

（3）由于贫困生评定的准确性不是很高，假贫困生拿补助的情况时有发生。不该补助的被补助，会造成新的不公平。

（4）评定困难补助的过程，诸如调查摸底、群众评议、网上公示、大家监督等，其中或多或少会涉及个人隐私，给学生造成心理负担；还会因为大家争抢这份补助造成彼此间的猜疑、揭短、隔阂，影响同学团结……总之，这一过程产生的负面影响较多。

5. 关于学费减免

（1）学费减免与困难补助只有形式上的不同，而无本质上的差别，它同样是一种纯福利性质的免费午餐，不仅不利于人才的健康成长，还会助长学生的许多恶习，减免学费政策应该从资助体系中淡出。

（2）高校执行学费减免政策的积极性不高。高校的经费一向紧张，而且每年的总量是一定的，与国外高校相比，少得可怜，学杂费减免的人越多，剩下的就越少。

（3）在学费减免政策执行过程中，很多并不是事前由学生申请并经校方批准的，而是学生拖欠之后校方处于无奈才追认的。学杂费拖欠后不仅不被处罚，反而有可能得到减免现象的存在，不利于校园自尊自强、守法诚信风气的形成，助长了“不办贷款等减免、贷款不还等核减”的无赖心理。

（4）导致新的不公平。高校的经费，无论是国家下拨的经费还是学生缴纳的学费，都是用来为全体学生服务的，每个取得入学资格的学生对学校的经费都享有平等的受用权。将属于全体学生的费用无偿地分配给部分学生，这是不公平的。

表 3-15 ~ 表 3-18 为各种资助方式的相关比较。图 3-1 为二维坐标平面显示的有偿、无偿比例。

表 3-15　可持续的科学发展观符合度的比较

方式	助学贷款	勤工助学	奖学金	困难补助	学费减免
可持续的科学发展观符合度	符合	符合	基本符合	不符合	不符合

表 3-16　有利于人才健康成长的效能最优化

方式	助学贷款	勤工助学	奖学金	困难补助	学费减免
不利于人才成长的副作用	越　来　越　大 →				

表 3-17　5 种资助方式的属性比较

方式	助学贷款	勤工助学	奖学金	困难补助	学费减免
有偿比例	逐　渐　降　低 →				
无偿比例	逐　渐　增　加 →				

表 3-18　5 种资助方式与现代高等教育理念符合度的比较

理论	助学贷款	勤工助学	奖学金	困难补助	学费减免
高等教育机会均等	符合	符合	符 合	不符合	不符合
高等教育成本分担	符合	符合	基本符合	不符合	不符合
人力资本投资	符合	符合	基本符合	不符合	不符合

下面的二维坐标平面图，X 轴显示的是每一种资助方式中无偿比例含量的数值，Y 轴显示的是每一种资助方式中有偿比例的数值。a、b、c、d、e 5 个点表示助学贷款、勤工助学、奖学金、困难补助、学费减免 5 种资助方式的坐标位置，每个坐标点的 X、Y 值表示该种资助方式的有偿比例、无偿比例的含量值。助学贷款无限接近 Y 轴而不相交，说明无偿比例量值很小，相当于国家补贴的利息部分；有偿比例量值很高，相当于贷款本金需要偿还部分。学费减免无限接近 X 轴而不相交，说明无偿比例量值很大，相当于无需偿还的学费减免部分；有偿比例量值很小，相当于要满足学费减免的困难条件。以此类推，勤工助学、奖学金、困难补助也是一样，5 个点在顺序不变的条件下在曲线上滑动，象征着在不同情况下每种资助方式有偿比例和无偿比例量值的变化。

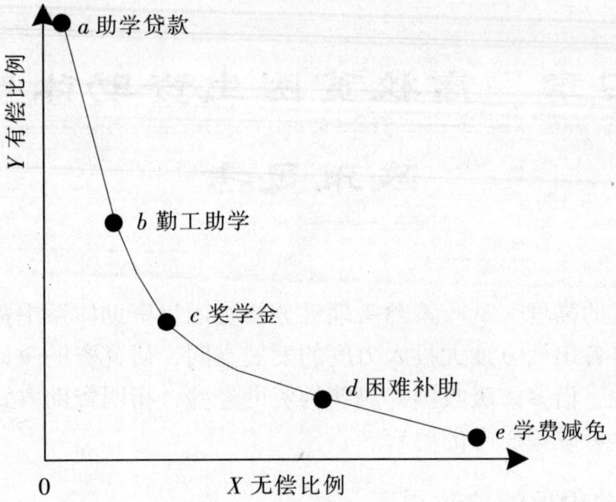

图 3-1 二维坐标平面显示的有偿、无偿比例

（四）评价的最后结论

我国高校目前采用的常用助学方式有奖学金、助学贷款、勤工助学、困难补助、学费减免等 5 种形式，简称“奖、贷、助、补、减”。每种方式都有它独特的效能，不可替代；同时，每种方式也有它的副作用，无法回避。如果将上述 5 种方式作一比较，权衡利弊，“孰优孰劣”？或者说，优中选优，“谁更出色”？

根据上面的具体分析，可得出结论，5 种资助方式的最优化排序为：助学贷款→勤工助学→奖学金→困难补助→学费减免。

这一结论也是许多高校在实际工作中的经验。

第四章 高校贫困生资助体系的政策思考

站在一定的高度，从政策源头理性分析贫困生资助体系中资助各方的角色位置，探讨各出资方加大投入力度的发展空间，研究资助政策法制化的必要性和可行性，借鉴、吸收国外成熟的资助经验，指明资助方式改革、完善的方向，是笔者政策思考的要旨。

一、资助角色的位阶思考

在高校贫困生资助体系中，资助角色有政府、社会、学校、家庭。在资助过程中，根据各方在经济方面的支持力度、在精神方面的支撑程度、在政策方面的扶持强度，笔者认为，政府是主体，社会是支撑，学校是载体，家庭是基础。

（一）政府是主体

首先，国家在资助体系中的主体角色表现为国家是投入主体。也就是说，政府是第一出资方，力度最大。政府的投入主体地位是法律规定的权利和义务，任何其他方无法替代。《中华人民共和国宪法》第 19 条规定：“国家发展社会主义的教育事业，提高全国人民的科学文化水平。国家举办各种学校，普及初等义务教育，发展中等教育、职业教育和高等教育，并且发展学前教育。”《中华人民共和国教育法》第 37 条规定：“国家、社会对符合入学条件、家庭经济困难的儿童、少年、青年，提供各种形式的资助。”《中华人民共和国高等教育法》第 9 条规定：“公民依法享有接受高等教育的权利。国家采取措施，帮助少数民族学生和经济困难的学生接受高等教育。”第 55 条规定：“国家设立奖学金，并鼓励高等学校、企业事业组织、社会团体以及其他社会组织和个人按照国家有关规定设立各种形式的奖学金，对品学兼优的学生、国家规定的专业的学生以及到国家规定的地区工作的学生给予奖励。国家设立高等学校学生勤工助学基金和贷学金，并鼓励高等学校、企业事业组织、社会团体以及其他社会组织和个人设立各种形式的助学金，对家庭经济困难的学生提供帮助。”2004 年党中央、国务院《关于进一步加强和改进大学生思想政治教育的意见》也明确提出，对经济困难大学生的资助工作以政府投入为主。可见，国家对家庭经济困难的大学生进行资助是法律明确规定的责任；是党和政府实践“三个代表”重要思想、落实科学发展观、构建社会主义和谐社会的重要举措；是实施科教兴国和人才强国战略，优化教育结构，促进教育公平和社会公正的有效手段；是切实履行公共财政职能，推进基本公共服务均等化的必然要求。

构建高等教育资助体系的背景是我国的市场经济改革和高等教育大众化。实行高等教育收费制度，就必须辅之以完善的贫困生资助体系，这是世界各国高等教育大众化的普遍经验。普通高等教育无论怎样有偿化、市场化，其关乎社会公益和社会公平的基本属性不会消失。资助体系是高等教育收费体系必不可少的补充，是高等教育投入体制改革的有机组成部分。我国公办全日制高等学校的投资主体是国家中央政府和地方省市政府，资助体系的投入主体自然应当是国家。只有把贫困大学生资助体系纳入国家教育投入体系，国家的主体角色地位才会进一步彰显。

其次，国家在资助体系中的主体角色还表现为国家是政策法规制定的主导者。应该说，资助体系中的所有政策法规都是在政府的主导下制定的，这一点无可争议，也是任何其他各方不能替代的。如《国家助学奖学金制度》、《关于进一步完善国家助学贷款工作的若干意见》、《高等学校毕业生国家助学贷款代偿资助暂行办法》，1995 年教育部印发的《关于对普通高等学校经济困难学生减免学杂费有关事项的通知》，2000 年教育部、财政部、国家发展改革委规定各高校都必须建立“绿色通道”制度，2007 年出台的《国务院关于建立健全普通本科高校、高等职业学校和中等职业学校家庭经济困难学生资助政策体系的意见》，2007 年 5 月出台的《教育部直属师范大学师范生免费教育实施办法（试行)》，等等。正是这些政策制度构建了今天的资助体系，而进一步完善、改革、充实资助体系，还要依赖国家对现有政策的调整以及制定新的法规。

（二）社会是支撑

按我国高等教育投资体制和经济社会发展实际情况，社会捐赠应该在高校贫困生资助体系中起着重要的支撑作用，是资助体系的第二位出资方，表现形式为直接捐助和间接捐助。社会捐赠中的直接捐助表现为以慈善基金会、校友、企业、宗教、学生父母、普通群众为捐赠主体，对高校的直接捐赠行为。社会捐赠中的间接捐助表现为捐赠主体购买教育彩票、教育公债的行为。尽管目前我国社会还没有发行教育彩票、教育公债，但鉴于其强大的融资功能，笔者相信教育彩票、教育公债的发行已为时不远。

社会力量资助高等教育，包括资助贫困大学生，这是一种国际惯例。美国社会有源远流长的资助高等教育的传统，大学除收取学费以外，来自社会各界的捐赠历来是美国高校办学经费的重要来源。综观美国高等教育的发展历程，社会捐赠之风一直贯穿并伴随美国高校的始终。进入20世纪，随着美国经济的崛起和富人群体的大量涌现，热心高等教育的人士更是纷纷慷慨解囊，资助大学的建设。社会各界对大学的捐赠既有社会名流、企业巨子、商业富豪、杰出校友的巨额捐赠，也有关心大学教育的小型公司、一般校友、普通群众等中小额捐赠。除个人捐助之外，还有来自富翁所成立的慈善基金会的捐款，如卡内基基金会、洛克菲勒基金会等。据不完全统计，美国社会捐赠给美国高校的经费，1980～1981年度为42.3亿美元，1984～1985年度为63.2亿美元，1987～1988年度为82亿美元，1997年为160亿美元，2003年高达239亿美元。1996年统计显示，社会捐赠占美国高校总收入的8.3%[❶]。其他国家，比如日本，社会捐赠约占公立高校总收入的15%，而私立学校高达50%以上；英国社会捐赠占高校经费比例一般在7%左右[❷]。

然而，社会捐赠在我们国家还处于严重缺位状态，我国社会力量对高等教育经费的贡献及对贫困大学生资助体系的贡献都很小。统计显示，1997～2001年社会捐赠办学经费占我国高教经费总额的比例分别为1.42%、1.98%、2.14%、1.56%、1.40%[❸]，在相当一部分普通高等院校的经费来源结构中社会捐赠所占比例很小，有的甚至是空白。据中华慈善总会统计，2002年我国人均善款0.92元，占当年人均GDP的0.012%，国内有99%的企业从来没有参与过捐赠[❹]。造成社会捐赠严重缺失这种情况的原因，跟我国社会捐赠文化氛围不浓、公民捐赠意识淡薄、高校募捐观念保守、捐赠法律不完善、捐赠渠道不通畅、捐资运作公信力不强等诸多因素有关。

（三）高校是载体

高校在贫困生资助体系中表现为多重角色：资助体系中的第三出资方、资助政策执行的中介方、“助学育人”中的“育人”主体、资助体系的受益者。

（1）高校在贫困生资助体系中属第三出资方。教育部、财政部规定全

❶蒙有华、徐辉：《美国高校教育捐赠制度探析》，《高教探索》，2006（6）。

❷❸吴惠、张彦通：《加快高校教育基金会发展初探》，《中国高等教育》，2006（11）。

❹刘增辉、贺美英：《捐赠应成为高校经费重要来源》，《教育与职业》，2007（10）。

国各高校每年都要从所收取的学费收入中提取10%的资金，用于发放参加勤工助学学生的报酬，以及开展其他有关资助工作。由于国家在资助体系中的主体角色不到位，社会捐赠又严重缺失，很多高校实际上承担了不少本应由国家政府和社会承担的出资责任，勤工助学、减免学费、生活补助、校内奖助学金的经费均来自高校自有资金，高校实际上在肩负着仅次于国家的第二出资方的责任。在一些国家助学贷款和国家政府助学奖学金尚未覆盖到的地方，高校成了资助体系第一或唯一出资人。有关方面误认为资助体系的出资主体就应该是高校，一味地给高校加担子，使高校代人受过。比如，有些省份迟迟不启动国家助学贷款，2006年9月1日教育部联合财政部出台强制性措施，如果到当年10月上旬仍未落实助学贷款，将暂停这些地方和有关高校的硕士、博士点的审批，今年已审批通过的硕士、博士点也暂缓执行，同时财政部将不安排对地方高校的共建经费，并减少今年教育专项的转移支付资金。国家助学贷款落实不下去的原因主要是一些地方政府不愿意安排助学贷款的贴息。如果要罚，也应该由财政部处罚地方政府。一些高校也误以为自己应该承担起资助体系的主体角色，没有把主要精力放在发动、组织、协调等中介工作上，只是在自有资金问题上发愁。我国高等院校经费紧张，负债比例增高，从长远来看，高校用自有资金增加对资助体系的投入潜力不大。

（2）高校是贫困生资助政策执行的中介方。高校是政府对贫困大学生资助工作的主要依托，国家出资并制定政策法规，资助工作的大部分执行任务都由高校承担了。这些执行工作，大部分属于中介性质。如高校在国家助学奖学金发放和助学贷款发放中承担的受资助者的筛选认证工作、申报材料及证明文件的收集报送工作，还有大量的宣传教育、组织发动工作，高校不是出资人，不是规则制定者，没有最终批准权。高校既不是资助方主体，也不是受助方客体，而是中介方或出资方受托人的角色。

（3）高校是“助学育人”中的“育人”主体。国家贫困生资助政策体系庞大，内容丰富，物质帮扶和精神激励并重。精神激励可以说是“助学育人”的大舞台，“助学育人”位同“教书育人”、“管理育人”、“服务育人”，意义一样重大。在“助学育人”方面，全国高校广大的思想政治工作者肩负着神圣的责任，在对贫困生进行物质帮扶的同时，现身说法，言传身教，鼓励他们自强、自立、自尊，鼓励他们知恩图报、勤奋学习、立志成才、报效祖国，效果肯定比空洞的说教要好。

（4）高校是资助体系的受益者。一方面，国家的投入、社会的捐赠给了贫困生实实在在的帮助，同时也给高校的发展注入了强大的经济动力，各方面的建设蓬勃展开，风格各异的建筑鳞次栉比，校园风光美不胜收；另一方面，随着高校持续扩招，学费拖欠问题也日益严重，不少学校被拖欠的学杂费超千万元。国家助学贷款等政策完善以后，学费拖欠余额大幅度下降，资助体系成了高校收费制度的有效支撑。作为受益者，高校在感激之余，从没有隐瞒这一点。

（四）家庭是基础

这里所说的家庭主要是指贫困生家庭，鉴于他们的经济实力低下，在贫困生资助体系中只能起到基础性作用，是第四出资方；同时，他们是贫困生赖以求学的精神支持方。

客观地说，贫困生家庭是社会弱势群体，在收费政策的重压之下，供养子女上大学，他们真是举步维艰，苦不堪言。国家助学政策实施以后，作为助学解困主要方式的国家助学贷款解决了他们一时之难，他们似有喘息之机，但贷款是要还的；也就是说，压力只是暂时缓解了，并没有彻底消除。这种情况下，贫困生家庭的经济潜力是十分有限的，只能作为第四出资方，属基础性的。

尽管困难程度如此，但贫困生及其家庭仍然坚信知识可以改变命运，唯有让子女接受高等教育才是他们改变现状的唯一途径，才是他们获得向社会上层流动的唯一机会，所以他们对此矢志不渝，竭力为之。因此，贫困生家庭还是贫困生克服求学路上万般困难的精神支柱。

二、资助投入的力度思考

在贫困生资助体系的四位出资方中，尚有潜力可挖、能够加大投入力度的，是政府、社会和学校三方。

（一）对政府而言，加大力度的目标是财政投入争取达到 GDP 的 4%

政府是贫困生资助体系的第一出资方。如果政府的财政投入力度能够达到 GDP 的 4%，高校的办学经费相对充裕，贫困生资助费用就能得到较好的落实。

近年来，我国各级教育发展很快，教育经费的增长也很快。温家宝总理在 2008 年的政府工作报告中说："全国财政用于教育支出五年累计 2.43 万亿元，比前五年增长 1.26 倍。"但是，教育经费仍然十分短缺，经费增长速度赶不上教育事业发展的需要。据不完全统计，1995 年、1999 年、2002 年、2003 年、2004 年和 2005 年，财政性教育经费占 GDP 的比例分别为

2.41%、2.79%、3.32%、3.28%、2.79%和2.16%，一直没有达到中央提出的4%的基本目标。

从近些年国家经济发展的形式看，4%的目标并不是一个可不可以达到的客观问题，而是一个下不下决心实现的主观问题；否则，科教兴国、人才强国、建设创新型国家等国家战略很难得到落实。所以，2008年的两会上有代表建议加快立法，由国家建立完善教育投入法制体系，用法律手段来保障我国教育投入，并以法律的强制力保障各项教育投入的依法兑现。通过对国家教育投入保障的立法，一是可以明确各级政府提供教育公共服务的职责，将教育列入公共财政支出的重点领域，各级政府财政年度预算和决算都要保证教育经费支出达到法定增长水平；二是建立健全教育经费稳定增长制度，分年度分解和落实4%的目标，尤其要加大中央和省级政府在实现4%目标中应承担的责任。

种种迹象让人感到，国家加大对教育的投入是可以期待的。中共中央总书记胡锦涛在中央政治局第三十四次集体学习时指出，要完善帮助贫困家庭学生上学的资助制度和扶持政策。2006年11月温家宝总理在主持召开教育工作座谈会时强调，要把教育摆在优先发展的战略地位，千方百计增加教育投入，努力实现财政性教育经费占国民生产总值4%的目标；2007年3月温家宝总理在十届全国人大五次会议上再次强调教育经费的投入要达到GDP的4%，并且中央已明确把这一比例写入《国家教育事业发展“十一五”规划纲要》。这充分首先体现了党中央、国务院对教育的重视以及对教育加大投入的决心，这对整个教育战线来说，都是振奋人心的。温家宝总理曾经指出，把教育摆在优先发展的战略地位，这是我们国家必须长期坚持的一项重大方针。当前各级政府要进一步采取有力措施加强教育，要千方百计增加教育投入，努力实现财政性教育经费占国民生产总值4%的目标。我们已在支持教育发展方面办了一些实事，还要下决心再办几件实事。要加强教育统筹，使基础教育、职业教育和高等教育合理布局并协调发展。要坚持教育公平，建立和完善家庭贫困学生的助学体系，促进社会的和谐与稳定。

如果国家对教育的投入达到GDP的4%，加上未来GDP的增长，国家对教育投入的绝对数有望翻番。2007年5月为贯彻党的十六大和十六届三中、六中全会精神，切实解决家庭经济困难学生的就学问题，中央出台了《国务院关于建立健全普通本科高校、高等职业学校和中等职业学校家庭经济困难学生资助政策体系的意见》。意见明确表示，按照《中共中央关于构建社会主义和谐社会若干重大问题的决定》的有关要求，加大财政投入，落实各项助学政策，扩大受助学生比例，提高资助水平，从制度上基本解决家庭经济困难学生的就学问题；同时，进一步优化教育结构，维护教育公平，促进教育持续健康发展。比如，国家奖学金奖励标准提高到每生每年8 000元，每年奖励5万名；新增国家励志奖学金，专门用于奖励资助普通本科高校和高等职业学校全日制本专科在校生中品学兼优的家庭经济困难学生，资助学生平均约占全国高校在校生的3%，资助标准为每生每年5 000元；国家助学金资助面扩大为在校生总数的20%，资助标准提高到每生每年2 000元；进一步完善和落实国家助学贷款政策，积极鼓励开展生源地信用助学贷款，给予其同等优惠政策，确保贫困生“应贷尽贷”和相关代偿政策的实施，并且，从2007年起，对教育部直属6所师范大学新招收的师范生实行免费教育。可以说，此意见的制定和实施，在加大对贫困生资助力度方面具有里程碑式的意义。另外，据财政部相关人士透露，2006年中央财政直接安排的高等教育和中等职业教育国家奖、助学金经费只有18亿元，地方财政投入也非常有限。新的资助政策体系建立后，中央和地方财政2007年半年投入的经费将达到154亿元左右，从18亿元基础上翻到154亿元，这只是半年，其中，中央财政投入95亿元，地方财政投入59亿元。2008年全年，新的助学政策体系，不包括贷款，仅是中央和地方财政投入就在此基础上翻一番，达到308亿元左右。新资助体系各项政策落实到位后，每年用于助学的财政投入、助学贷款和学校安排的助学经费将达500亿元，将为解决贫困生问题提供强有力的财力保障。

我们高兴地看到，温家宝总理是这么说的，也是这么做的，正如他在政府工作报告所述：“建立健全普通本科高校、高等和中等职业学校国家奖学金助学金制度，中央财政此项支出从2006年20.5亿元增加到去年的98亿元，高校资助面超过20%，中等职业学校资助面超过90%，资助标准大幅度提高。2007年开始在教育部直属师范大学实施师范生免费教育试点。我们在实现教育公平上迈出了重大步伐。”

（二）对社会而言，加大力度的目标是捐赠总额争取达到高校总经费5%的目标

社会是贫困生资助体系的第二出资方。与国外相比，除北京大学、清华大学、浙江大学等少数几所高校外，社会捐赠对我国高校办学经费的贡献基本上处于缺位状态。在2001年我国大学自筹的553.3亿元经费收入中，绝大部分来自学费、科研、产业和服务性收入，社会捐赠只有16亿元，不到普通高校总收入的3%[1]，而且令人尴尬的是，捐赠收入主要源于境外。究其原因，主要是我国社会捐资兴学的意识淡薄、捐赠法律不完善等因素造成了目前这种状况。

加大社会捐赠力度路径之一：我国开展真正意义上的公益捐赠时间不长，人们的公益意识淡薄，虽然富起来的人日渐增多，但捐资兴学、投资教育的热情却不高。少数人未富先骄、小富即安、为富不仁的心理还存在，个别人挥霍浪费、腐朽堕落、生活糜烂的现象也屡见不鲜，他们对高校贫困生等社会弱势群体贫困潦倒漠然视之、无动于衷，缺乏起码的同情和关爱，让人心寒，“达则兼济天下”般的古道热肠还待慢慢培育。我国对公益捐赠制定了相应的税收优惠政策，然而尚有不完善的地方，企业捐款必须是税后利润，免税比例较低，而诸如红十字会、慈善总会等一些带有政府色彩的公益机构却享有更为优惠的待遇；加之政府经常利用行政手段干预捐赠行为，其在公益市场处于实际的垄断地位，从而使社会捐赠绩效不彰。除了文化传统和政策环境上的缺陷以外，捐赠渠道的不畅以及社会信任体系的缺失，也让一些富人捂紧了腰包。因此，通过各种渠道大力宣传教育事业的公益性，宣传捐赠者的事迹，培育捐赠文化，让捐赠者名利双收；学习国外先进理念，制定社会团体和个人捐资兴学税收优惠政策，甚至出台遗产税法，鼓励更多的人参与到捐资兴学的行列中来。

加大社会捐赠力度路径之二：笔者建议，在政府主导下成立教育银行，专门经营教育彩票和教育公债的发行业务。彩票的融资功能强大，体育彩票和福利彩票2007年的销售量超过千亿元，如果国家发行教育彩票，效果一定不错，去掉成本，它能为教育事业带来上百亿元的经费。教育公债也是一样，发行内外环境都很成熟，每年也能给教育事业追加几百亿元的投入。可见，发行教育彩票和教育公债，是能解除教育发展资金不足的瓶颈之困的。现在，问题的关键是政府要下定决心，转变观念，顺应民意，早日发行。

（三）对高校而言，加大力度的目标是确保资助金额不低于学费收入的10%

高校是贫困生资助体系的第三出资方。近几年来，国家对高等教育的投入虽然逐年增加，但随着高等教育进入大众化阶段，连年扩招使各大高校的经费状况严峻，不少学校处于入不敷出的境地。财政状况如此紧张，高校又怎么能在济困助学上动“大手笔”呢？只有充分保障大学的教学、科研及

[1] 刘增辉、贺美英：《捐赠应成为高校经费重要来源》，《教育与职业》，2007（10）。

济困的资金来源，明确大学教育不以赢利为目的的社会公益性质，使高校既适应市场、引领社会，又崇尚学术、传承文明，既能为当前的经济和社会发展需要服务，同时又保持自己应有的独特品质和价值追求，才能从根本上给高校济困助学工作拓展一片天地。

高校每年总的办学经费由政府财政投入、学杂费收入、社会捐赠和高校自己创收等四部分组成。政府财政投入在当年是一定的，学杂费收入基本上没有上涨空间，那么社会捐赠和高校自己创收就成为办学经费上升的增长点。只有办学经费增多了，贫困生资助金额不低于学费收入的10%才会有保障。这些年，高校在自己创收方面下了不少工夫，尤其在以科研为支撑的社会服务、成果转让上成绩斐然，为办学经费的扩充作出了贡献。但社会捐赠，也就是高校的募捐收入一直处于较低水平，究其原因，在高校来说主要是募捐观念保守、捐资运营透明度不高等因素造成的。改变保守的募捐观念、提高捐资运营的透明度就成了高校今后努力的方向。

“君子不言利”、“君子不食嗟来之食”、“捐赠等于施舍”等陈旧思维禁锢了高校的集资观念，使得募捐难有大的作为。因此，解放思想，多方联系，广交朋友，积极劝募，是增加捐赠的有效途径。对捐资暗箱操作，用捐资随意挥霍，是捐赠者最忌讳的。所以，严格财务管理，适时公开账目，增加捐赠资金使用透明度，提高其社会公信力，是吸引更多捐赠的前提。

三、资助政策的立法思考

（一）明确政府的主导作用

高校贫困生资助是指国家、社会组织、学校和个人对生活困难的在校大学生经济上的帮助和支持。它本身是一项十分复杂而庞大的社会公益事业，许多方面需要用法律来规范和制约。探讨学生资助立法的一些问题，对于做好这项工作不无裨益。

国家在助学体系中的主导地位表现为国家是政策法规的制定者。助学体系中现有的法律、政策、制度、规定、条例等都是由国家制定的；进一步完善和提升助学体系、调整现有政策、制定新的法规和政策，中央政府责无旁贷。

从法律性质上看，资助行为主要产生两种法律关系：行政法律关系和民事法律关系。前者表现为行政合同关系，后者表现为民事借贷关系和民事赠与关系。资助行为是国家、社会对经济困难学生的法律救济：提供资助，构成了国家保障教育机会均等的法律义务；获得资助，是经济困难学生实现受教育权的具体体现。

在立法的过程中，树立“有权利必有救济”、“无救济即无权利”的理念是必须的。“救济是一种纠正或减轻性质的权利，这种权利在可能的范围内会矫正由法律关系中他方当事人违反义务行为造成的后果。”现代法的精神的一个重要内容应当是，以权利的保障作为基础和中心环节。立法中，规定政府的必要管理、公民应尽的义务、权利行使的界限都是必不可少的。但是，立法的重心和基本出发点应当是保障权利。因此，对权利的确认和保护是法律调整社会关系的根本宗旨，整个法律制度中设立的各种法律责任制度，实则为各种权利的保障和救济制度。如果没有这种救济，法律上的权利就会成为一纸空文。总之，权利的保障重于权利的宣示。要让权利能真正地享有和行使，就必须有在权利被侵犯之后能得到救济的机制。这应该体现在贫困生资助的立法过程中。

由于《中华人民共和国教育法》和《中华人民共和国高等教育法》对资助行为已经有了概括性的规定，学生资助法以教育行政法规的形式出现比较合适，其效力从属于《中华人民共和国教育法》和《中华人民共和国高等教育法》。立法过程中应考虑这些方面：资助理念和原则的确立；资助机构及权限的规定；资助主体和资助对象的确定；权利和义务的规定；资助经费的来源、使用和管理；资助的形式和程序；学费问题、法律责任等。

法贵善行，徒法不足以自行。法的生命力在于实施。“良法必须被普遍遵守”，才能实现真正的法治。我们在强调完善资助立法的同时，还必须加强对贫困生资助执法、监督等其他环节的研究，才能真正地、全面地推进贫困生资助的法制化建设。

（二）现有资助法律的评述

现有关于学生资助的法律规定，主要集中在《中华人民共和国教育法》和《中华人民共和国高等教育法》之中。具体条款如下：

《中华人民共和国教育法》第三十七条规定：“国家、社会对符合入学条件、家庭经济困难的儿童、少年、青年，提供各种形式的资助。”

《中华人民共和国高等教育法》第九条规定：“公民依法享有接受高等教育的权利。国家采取措施，帮助少数民族学生和经济困难的学生接受高等教育。”第五十四条规定：“高等学校的学生应当按照国家规定缴纳学费。家庭经济困难的学生，可以申请补助或者减免学费。”第五十五条规定：“国家设立奖学金，并鼓励高等学校、企业事业组织、社会团体以及其他社会组织和个人按照国家有关规定设立各种形式的奖学金，对品学兼优的学生、国家规定的专业的学生以及到国家规定的地区工作的学生给予奖励。国家设立高等学校学生勤工助学基金和贷学金，并鼓励高等学校、企业事业组织、社会团体及其他社会组织和个人设立各种形式的助学金，对家庭经济困难的学生提供帮助。获得贷学金及助学金的学生，应当履行相应的义务。”第五十六条规定：“高等学校的学生在课余时间可以参加社会服务和勤工助学活动，但不得影响学业任务的完成。高等学校应当对学生的社会服务和勤工助学活动给予鼓励和支持，并进行引导和管理。”

上述规定以法律的形式确认了包括奖学金、助学金、贷学金、勤工助学、困难补助和学费减免等资助形式在内的学生资助体系。

另外，还有中央和各部委制定的各种规章制度，如《国家助学奖学金制度》、《关于国家助学贷款的管理规定》、《关于进一步完善国家助学贷款工作的若干意见》、《高等学校毕业生国家助学贷款代偿资助暂行办法》、《高等学校勤工助学管理办法》、《教育部关于建立国家助学贷款学生个人信息查询系统的通知》、《关于对普通高等学校经济困难学生减免学杂费有关事项的通知》、《国务院关于建立健全普通本科高校、高等职业学校和中等职业学校家庭经济困难学生资助政策体系的意见》、《教育部直属师范大学师范生免费教育实施办法》和“绿色通道”制度。正是这些法律、政策、制度构建了今天的助学体系，使得资助制度的实施有了一些保障。

考察一些发达国家的学生资助就会发现，资助政策法律化、资助制度法制化是他们规范和管理学生资助工作、保障资助目标实现最有力的途径。

美国1964年的《国防教育法》，不仅确立了为国家利益资助大学生的理念，而且为联邦政府拨款资助大学生提供了法律依据；而1965年美国《高等教育法》、《高等教育法1985年修正案》，则是美国国会颁布的两部宣布完全以学生的经济困难程度来决定资助方式和资助金额的法律。几部法律中仅学生资助方面，就有上百条法律条款，详细规定了诸如“教育机会助学金（Grants to Students）”、“帕金斯贷学金（Perkings Loan）”、“斯坦福贷学金（Stanford Loan）”、“学生家长贷学金（PLUS Loan）”、“联邦直接贷学金（Federal Direct Loan）”、“家庭教育贷款计划（Family Education Loan Program）”、“校园工读计划（Work - study Programs）”等多种资助方案。英国早在1944年就通过《巴特勒法案》，规定了设立奖学金的办法。德国颁布《联邦奖学法》，来维持受教育者的生计和受教育的权利。日本通过《日本育英会法》及其实施条例，设置专门机构管理借贷性的“育英奖学金”。

相比之下，我国的学生资助法律化进程是大大落后于国际水平，值得我们警醒！

我国高等教育法规建设，是中国特色教育法规体系的重要组成部分。新中国成立以来，特别是改革开放20多年来，我国的教育法规建设取得了历史性进展，已初步建立了中国特色高等教育法律法规的基本框架。从目前看，我国已颁布了7部主要教育法律，10多项教育行政法规，200多项教育行政规章❶。这些法律法规在社会主义建设和教育改革中起到了积极的作用，依法治教的意识已在国人的思想观念中逐步形成。

但对于高等教育来说，贫困生资助方面的立法工作尚处于起步阶段。虽然制定颁布了一些条例和规定，对贫困生的资助活动进行了规范，但在社会发展不断要求高等教育进行改革和不断适应新形势的情况下，贫困生资助的立法工作显得比较滞后。从体系化的角度看，我国的高等教育法规体系仍处于不够完备、结构不健全状态。1995年3月颁布的《中华人民共和国教育法》是仅次于宪法的国家基本法之一，但从立法要求和实际内容看，没有专门对贫困生资助所涉及的各方面关系和各种问题进行专门规范。1998年8月29日颁布的《中华人民共和国高等教育法》是我国真正意义上的第一部完整的高等教育基本法，为我国建立系统的、完善的高等教育法规体系奠定了重要的基础，但其中关于贫困生资助方面的内容就有几款，而且还是高度概括的。目前，还有一些法规尚在调研或起草之中。应该说，我国的贫困生资助法规建设虽然有一个基本的体系框架，但还远没有形成一个完善的、健全的法规体系。以《中华人民共和国高等教育法》为例，贫困生资助方面的内容实施以来，人们发现立法的理想与实施的现实之间有很大的距离。究其立法上的原因，该法的诞生虽然历经曲折艰辛，被喻为“十年磨一剑”，但是在一定意义上说还是属于宣言性立法，它的条文多是原则性、实体性的规范，没有多少程序性的规范。尽管它对高校贫困生资助提供了较大的法律空间，但由于法律规范缺乏科学的、合理的程序设定，针对性和操作性不强，可诉性弱，加之资助贫困生还没有真正成为政府、教育行政部门、高校和社会各方面普遍自觉的行为，致使这些法律规定在实施中难以收到实效，立法的初衷和立法的精神在实施中被大打折扣，进而导致政出多门，法制的统一性和法律的权威性大为削弱。其他一些纲领性或政策性的规定，既缺乏政策的稳定性，又缺乏实践中的可操作性，难以保障各项资助制度的具体落

❶初亚楠：《略论我国高等教育法规体系建设》，《中南民族学院学报：人文社会科学版》，2001，21（4）。

实，并且对于资助关系和资助行为的法律性质、资助法律关系主体和资助对象之间的权利和义务等内容没有明确的阐述，特别是国家助学贷款，其申请、发放、偿还、代偿等细则，更应建立在法律的基础上，立法的需要尤为迫切。

（三）资助立法的意义

1. 确保国家的教育权和贫困生的受教育权的实现

国家教育权实现的根本目的，就是发展教育事业，培养各类人才，促进科技发展，经济、社会进步。尽管现在高校贫困生很多，但政府和许多高校纷纷承诺：绝不让一个学生因为家庭经济困难而辍学。可见，自“人人皆有受教育之权，教育之目标在于充分发展人格，加强对人权及基本自由之尊重”于1948年写进《世界人权宣言》以来，受教育权利作为人之为人的基本人权已成为国际公认的准则，人人都有平等的受教育权利在很大程度上已形成人们的共识。长期以来，人们主要是从义务教育权利的角度来看受教育权利平等的，但是在经济全球化、社会信息化、教育终身化的现代社会，实现人的终身学习和终身发展是时代的要求，我们应该从整个受教育过程来看受教育权利的平等，至少应保证在学校教育阶段受教育权利的平等。《中华人民共和国高等教育法》第九条规定：公民依法享有接受高等教育的权利，国家采取措施，帮助少数民族学生和经济困难的学生接受高等教育；《中华人民共和国教育法》第四十二条第二款规定：受教育者享有按照国家有关规定获得奖学金、贷学金、助学金的权利，这些实质上规定了公民享有接受高等教育的平等权。然而，自从1997年我国高等教育“招生并轨”、全面实行收费上学制度以来，尽管不同学校、不同专业的收费标准有所不同，但人均年缴费用大都在3 000 ~8 000元，其中，师范、农林类为2 500 ~5 000元，普通高校多为4 000 ~8 000元，有些重点院校和比较热门的专业则高达上万元，另加上住宿费和日常生活费用，培养一个大学生年均费用高达1万元以上。1999年高校大规模扩招以后，贫困生更是大量增加，许多人因高昂的学费和基本的生活费无法解决而面临着辍学的危险。据笔者测算，全国各类高等教育在校生2 500万人中，经济困难学生约占500万人，其中经济特别困难学生人数约占250万人。这部分学生如果得不到很好的帮助，就将被迫失去接受高等教育的机会，他们的受教育权就会受到不平等的对待。因此，实施国家资助使具有学习能力但经济困难者得以接受高等教育，这在一定程度上有利于保障贫困家庭子女受教育机会的公正、公平，保证受教育权的平等。通过立法，保证这项工作的顺利进行，是保障学生受教育权的重要手段。我们现行的教育法规所遵循的基本原则就是教育机会均等和以受教育权利为根本的法制原则。所以，对国家资助进行立法，以法律的形式明确其对学生教育平等权的保护，对保障学生的受教育权是非常必要的，而且凭借法律制度发挥国家对教育的管理和协调职能，最终实现公民个人的受教育权利平等是教育走上现代化的重要标志。

2. 使资助工作长期化、民主化和规范化

国家资助贫困生的政策、法规有十几项，但从近些年的实施情况来看，效果并不十分理想，尤其是助学贷款工作不尽人意，一方面是银行惜贷、慎贷，另一方面是贫困生贷不应求、望贷兴叹。究其原因，主要是这些制度均停留在行政规章制度的层面，缺乏公信度、约束力和稳定性。殊不知，任何经济活动都需要法律支撑和约束，仅靠信用、无须担保的国家助学贷款更是如此。在这方面，美国高等教育资助的法制化堪称楷模：联邦政府的每项资助计划都以立法的形式形成国家法令；在每项国家教育法案中都附以操作性极强的财政资助方案，以法案带动资助，以法令在全国范围内推行，保证了资助的公正性、合法性和社会参与性，增强了教育法案的权威性或导向性。

利用法制对教育行为进行调节是现代社会一种新型的组织调控形式，是伴随着教育的普及发展而形成和发展起来的一个法律调节领域。市场经济条件下，为了加强国家资助的效果，将资助主体和资助对象之间的权利义务关系、资助管理机构及权限、资助程序、确定资助对象的方法和标准等资助工作中的具体内容以法律的形式确定下来，能够切实地保障资助行为的规范化，使得资助工作有法可依、有法必依，防止随意性和不确定性阻碍资助效率的提高和资助效益的发挥。

3. 贫困生资助法律化是社会文明、进步的标志，是和谐社会应有之义

资助立法不仅为资助体系的完善提供法律依据和保障，而且是资助政策法律化、固定化的必然趋势。国家关于贫困生资助的政策，已经由《中华人民共和国高等教育法》做了概括性的总结。法律较政策而言，具有较高的稳定性，可以给人们合理的预期；同时，政策多由原则性规定组成，法律则由规则组成，明确法律主体的权利义务关系，可以更加有效地调整学生资助所涉及的各种社会关系。所以，完善资助立法，将资助政策法律化或者以法律形式实施新的资助制度，是资助体系的基本框架确立以后，完善具体资助制度所必需的，更是社会文明、进步的标志，是和谐社会应有之义。

（四）资助立法的原则

立法是法制建设的首要环节，而良法是实现法治的前提。法治不仅要求

有法可依，更重要的是所立之法必须是良法。这就要求法律在内容上符合事物发展的客观规律，反映人民的意志和法治精神；在形式上符合立法的技术规范要求，并有完备的实体性规范和程序性规范，既要有立法的数量，更要有立法的质量。所以，在资助立法中应坚持如下原则。

1. 公平原则

资助公平是实现教育公平乃至社会公平的重要条件之一。哈佛大学的哲学大师、自由主义思想家约翰·罗尔斯独树一帜，提出著名的正义原则："平等自由原则"、"机会公平原则"、"差别原则"、"补偿原则"，即"所有的社会基本善——自由和机会、收入和财富及自尊的基础，都应被平等地分配，除非对一些所有社会基本善的一种不平等分配有利于最不利者"[1]。具体表达为：每个人有获得最广泛的、与他人相同的自由；应使社会中最少受惠者获得最大利益；人所获得不均等待遇的职务、地位应该对所有人开放。我国有学者认为，教育公平指政府、社会及教育者根据社会需要和可能以及受教育者个人的意愿和条件，对教育机会合乎情理地分配。教育公平主要表现为教育机会均等：起点公平——接受教育的机会均等、过程公平——享有教育资源的机会均等、结果公平——学业成功的机会均等。学生资助制度应坚持公平原则，使每个有所需要的学生都能得到其所需要的资助，使每个学生得到的资助是其应得到的部分。资助制度保障了经济困难学生受教育的机会，缓解了求学与经济困难的矛盾，使得一部分来自低收入家庭的学生不至于因为经济问题辍学；同时，教育机会的获得，能使知识改变命运变为现实，使得一部分学生及其家庭能够脱离贫困，在一定意义上促进了社会公平的实现。

2. 效率原则

用于学生资助的资金整体上是有限的，如何使有限的资金发挥最大的效益，帮助更多的贫困生，是资助立法应该考虑的问题。一般来说，贫困生获得的各种资助总额应该不高于其学费和生活费。美国《高等教育法》采取了"资助包"方法，在分析学生的就学成本和家庭贡献的基础上，计算学生的经济需要，然后综合不同的资助形式提供资助。这种方法结合每个贫困生的不同需要给予资助，并且能够掌握好资助的限度，避免资助资金集中在少数人身上。资助并不是越多越好，恰到好处的资助才能使公平和效率统一起来。

[1] 约翰·罗尔斯著，何怀宏等译：《正义论》，中国社会科学出版社，2001 年版。

3. 可持续原则

可持续原则主要保障资助经费的来源，使得用于资助的经费不至于拮据甚至枯竭。学生资助经费从来源上看，主要有政府财政拨款、企业捐赠、宗教及慈善机构捐赠、国际机构捐赠和社会个人捐赠等。其中，政府是贫困生最大的资助者，无论是资助力度还是资助范围，企业和个人都无法比拟。《中华人民共和国教育法》第七章专门规定了有关教育投入和条件保障的条款，第五十三条规定：国家建立以财政拨款为主、其他多种渠道筹措教育经费为辅的体制，逐步增加对教育的投入，保证高校教育经费的稳定来源。第五十四条规定：国家财政性教育经费支出占国民生产总值的比例应当随着国民经济的发展和财政收入的增长逐步提高，争取实现占 GDP 4% 的目标。但是，教育财政的危机是个全球性的问题，特别是完全依靠国家资金来资助贫困生，政府更是不堪重负。正因为如此，可持续的资助方式是强调权利和义务的对等，大力推广有偿性资助，如助学贷款、勤工助学，使“免费午餐”资助模式逐渐淡出资助体系。助学贷款的偿还不仅能缓解政府的财政压力，体现“受益者付费”的资助理念，而且能实现资助经费的循环使用，为帮助更多的贫困生提供了机会；勤工助学“以劳代赈”，不仅消除了贫困生“等、靠、要”的依赖思想，还能培养他们自强自立、自信自尊的精神，真正体现了可持续的科学发展观。

4. 系统化原则

鉴于我国贫困生资助立法尚未建立一个完备的规范体系，而贫困生资助工作涉及的领域比较庞杂，包括政府、学校、银行、社会组织、家庭和学生等不同的部门和群体。所以，在资助立法中应当遵循和坚持原则性与灵活性相结合、连续性与前瞻性相结合、科学性与稳定性相结合，符合协调性、衔接性、不抵触性的系统化原则。系统化原则不仅要体现在资助法规之间，还应体现在资助法规与高等教育法规乃至国家整个法律规范体系之间；不仅是对具有立法权限的机关制定资助法规时的要求，也是对不具有立法权限的机关制定规范性文件和高校制定内部自治规则时的要求，而且对于资助理念、资助机构、资助主体、资助对象、资助效果的评价内容，也应该有系统化的规定。

四、资助经验的借鉴思考

从世界各国高校学生资助理念的演变与时俱进中，我们可以看到他们助学体系的形成、发展和完善的全过程。从 11 世纪欧洲大学兴起到 18 世纪末，欧洲近代大学对贫困学生的经济资助制度就已经建立，其资助理念是“慈善与宗教”；19世纪，美国著名学者杰弗逊所倡导的“生而平等与国家利益”的资助理念在欧美盛行；苏联确立的“工农受教育权与干部培养”学生资助理念也对世界各国产生过重要的影响；第二次世界大战结束后，新一代的学生资助理念“高等教育机会均等”和“人力资本投资”理念逐渐形成，并在20世纪50和60年代得到迅速发展，“免费+助学金”的慷慨资助政策成为世界各国基本的学生资助模式；还有“为了国家利益，资助贫困学生，培养精英人才”和“扩大选择自由”等理念；70年代初，美国著名经济学家约翰·斯通从高等教育成本构成的视角，提出了“教育成本分担”（Education Cost－sharing）的大学生资助理念，成为指导当今大多数国家资助体系的主流思想❶。因为国情、经济基础、教育理念等的不同，各国形成了各有特色的资助体系。一些国家的资助体系已经相当完善和成熟，值得我们研究、学习和借鉴。

（一）五国资助经验介绍

1. 美国高校的资助政策

从一定意义上说，美国是世界上大学生资助体系最发达的国家。在美国，性质各异、不计其数的资助项目构成了大学生资助政策的主体。由数以千计的资助项目构成的“资助包”大大提高了大学生的受助机会，为高等教育发展提供了强大的推动力。所谓“资助包”（Financial Aid Package），是“把提供给学生的全部资助，即把所有联邦政府的、非联邦政府的各种资助，如奖学金、助学金、贷学金、校园工读混合组成一个‘包’，以便协同帮助学生解决困难”，“其核心是大学通过规范合理的配置，使每个学生都能获得与其困难程度相称的经济资助”❷。“资助包”最初由美国大学入学考试委员会设计开发，《高等教育法》颁布后，美国国会在此基础上，制定更具权威的配置“资助包”的“国会方法”。其由计算上学成本、计算“预算家庭贡献”、计算学生“经济资助需要”、学校公布一揽子资助的基本配比标准并按学生的经济状况向学生提供混合资助、报告其他资助并做出调整等5个核心步骤组成。联邦政府的有关法律条例规定：禁止联邦资助者所获资金超过他们的实际需要。因此，资助申请者必须如实报告他们在校外所

---

❶苏大宇、李昕荣：《助学贷款的国际比较与政策借鉴》，《思想理论教育：上半月综合版》，2005（9）。

❷赵立卫：《美国大学生资助前“资助包”制度》，《比较教育研究》，2005（2）。

获资助如奖学金等，一旦发现报告不准确，将有可能被取消全部资助资金。这一计算方法，程序规范，标准统一，信息通明，可操作性强，使极其复杂的资助工作大大简化，学生、资助管理人员、学生家长、政府和社会有关人员和机构均可依据上述方法估算、审核资助额，监督和评判资助是否公平合理。

美国的资助体系中，助学贷款比例占到80%。它包括：

（1）帕金斯贷学金（Perkings Loan）。它是由政府出资设立的较早的国家助学贷款形式，原名“国防贷学金”。根据1958年《国防教育法》的规定设立，它资助的对象是家庭经济状况低下的贫困学生，固定利率5%，学生毕业前的贷款利息由政府支付，贷款归还期为10年❶。该项贷学金的最高借贷金额是3 000美元，若学生毕业后参军或从事国家急需的社会公益事业，可以全部或部分减免。

（2）斯坦福贷学金（Stanford Loan）。原名“国家担保贷学金”，它是根据1965年《高等教育法》的规定而实施的。斯坦福贷学金是由商业银行设立、政府担保的贷学金，是目前全美最大的大学生资助项目，年贷款总额100多亿美元。按贴息类型划分，斯坦福贷学金分为政府贴息和无政府贴息两种，它的资助对象主要是“有经济资助需要的学生”，贷款利率不固定，随物价浮动，平均维持在8.5%左右。

（3）学生家长贷学金（PLUS Loan）。它是根据《高等教育法1985年修正案》的规定而设立的。学生家长贷学金是由商业银行出资设立、政府担保的贷学金，它主要面向有子女在大学学习，并有良好信贷信誉的家长，利率不固定，一般小于9%，低于普通商业贷款利率。

（4）联邦直接贷学金（Federal Direct Loan）。它由联邦教育部于1994年出资设立。每年联邦政府教育部将一定比例的贷学金拨给各大学，学生在大学申请贷款，毕业后按照约定直接向教育部还款，利率浮动。

2. 日本高校的资助政策

日本是世界上最早在全国范围内向大学生提供财政资助的国家之一。日本政府向大学生提供的直接资助是日本育英奖学金。该奖学金有两个特点与众不同，它不是只向少数学习优异者奖授的奖学金，也不是向学生普遍提供无需偿还的助学金；它兼具贷、奖两种性质，是以借贷方式“奖贷”给那些学业优良且家庭经济状况不佳的学生的。半个多世纪以来，这种助学贷款

❶朱立华：《美国的助学贷款制度及其启示》，《商场现代化》，2007（1）。

政策不仅在日本国内行之有效，而且也越来越受到联合国教科文组织、世界银行等国际组织及各国高教界的关注与赞赏。

《日本育英会法》是日本政府专门为日本育英奖学金制定的法规，以法律的形式来保证它的良性发展。

日本育英奖学金不提倡无偿资助，只提供无息或低息借贷，有两种形式：一种是无息助学贷款，申请者主要是一些出身贫寒、经济困难的大学生，该助学贷款是无利息的，学生毕业后只需要归还贷款的本金即可；另一种是有息助学贷款，在校大学生无论家庭经济状况，均可提出申请，贷款的利率是3%，额度是一年学杂费的30%。

日本育英奖学金是通过具备法人团体地位的、独立于政府之外的“日本育英会”来实施的，它全权负责助学贷款的募集、审批、发放及回收，是处理日本助学贷款的专门机构。由于是专门的机构在操作助学贷款，所以日本的助学贷款的回收在世界上是最有效率的，总归还率平均达到95%[1]。日本助学贷款的还款期限相对较长，为10~20年。

《日本育英会法施行令》规定，大学毕业生在一年内进教育机构工作，或去公立科研机构从事非盈利性的工作可免还部分贷款，若连续5年从事教育科研工作，将免还全部贷款。鼓励提前还贷，对于提前还清助学贷款的学生给予一定比例的折扣。这些人性化的政策设计，在一定程度上有助于降低助学贷款的违约率。在过去10年中，只有2.3%的贷款资金未能返回。

3. 英国高校的资助政策

从20世纪初到70年代末，英国政府在大学实行的是免费加助学金政策，在80年代以后，经济困境使得这种政策有所改变。2004年的《高等教育法案》又提出了新的学费政策和资助制度。

1）20世纪初到80年代的免费加助学金政策

该政策始于1902年《教育法》、1944年《教育法》和1962年《教育法》，使免费加助学金制度得到了进一步的发展，在校大学生的学费、在外住宿费和生活费用都由生源所在的地方当局来支付。

2）20世纪80年代以来的收费和资助政策

在收取学费方面，英国政府也充分考虑到学生和家长的承受能力，采取了比较务实和谨慎的态度，其突出特点就是将学费与家庭收入情况联系起来考虑，而不是一概而论。具体做法是按家庭收入情况将学生分为免收学费和

---

[1] 王翠兰：《日本育英奖学金政策及其启示》，《日本问题研究》，2005（4）。

收取部分学费两类，与此同时实行发放补助和助学贷款的政策。

收费政策：英国大学的收费标准根据学生家庭经济状况分为免收学费、需缴部分学费和需缴全部学费三种，最高限额低于1 200英镑。例如，在2001～2002学年，大约有50%的高校学生因家庭收入未达到需要缴学费的标准而可以免费入学，而在这一学年依据规定需要缴学费的学生只占在读学生的35%❶。

补助政策：在收费的同时，英国政府实行了按家庭收入情况给予补助的政策。家庭年收入低于15 200英镑者每年可以得到全额1 000英镑的补助，而得到全额补助的大学生大概占全体在校生的30%；家庭年收入在15 201～21 185英镑者每年可以得到部分补助，得到部分补助的大学生大概占全体在校生的10%。

贷款政策：在读大学生可以申请助学贷款，待毕业后年收入达到10 000英镑时才开始偿还贷款，每周需偿还的金额要依据学生的具体收入而定。

2004年《高等教育法案》：2004年1月，英国政府通过了《高等教育法案》，推出了新的高等教育学费政策和资助制度。新的学费政策废除了现行的“先行缴费制度”，大部分大学生可以不付学费就进校学习，毕业后也不需要立即偿还欠下的学费，待找到一份年薪不少于1.5万英镑的工作时，才开始偿还债务，而且所有学生的债务在25年以后将不再追究。在资助政策方面，从2006年开始，对于来自于低收入家庭的全日制新生，政府将重新实行生活维持补助制度，最高金额为2 700英镑，大概有一半以上的全日制学生会得到这项全额补助。同时，所有的学生都可以申请生活维持贷款，贷款额在4 000英镑左右，所有的贷款业务都是由学生贷款公司负责代理的，而贷款本金则是来自于政府的财政预算拨款。

4. 韩国高校的资助政策

作为亚洲经济强国，韩国助学体系中有一套完善规范的助学贷款机制。虽然韩国大学生的学费负担正在逐年加重，然而考上大学又辍学的情况几乎没有出现，这要归功于贷款体系的良性运作。

韩国助学贷款属于国家优惠贷款，即政府指定专门金融机构向学生提供低息贷款，每年两次，学生携带录取通知书和相关证明即可办理。贷款额控制在学费范围内，一般在100万～900万韩元，贷款年利率为4%～5.75%，最长期限为11年。

---

❶王璐、孙明：《英国大学生学费与资助政策改革及启示》，《比较教育研究》，2006（7）。

韩国助学贷款在操作中有鲜明的特点：

（1）严格审查信用记录。银行严格审查申贷人的信用记录。本人、父母和担保人若存在不良信用记录则不能贷款。

（2）追贷措施严厉高效。银行对拖延或违约者采取向本人和法庭代理人打电话，寄送督促函、信用不良通知和处理申请书，发出偿债劝告等追贷措施。长期拖延者，依法将其不良记录发给银行联合会，并进入处理程序，进而实行强制偿贷。韩国追债系统有力而高效，拖延者将被剥夺贷款优惠利息，罚缴滞纳金，会遇到诸多不利。所以，在韩国拖欠贷款情况很少见，违约率非常低。

（3）民间资本介入。由政府提供的助学贷款数额远远不能满足需求，于是民间资本通过一定程序介入助学贷款领域，有效地扩大了受助范围和受助额度。

5. 加拿大高校的资助政策

加拿大是世界经济合作发展组织中高等教育最普及的国家之一。为了普及高等教育，加拿大联邦和省级政府对大学生采取了一系列的奖助措施。1997年以来，联邦政府通过减免学费、加拿大千年奖学金（CMS）、税收减免和加拿大助学金（CSG）等措施加大对高等教育的投入。在实施联邦政府的助学体系中，联邦政府助学贷款计划就是普及和发展高等教育最重要的措施之一。

加拿大联邦政府的助学贷款计划，按时间划分主要经历了三个阶段：

（1）1964～1995年为“全额担保时期”。即政府为学生贷款提供100%担保，由商业银行向学生发放助学贷款，偿本付息由政府保障。

（2）1996～2000年为“风险共担时期”。从1995年8月开始，联邦政府和省级政府开始实行风险共担政策，两级政府在进入还款期时按贷款金额的5%向被指定开展学生贷款的银行支付一笔风险金，作为贷款坏账准备金；而由银行自己负责到期助学贷款的催缴工作并承担坏账损失。

（3）2000年8月至今为“政府直接拨款期”。由政府直接资助贷款取代由金融机构提供和管理贷款的机制。为了完善贷款机制，联邦政府派人到美国进行专题考察后，在全国实施新的助学贷款方案，即助学贷款完全由政府出资，贷款的审批和签发权归联邦政府，贷后管理和操作由政府委托的两家服务公司完成。服务公司从政府除获取助学贷款的固定管理费外还有一定的业务提成，例如每发放一笔贷款收入10加元，每偿清一笔贷款奖励50加元等。这种“管办分离”的模式加上动态利润提成，极大地刺激了服务公司的积极性和主动性，提高了效率，降低了坏账率，目前运行良好。

（二）借鉴与思考

1. 助学贷款是各国助学体系中最主要的资助方式

助学贷款作为一种重要的助学方式，早已在世界许多国家广为推行。设有助学贷款的国家有印度、印度尼西亚、韩国、泰国、哥斯达黎加、智利、巴拿马、秘鲁、博茨瓦纳、津巴布韦、日本、美国和加拿大（有条件贷款），还有菲律宾、牙买加、加纳、尼日利亚、英国、丹麦和澳大利亚（无条件贷款）。据世界银行的一份调查报告，目前已有50多个国家于20世纪60年代以来就实施了多种形式的助学贷款项目❶。他山之石，可以攻玉，国外将助学贷款作为学生资助的首选，这一经验无疑对我国助学体系的进一步完善有重大的借鉴意义。

奖学金以学生学业优异程度为唯一标准，受益面积很小，无法解决教育民主、教育机会均等这一现代高等教育发展中必须正视的问题。助学金虽然解决了教育是基本人权、教育机会均等等问题，但所有大学生都在分享这份资助，使它失去了鼓励学生努力学习的作用，沦落为“零花钱”，并且使许多国家的政府为此背上了沉重的经济负担，难以为继。而助学贷款作为一种有偿资助，首先，它肯定了教育是一种人力资本投资，“上大学的最大获益者是个人”，高等教育的获益者应当承担教育成本；也正是因为看到了接受高等教育能给个人带来巨大利益，所以人们对高等教育抱有极高的期望，愿意为此付出代价，支付费用。其次，助学贷款政策比较公平地面向社会各阶层，在一定程度上保证了教育机会均等。它使得出身贫寒但颇具才华的青年通过借贷继续学业，同时也使中产和富有家庭子女占有公共资金上大学的比例大大下降。对社会来说，既减少了“漏才”的可能性，又保证了教育机会的均等。再次，助学贷款政策有利于充分发掘民间的教育资源。助学贷款政策实际上是发掘了家庭，尤其是中上层家庭可用于教育的巨大资源，通过国家、社会、个人分担的办法，以较少的公共开支最大限度地满足了社会经济发展和高等教育发展的需要。

日本育英奖学金不提倡无偿资助，“以贷代奖”，兼具奖励英才、促进教育机会均等的双重目标。坚持把学生学业优异程度和其家庭经济状况两个方面作为奖授标准，即学习勤勉且成绩优良是学生获取奖学金的必备条件，家庭或本人确有经济困难是获取奖学金的前提条件。它“通过向学业优秀但因经济原因学习有困难的学生提供借贷学习费用的方式”，实现了“培养

❶刘建民、江子福：《国家助学贷款资助政策的国际比较与借鉴》，《特区经济》，2007（3）。

国家和社会所需的人才，实现教育机会均等的目标”，让“日本社会、学生及其家长明显感到，他们借贷到的确实不是普通的贷款，其中满含着国家和社会渴求人才的厚望”。因而可以说，日本是世界上助学贷款做得最成功的国家，值得我们借鉴学习。

2. 政府是各国助学体系中最大出资者

政府拨款是多数国家助学资金的主要来源。日本、德国、英国、澳大利亚等许多发达国家的贷学金主要来自政府拨款。亚洲的马来西亚、蒙古以及中国香港也是这样。美国的贷学金方案最为复杂，但它的“帕金斯贷学金”全由政府出资。美国的助学贷款起初由于美国政府的角色定位不准，助学贷款几乎停办。1970 年，许多从事助学贷款的银行开始抵制助学贷款；1972 年，政府为鼓励发放贷款，直接参与运作并承担了相应的风险，政府和学生是主角，银行是配角，助学贷款业务发展得很快。而我国政府对银行的支持力度仅限于免征利息收入营业税。助学贷款的制度突出了政府不出资、不拿钱的中国特色，而以行政命令要求商业银行发放贷款。这种行政命令的背后，实质上是政府把责任推给银行，造成事实上的政企不分，影响银行作为企业的经营与发展，效果不好。从经济学上讲，政府通过提供贷款本金，或者贷款担保实现以小博大，促进资源的有效配置和教育的可持续发展，是政府的最佳选择。

3. 集中民力，多元参与

美国的“资助包”模式之所以富有活力、长盛不衰，最重要的原因是政府能够包容各种资助理念。虽然政府在不断地调整各种理念的位置和相应的资金比重，但决不轻易地排斥某种理念，以便尽可能多地吸收各方面的资金，发展大学生资助事业。除联邦政府外，联邦的立法机构、社会团体、经济组织和高等院校都承担起了对教育资助的责任。联邦政府各个部门都有自己的资助计划，都从分管工作的角度对相关的教育内容予以特别资助，避免了单纯依赖政府或单纯依赖某个部门的单一资助渠道，调动了社会各个层面对教育的关注和支持。允许多元资本介入助学市场，既在一定程度上缓解了政府的资金压力，又在客观上扩大了学生的受助范围和受助金额，这对许多发展中国家来说都是一个非常重要的启示。我国正处于社会主义现代化建设的关键时期，经济高速发展，市场理念深入人心，但是“国大校多”的现实还是使国家投入的高等教育经费捉襟见肘，而民间资本的介入恰好可以有效缓解这样的局面。民办中学、民办大学的出现并健康运行，充分说明了只要对民间资本进行健康、规范的引导，就会给高等教育带来新的机会。民间资本已经介入了办学领域，那么民间资本应该同样可以介入助学体系，这对缓解国家财政压力和扩大学生受助面及受助额将大有裨益。

4. 助学贷款立法是各国政府的通常做法

助学贷款作为一种有偿资助，非“免费午餐”，体现的是高等教育机会均等、人力资本投资、教育成本分担等现代教育理念，它的有效运作需要法律制度来保障。事实上，凡是助学贷款实施得比较成功的国家，都是立法工作做得比较好的国家，像美国、日本、韩国、英国、加拿大等国，其中《日本育英会法》堪称楷模。我国高校贫困生整体规模较大，达500万人，资助需求巨大，法制建设尤为必要，助学贷款立法迫在眉睫。助学贷款一旦立法，作为资助方的银行和受助方的学生之间的关系，是借贷方和受贷方之间的法律、信用关系。借贷方根据法律和受贷方的自愿遵守的契约发放贷款，并保留依法追索贷款的权利。受贷方只有在提出申请并保证遵守法律及有关契约的前提下，才有可能获得贷款。受贷方还负有合理使用贷款和按期归还的法律责任。正因为借贷方和受贷方的行为被框定在法律范围内，助学贷款才有可能发挥出应有的作用，一方面使学生能有机会学习，另一方面能使资金合理使用，抑制资助资金过快、无节制的增长。在我国的现实背景下，有必要用法律手段规范政府、学校、银行和学生的权利和义务，使国家助学贷款的申请、办理、发放、偿还等有法可依、有章可循；有必要用法律手段规定学校、银行、税收、企业等部门和个人有义务向个人征信系统提供真实的材料，对失信违约的个体要追究其法律责任。只有这样，才能突破助学贷款的瓶颈之困。一旦助学贷款蓬勃展开，众多贫困生上学无忧，实乃莘莘学子之福。

5. 信贷保险，应运而生

居高不下的违约率是制约助学贷款良性发展的瓶颈，也是世界上所有推行助学贷款的国家所面临的共同难题。据统计，印度学生贷款的违约率达到75%，印度尼西亚则高达81%，除欠贷追缴良好的日本、韩国、美国等国外，一般国家的助学贷款违约率平均在15%～30%，有的发展中国家甚至因为助学贷款无法正常追缴而导致该项业务夭折，我们国家助学贷款违约率是28.4%。日本、韩国、加拿大等国的做法值得我们借鉴，政府把助学贷款事务委托专门的公司来完成，如“日本育英会”，银行只负责放款，一旦出现拖欠，则由公司进行合法的严格追缴；这不但节省了银行的成本，还培育了一个新兴行业。而我国现在虽然中央、地方都成立了国家助学贷款管理中心，但其职责仅仅是决策、计划、组织实施等功能，而一旦出现欠贷，则基本是银行自己负责追缴，这无疑增加了银行的运作成本，进而影响其参与助学贷款的积极性。参照国外实践，我国应该尽快将助学贷款立法，把对违约者的“道德约束”上升为“法律约束”；同时，可以考虑委托专门机构或保险公司承担欠贷追缴工作，或者扩大中央、地方各助学贷款管理中心的职责范围，切实承担起欠贷追缴职责。2007 年 7 月中国人民银行下发的《关于做好家庭经济困难学生助学贷款工作的通知》中说：“各银行业金融机构要结合自身特点和高校学生的需求特点，加大助学贷款产品创新力度，科学设计产品形式，推出更多符合学生需求特点的商业性贷款产品……要进一步完善内控制度，加强贷款管理，防范助学贷款风险。要加强与保险机构合作，探索将保险引入助学贷款业务的新途径，有效转移和防范助学贷款风险。”其实，2006 年 11 月江苏省教育厅、江苏省财政厅、江苏省信用办、中国人民银行南京分行、江苏银监局、江苏保监局等部门联合发文，颁布实行《江苏省大学生信用保险助学贷款办法（试行)》，开了助学贷款信用保险之先河。江苏助学贷款办法的出台改革了助学贷款的传统模式，在银行主体之外引入保险机构，今后“学生不还贷，就由保险公司来买单”，这在国内甚至世界也属于首创，具有指导意义。

6. 柔性还款，彰显人文情怀

总览各国助学贷款还款期限的设计，我们发现许多国家充分考虑毕业生的就业状况及经济负担能力，毕业后的还款期限普遍较长，甚至还设计了特殊情况下的部分或全部减免。英国大学生不仅可以贷款，还可以缓缴学费，所有学生的债务在 25 年以后将不再追究；美国的还款期限平均在 10 年以上、加拿大还款期限为 15 年、日本还款期限在 10 ~ 20 年、韩国还款期限为 11 年、中国香港还款期限为 20 年。这样还款期限的设计充分考虑了学生毕业后的就业状况与经济能力，给毕业生一定程度的“负担缓冲期”，对于毕业生按时还款很有帮助。我国大学生就业压力越来越大，就业状况越来越严峻，真正能够谋到好职位、拿到高薪水的毕业生凤毛麟角。而学生进入社会后，又面临着回报父母、买房、结婚等现实负担，短期内完成还款任务难度确实很大。2004 年 6 月教育部、财政部、中国人民银行、银监会《关于进一步完善国家助学贷款工作的若干意见》出台，新政策规定“贷款学生毕业后视就业情况，在 1 ~ 2 年后开始还贷，6 年内还清”。对比国际通行的 10 ~ 20年还贷期，期限明显偏短，对于刚刚步入社会、收入尚不稳定的大学生而言，完成还贷任务存在现实的经济困难。在不能提高个人收入的假定前提下，延长还款期限，摊低年均还款数额，对于大学生来讲不仅是切实可行的，而且也彰显出政府的人文情怀。

7. 借助还款代偿机制，实现人力资源合理配置

在人力资源市场中，人才总是流向具有吸引力的领域或地区，薪金、发展机会、地区经济优势等成为吸引毕业生的要素。所以，一般在没有外力介入的前提下，毕业生会大量涌向经济发达地区，造成人才堆积和浪费，而真正需要人才的地区却人才短缺。一些国家和地区充分利用了助学贷款手段，来合理控制人才流动。美国的助学政策规定“学生毕业后参军或从事国家急需的社会公益事业可以全部或部分减免助学贷款”。《日本育英会法施行令》规定，大学毕业生在一年内进入教育机构工作，或去公立科研机构从事非盈利性的工作可免还部分贷款，若连续5年从事教育科研工作，将免还全部贷款。韩国也规定在毕业后进入军工、教育系统、科研机构工作的大学生可以免还贷款。这样的优惠政策鼓励了一批优秀毕业生充实到国家急需而重要的行业。我国地域广阔，人才流动存在不合理性，经济发达地区、高薪企业人才扎堆，而边远地区、一些国有重点企业人才稀缺。我们应该借鉴国外助学贷款政策，充分发挥“免还贷款”的人才配置功能。2006年9月财政部、教育部联合颁布了《高等学校毕业生国家助学贷款代偿资助暂行办法》，该项政策的出台，在完善高校资助体系、引导和鼓励高校毕业生面向基层就业等方面很有意义。规定指出：“毕业生到西部地区和艰苦边远地区基层单位就业，服务期在3年以上的，其在校学习期间获得国家助学贷款本金及其全部偿还之前产生的利息将由中央财政代为偿还。”我国的“西部大开发”、“振兴东北老工业基地”等项目需要大量的基础人才，通过力度较大的政策调节可以在一定程度上解决人才稀缺问题。这样既避免了人才过剩堆积的浪费，又保证了重点地区、重点行业的人才储备；既解决了一部分毕业生还款的后顾之忧，又保证了国家利益，可谓一举多得。

8. 核算高等教育成本，确立合理的学费标准

根据教育经济学中的成本分担原则、利益获得原则和能力支付原则，收取一定的学费不仅可以从总体上促进社会公平，而且可以增加高等教育投资的总量，使更多的人接受高等教育。因此，在高等教育阶段进行收费改革是必需的。问题的关键是学费标准的合理性与可能性。我国的学费水平太高，已远远超过通常说的、国际所公认的1/4成本比例，百姓怨言很多。学费政策的确定，应该兼顾培养成本与人均收入“双重约束”原则，按培养成本的25%确定学费的平均标准。现在，如何界定和核算高等教育成本是一个世界性难题。提出成本分担理论的约翰斯顿教授认为高等教育成本至少包括

四个方面：一是教学成本，如教师和行政人员工资、教学设备、图书等；二是研究支出，由于各高校对研究的重视程度不同，这笔费用的差异比较大；三是学生生活支出，如住宿、饮食、服装等；四是放弃的收益，即高中毕业生如果不上大学而参加工作能获得的收入。

虽然以上几个方面难以完全科学地确定，但也能为我们判断高校的教育成本提供一个方向性的思路。我国应该加强对这方面的研究，逐步实现对高等教育成本的准确掌握，因为理清高等教育成本是制定比较合理的收费办法和进一步降低成本的依据和基础。

教育部新闻发言人王旭明2006年6月25日在例行新闻发布会上说，我国正在积极研究高校学生人均培养成本，并将以此作为标准收取学生的费用。王旭明指出，我国高校现行收费标准实际上是2000年制定的。从2001年起，每年教育部、财政部和国家发改委都要专门下发通知，强调高校的学费和住宿费的标准都要稳定在2000年的水平上，不得提高。也就是说，从2000年到2006年，6年过去了，高校收费按国家规定的标准没有提高；今后几年也不得高于这个标准。

9. 根据地区和家庭经济情况，调整学费

学费不仅要与大学生的培养成本挂钩，而且应该与老百姓的收入挂钩，具体实现起来可能颇费周折，但作为一个研究方向，还是有其意义的。地区和贫富差异越来越成为我国社会的主要问题，大学收费标准的制定不应回避这个问题、搞一刀切，而要根据地区和家庭收入差异区别对待。英国在2004~2005年按家庭收入进行收费，如达到一定的贫困标准可以免费或收取部分学费或给予较多的补助，这一做法值得我们借鉴；对于来自中西部和农村地区的生源我们要给予政策上的倾斜。

教育部教育发展研究中心高教室马陆亭主任认为，2005年我国农民人均纯收入3 255元，城镇居民人均可支配收入10 493元，农民工人均收入8 520元。2006年中期，我国反映收入分配差异的基尼系数为0.46，但城市为0.34、农村为0.372 3，说明差距主要在城乡之间❶。因此，学费标准设计可按东、中、西部三类地区，分为农村生源3档和城市生源3档共计6档。如农村生源可定为年1 500元标准（西部地区）、2 500元标准（中部地区）和4 000元标准（东部地区），城市生源可定为年4 000元标准（西部

❶马陆亭：《教育投入政策的国际比较与我国改革重点》，《国家教育行政学院学报》，2006（12）。

地区）、6 000 元标准（中部地区）和 8 000 元标准（东部地区）。该标准为基本标准，不同省份的高等学校以及高等学校的不同专业可略有浮动。笔者认为，这一设想有较强的操作性，值得继续探讨。

五、资助原则的改革思考

高教改革一直处于发展变化之中，收费制度的实施，大众化教育的普及，新问题、新情况不断涌现，我们必须与时俱进，解放思想，因势利导，因时制宜，大胆改革高校贫困生资助制度，探讨符合现代高教理念、有利于学生健康成长的灵活多样的资助方式。

（一）助学育人原则

1. 概念的提出

“助学育人”应该像“教书育人”、“管理育人”、“服务育人”一样在高等教育里大力提倡。“助学育人”意即“高等学校在资助贫困学生完成学业的同时引导学生健康成长成才的过程”。笔者认为，高校的“三育人”概念应该改称为“四育人”概念，或许更加科学合理。“助学育人”这个概念的内涵和外延有其丰富的涵义，比“教书育人”、“管理育人”、“服务育人”在育人方面更富有支撑力。高校里的思想政治工作如果加上“助学育人”这样一个可以容纳更多实际内容的载体，其效果肯定会理想得多。

2. 育人的意义

大学生是十分宝贵的人才资源，是民族的希望，是祖国的未来。目前，我国高等教育各类在校大学生超过 2 500 万人，贫困生 500 多万人。加强和改进贫困生思想政治工作，提高他们的思想政治素质，把他们培养成中国特色社会主义事业的建设者和接班人，对于全面实施科教兴国和人才强国战略，确保我国在激烈的国际竞争中始终立于不败之地，确保实现全面建设小康社会、加快推进社会主义现代化的宏伟目标，确保中国特色社会主义事业兴旺发达、后继有人，具有重大而深远的战略意义。

以理想信念教育为核心，以爱国主义教育为重点，以思想道德建设为基础，以大学生全面发展为目标，以创新人才培养为实质，解放思想、实事求是、与时俱进，坚持以人为本，贴近实际、贴近生活、贴近学生，努力提高思想政治教育的针对性、实效性和吸引力、感染力，培养德智体美全面发展的社会主义合格建设者和可靠接班人，是我们的现实目标。

3. 贫困生思想现状

现实情况下，贫困生思想活动的独立性、选择性、多变性和差异性日益增强。这有利于大学生树立自强意识、创新意识、成才意识、创业意识，同时也带来一些不容忽视的负面影响。一些贫困生不同程度地存在政治信仰迷茫、理想信念模糊、价值取向扭曲、诚信意识淡薄、社会责任感缺乏、艰苦奋斗精神淡化、团结协作观念较差、心理素质欠佳等问题。究其原因，面对新形势、新情况，我们的思想政治工作与贫困生思想实际、生活实际结合不紧、实效性不强，不能不说是主要因素。

4. *以助学为载体，充分发挥其育人功能*

在“教书育人”、“管理育人”、“服务育人”的同时，加强“助学育人”。

我们要充分利用高校贫困生资助方式的多样性和各自的特点，把解决经济问题与解决思想问题有机地结合起来，使物质扶贫和精神鼓励同时进行，既讲道理又办实事，既以理服人又以情感人，让广大贫困生发自内心地感受到党和政府对他们的厚爱和关怀，激发贫困生爱国、进取、自强、成才、回报社会的万般情感，将“助学育人”的功效发挥到极致。

“助学育人”是我们在新形势下积极探索大学生思想政治教育的新途径、新办法，努力体现时代性，把握规律性，富于创造性，增强实效性的具体体现。

积极探索和建立资助贫困生与社会实践相结合、与专业学习相结合、与服务社会相结合、与勤工助学相结合、与择业就业相结合、与创新创业相结合的长效机制，注重培养贫困生良好的心理品质和自尊、自爱、自律、自强的优良品格，增强贫困生克服困难、经受考验、承受挫折的能力，帮助贫困生树立正确的世界观、人生观和价值观，使贫困生在助学实践中深入社会、服务社会、了解社会、了解国情，接受教育、增长才干、奉献桑梓，锻炼意志、培养品格，增强社会责任感；在助学实践中还要注重贫困生的人文素质和科学精神教育，集体主义和团结合作精神教育，促进贫困生像其他学生一样实现思想道德素质、科学文化素质和健康素质的协调发展，引导贫困生勤于学习、善于创造、甘于奉献，成为有理想、有道德、有文化、有纪律的社会主义新人。

（二）助学贷款为主原则

我国高校目前常采用的助学方式有奖学金、助学贷款、勤工助学、困难补助、学费减免等5种形式，简称“奖、贷、助、补、减”。每种方式都有它独特的效能，不可替代；同时，每种方式也有它的副作用，无法回避。如果将上述5种方式作一比较，权衡利弊，孰优孰劣？或者说，优中选优，谁更出色？我们不妨列出几个评价指标：是否符合现代高等教育资助理念？是否符合国际通用惯例？是否符合有偿资助原则？是否符合可持续的科学发展观？通过比较，笔者列出 5 种资助方式的最优化排序：助学贷款→勤工助学→奖学金 →困难补助→学费减免。

“助学贷款”居最优化排序中的第一位，理由如下。

1. “助学贷款”具备有偿资助的全部优势

它符合资助理念的现代化，体现了人力资本投资理念、高等教育机会均等理念、高等教育成本分担理念；体现了资助效能的最优化，做到了效率和公平的统一、解困和育人的结合、贫困生的自动认定、消除心理阴影、身心健康发展以及弥合隔阂、加强团结、省钱省力等，并有助于资助行为的持久化。同时，“助学贷款”还有利于充分发掘民间教育资源，可以利用贷款减免优惠，科学合理地配置人力资源。

2. “助学贷款”符合国际助学的惯用方式

世界银行的一份调查报告显示，世界上目前已有美国、日本、韩国、英国等 50 多个国家在 20 世纪 60 年代就实施了多种形式的助学贷款项目。世界银行、国际教育规划研究所等机构都支持实行高等教育收费政策，提出大学生只是“暂时无支付能力”的理念；同时对暂时无能力支付学费、无法承担生活费的学生采取助学贷款等旨在“推迟付费”的资助办法。“即便是出身贫寒的学生也会因他们所受的教育，而成为社会中比较富裕的成员”。因此，大学生没有能力支付学费和生活费的情况是暂时的，毕业后他们就会具备支付大学学费和生活费的能力。在这种理念的支持下，“助学贷款”就成了各国大学生资助的首选办法。他山之石，可以攻玉，让“助学贷款”成为我国助学体系的主渠道顺应了世界潮流。

3. “助学贷款”代表了助学实践的前进方向

在我国多年的助学实践中，“助学贷款”已经发挥着主渠道作用。在 2005 年全国约为 176. 58 亿元的资助总金额中，国家助学贷款为 76. 32 亿元，占资助总金额的 43%；截至 2007 年 6 月末，各项助学贷款余额 192. 9 亿元。助学实践充分证明，国家助学贷款是我国高等教育助学体系的有力举措，是助学方式中的主要渠道。

“助学贷款”出现并成长为一种主要资助方式在于，它既能够帮助学生完成学业，又不至于使政府和纳税人为大学生——高等教育的直接获益者承担过多，还不会出现贫困生在因为获得这一资助而履行相应义务的同时，影响、荒废学业。因此，助学贷款被许多专家认为，综合了助学活动中所有优点，是一种既有助于实现“教育机会均等”，又能够保证“教育成本分担”、“人力资本投资”平衡的资助方法。

需要说明的是，在助学贷款实施的过程中，出现的最大问题是承办银行因信贷风险过高而没有积极性。究其原因，可以说是国家助学贷款制度不健全、法制不完善、借贷主体信用缺失等外在因素造成的，而非“助学贷款”这一资助方式本身的缺陷。探讨问题的解决方案，如何突破助学贷款的瓶颈之困、规避银行信贷风险是我们要研究的课题。笔者将在第五章论述“助学贷款信用保险”、“建立全国联网的个人资信系统”、“大力推广生源地贷款”等制度建议的可行性，此处不再赘述。

（三）困难补助和勤工助学相融合一原则

1. 位阶鉴定

“奖、贷、助、补、减”5种资助方式的最优化排序为：助学贷款→勤工助学→奖学金→困难补助→学费减免。“勤工助学”在最优化排序中仅次于助学贷款，位居第二；“困难补助”在最优化排序中比较靠后，位居第四。

2. 属性对比

“勤工助学”属于有偿资助，具备有偿资助的所有优良特性；“困难补助”属于无偿资助，具备无偿资助的一般属性。

3. 利弊分析

“勤工助学”具有有偿资助原则的“资助理念现代化”、“资助效能最优化”等特点。它的副作用是，贫困生如果处理不好勤工助学与专业学习的关系，就有可能出现“勤工误学”，甚至有“勤工废学”的可能，不利于学业的完成。

“困难补助”是无偿的、赠与性“免费午餐”，不符合高等教育机会均等理念、人力资本投资理念和高等教育成本分担理念；不具备有偿资助原则的效能最优化特点，做不到“效率优先，兼顾公平”；不符合科学发展观。其副作用是，不要白不要，大家都来争吃“唐僧肉”，容易让学生养成“等、靠、要”的依赖心理，或滋长“天上掉馅饼”的侥幸心理，甚至催生个别学生日益膨胀的索取欲等，不利于学生的健康成长。

4. 解决方案

困难补助和勤工助学相融合一，存利除弊，相得益彰。经过在郑州大学的调研，笔者建议将“困难补助”这笔经费融合到“勤工助学”基金里去，扩大勤工助学基金的规模，增加助学岗位，缩短工作时间，提高岗位酬金，让同学们竞争上岗，诚实劳动，以劳代赈，以酬代补，自力更生，自我救助，自食其力。从长远来看，教会学生如何去挣面包比仅发给他们面包要有意义得多，这不仅能帮助贫困生度过眼前的经济困难，更能培养他们的劳动观念，理解劳动的艰辛、劳动果实的来之不易，锻炼他们战胜困难的意志，培养他们的自尊心和自信心，加强责任感，学会做事、学会合作、学会生存，从而更加珍惜自己的大学生活，发奋努力，立志成才。

如果学生家庭偶然遭遇天灾人祸、碰上突发事件，一时陷入困难，则要特殊情况特殊对待。一般要视困难程度因人因事而异，可采取“先发酬金后补岗”等方式灵活处理。

总之，困难补助和勤工助学相融合一原则既能实现帮助贫困生完成学业的目的，又能达到全方位育人的要求，它是“助学育人”的良好载体。资助不应当是简单的经济援助，学校应注重引导、鼓励学生通过自力更生、自我救助，解决自身的经济困难；在资助过程中始终把有利于培养素质全面的人才放在第一位，避免学生出现“等、靠、要”的思想，鼓励学生申请贷款、勤工助学，自食其力。在积极推进国家助学贷款工作的基础上，逐步减少困难补助发放的额度，转而加大对勤工助学基金的投入，通过勤工助学活动，把对贫困生的资助从无偿变为有偿，使资助工作既发挥经济上的资助功能，又能发挥品德上的育人功能，达到四个目的：第一，培养贫困生自立、自强意识，将勤工助学与专业学习、能力培养及个性的全面发展结合起来；第二，培养贫困生的自尊和自信，他们通过劳动获得报酬，心理上不再有被施舍的感觉；第三，增强贫困生责任感，让他们体会劳动的艰辛，劳动果实的来之不易，从而更加珍惜自己的大学生活，发奋读书；第四，培养贫困生诚实守信的品德，使他们明白应通过自己的诚实劳动获得报酬。

（四）学费减免淡出原则

1. 位阶认定

“奖、贷、助、补、减”5种资助方式的最优化排序为：助学贷款→勤工助学→奖学金→困难补助→学费减免。“学费减免”处于资助方式的最优化排序的最后，说明它在“助学育人”过程中，正面作用最少、负面作用最多。

2. 属性分析

“学费减免”属于无偿资助，是一种“免费的午餐”，除了能够解决贫困生一时的经济困难外，其副作用很多，容易让学生养成“等、靠、要”的依赖心理，或滋长“天上掉馅饼”的侥幸心理，甚至催生少数人日益膨胀的索取欲等。

3. “学费减免”不符合有偿资助原则

“学费减免”这种资助方式背离了现代高等教育资助理念中机会均等理论、人力资本投资理论和高等教育成本分担理论的根本宗旨，不符合“受益者付费”市场经济规则，不具备资助效能最优化和资助行为持久化特点。

4. 高校缺乏“学费减免”的积极性

众所周知，高校的经费一直以来就很紧张，国家下拨经费不足，社会投入很少，学生缴费已经到了最大极限，学校总的办学经费短期内很难有大的增长，本来已呈捉襟见肘的局面，没有能力大量地减免学杂费。

5. “学费减免”不利于贫困生的健康成才

实践中，不少学费减免都不是事前由学生申请并经校方批准的，而是学生拖欠学杂费后校方处于无奈才追认的。学杂费拖欠后不仅不被处罚，反而有可能得到减免，这一现象的存在不利于校园自尊自强、守法诚信风气的形成，助长了“不办贷款等减免、贷款不还等核销”的依赖，甚至无赖心理。

6.“学费减免”淡出

高校的经费，无论是国家下拨经费还是学生缴纳的学费，都是用来为全体学生服务的，每个取得入学资格的学生对学校的经费都享有平等的权利，国家和学校无权将属于全体学生的费用无偿地分配给部分学生。将高校自有资金无偿地用于对贫困生的学费减免，作为一时的应急措施还可以，作为长期的一种资助方式是不合适的。教育部 1995 年 4 月印发、同年 9 月 1 日开始实施《关于对普通高等学校经济困难学生减免学杂费有关事项的通知》。1997 年高等教育招生并轨，高校的体制格局发生了重大变化，但此政策至今未做过修订，有些内容已经过时。

鉴于“学费减免”弊多利少，建议让其逐步退出资助体系。

（五）助学贷款中生源地贷款为主原则

国家助学贷款政策从 1999 年推行至今，已有 10 个年头了，一路走来步履蹒跚，并不顺利。究其原因，众所周知，信用缺失是其致命缺陷，违约率高是其卡脖之痛。如何突破国家助学贷款的瓶颈之困，可以说是见仁见智，人言人殊。笔者认为，推行“生源地贷款”是解国家助学贷款危局的一剂良方。

“生源地助学贷款”能够突破国家助学贷款的瓶颈之困：借款人毕业后不知去向，违约率居高不下。因为“生源地助学贷款”中的毕业生即使可以“人间蒸发”，但是他的家庭不会随之消失，“和尚跑了庙还在”，银行追还贷款有人可循。它的优势在于下面五点：

（1）贫困界定有根据。学生在当地生活了十几年，银行很容易了解到学生的家庭状况、收入情况、学生的表现等资信内容，清楚准确地界定学生的贫困程度。

（2）信用担保有支撑。贫困地区的学生考上大学不容易，十里八村都知道，很容易找到贷款担保人。同时，学生往往很看重自己在当地的良好声誉，非常顾及父母的脸面，不会背弃承诺，恶意拖欠；学生父母更会珍惜自家来之不易的荣耀，决不会让它毁于一旦。

（3）如期还贷有保障。贷款由家长和学生共同承担，学生毕业后无论走到哪里，家长一般情况下还会在本地生活，不仅学生记着还贷的事，家长会更操心；即使到期未还，银行追讨起来也很容易，还款率不会低。

（4）"应贷尽贷"有希望。银行对贷款人情况熟悉，不需要长时间的了解和过多的手续。贷款对银行来说安全、保险，不会出现慎贷、惜贷；对学生来说方便、快捷，一旦需要，很快就能如愿以偿。

（5）贷款成才有动力。学生凭录取通知书在家乡申请国家助学贷款，他深知为了上大学，不仅预支了自己未来的钱，也给父母、亲友增添了不少负担，无形之中增强了学生的责任意识和成才愿望，如不发奋学习、早日成才，那真是"无颜见江东父老"。

安徽太和县1998年开始办理生源地助学贷款，截至2004年底，累计贷款1 142万元，1 810名学生受到资助，违约率仅为3%，远低于一般商业贷款的违约率，日本育英会的贷款效率也不过如此。实践证明，生源地助学贷款可以解决助学贷款中存在的各种障碍。

党中央、国务院高度重视助学贷款工作，广泛实施国家助学贷款政策。目前虽有成效，但是我国助学贷款体系还不够完善，贷款覆盖面偏窄、手续冗繁复杂、贷不应求的问题仍然比较突出。在这种情况下，建立健全高校学生资助体系，大力开展与国家助学贷款享有同等优惠政策的生源地信用助学贷款，将其作为解决贫困生就学问题的重要途径尤为必要。为贯彻落实党中央、国务院关于推进社会主义新农村建设和构建和谐社会的大政方针，为贫困生分忧解难，中国人民银行积极指导金融机构各分支机构因地制宜、周密设计，深入研究助学贷款规律，加快信贷产品创新步伐，加大助学贷款创新力度，科学设计产品形式，推出更多符合贫困生需求的商业性贷款产品；加快开展国家生源地信用助学贷款业务，利用网点优势，充分发挥生源地助学贷款信息优势和手续简便等特点，积极探索和推动符合金融属性、更加有利于解决贫困生上学难的助学贷款形式和种类。

2007 年 7 月 26 日教育部召开新闻发布会，全国学生资助管理中心副主任马文华指出，中国银监会会同财政部、教育部正在研究在全国开展生源地贷款的试点工作，帮助更多的地区开展生源地贷款，解决生源地贷款的问题。目前，全国有 24 个省市开展了生源地助学贷款业务，13 个省市出台了生源地助学贷款管理办法，11 个省市由地方财政提供贴息，6 个省市提出了风险补偿措施。例如，《甘肃省生源地国家助学贷款暂行办法》在制度设计上进行了积极的创新，在财政比较困难的情况下，积极筹措资金，较好地解决了生源地助学贷款的财政贴息和风险补偿问题，调动了金融机构办理生源地助学贷款的积极性，在建立生源地助学贷款的长效机制上取得了突破。

2007 年 12 月 18 日教育部再次举行新闻发布会，马文华副主任透露，截止到 2007 年 12 月 17 日，从 8 月开始历时 4 个月的时间，财政部、教育部和国家开发银行在江苏省、湖北省、重庆市、陕西省、甘肃省 5 个省（市）试点开展生源地信用助学贷款工作。5 个省市一共 443 个县全部实现了生源地助学贷款，总计获得的贷款人数是 11. 3 万人，金额 13. 5 亿元。目前，重庆、甘肃、陕西 3 个省（市）的生源地信用贷款审批的人数超过了 2006 年当年的审批人数。其中，甘肃省审批的人数超过了去年的 4 倍。

生源地助学贷款有下面 4 个特点：

第一，扩大了受助人的范围。考入国家批准的普通本科高校、高等职业学校和中等职业学校，包括民办高校和独立学院，在校的学生和新录取的学生都可以作为借款人来申请生源地助学贷款。

第二，延长了还款的周期。生源地信用助学贷款按照全日制、本专科学制，加 10 年来确定，最长不超过 14 年的还款期，从开始入学到最后完成还款历时 14 年，延长了还款期限。

第三，改变了利息的计收方式。学生在校期间的利息由国家财政给予补贴，学生毕业以后，由借款人按年度偿还。

第四，各司其职，各负其责，共同合作。由国家开发银行负责提供贷款的资金，由其他金融机构，受国家开发银行的委托，负责资金的结算管理，由县级资助管理机构负责贫困学生的认定、审查，协助贷后的管理和催款工作。由普通高中负责，行政管理机构对贷款学生的经济困难进行调查、认定等工作。

总之，生源地助学贷款的5大优点和4个特点决定了它是一种行之有效的高校贫困生资助方式，它突破了高校助学贷款诚信缺失的瓶颈之困，解决了助学贷款中违约率居高不下的掣肘之忧，降低了承办银行的金融风险，势必会在全国各地全面、蓬勃展开。

第五章 高校贫困生资助体系的制度建议

经费不足是解决贫困生问题的卡脖之痛，诚信缺失是助学贷款的瓶颈之困，心理障碍是贫困生健康成长的掣肘之忧。笔者从技术操作层面建议，以政府为主体，以高校为支撑，以社会为补充，成立教育银行、发行教育彩票、发行教育公债、成立高校教育基金会以消除卡脖之痛，解决经费问题；建立全国联网的个人资信系统、为助学贷款购买保险以突破瓶颈之困，提高贫困生诚信意识，降低金融机构信贷风险；加强心理教育、推行弹性学制、提升勤工助学层级以削减掣肘之忧，强化“助学育人”功效，促进贫困生“以工养学”、健康成长、顺利成才。

一、成立教育银行

教育权是一种基本的人权，世界上大多数国家在发展教育中都遵循美国总统杰斐逊的著名教育理念：衡量教育是否造福于社会，主要不是看它造就了多少杰出人物，而是使大多数人能够享受到必要的教育。教育的基本作用，应该是使所有的社会成员能站到同一个起跑线上，得到一个平等的机会。现代人力资本之父——西奥多·W. 舒尔茨曾经明确地指出：“发展人力资本最重要的途径就是进行教育。”

百年大计，教育为本。教育决定的是一代人甚至几代人的素质，教育出了问题，影响的是国家的“元气”。对于一个国家而言，如何提升国民的整体素质，提高国家的综合国力，一句话，就是依靠教育。目前中国的教育几经改革，已经呈现出形式多样的局面，义务教育走向了人性化、法治化，职业教育如雨后春笋般地迅速发展，高等教育也从精英教育走向了大众化。虽然形势喜人，但是个中不足也显而易见。随着教育改革的推进，收费也在快速增长、居高不下，教育支出占到了许多普通工人、农民家庭总收入的全部或一半以上。国家所承诺的奖学金、助学金在高额的学费面前只是杯水车薪，助学贷款政策也是一波三折，在推行过程中阻力重重、步履维艰。事实上，一部分学生因家庭经济困难，失去了继续接受教育的机会。如何使大多数人能够上得起学，不仅能享受义务教育，而且能够享受更高层次的教育，这是当前国家急需解决的问题。

（一）成立教育银行的必要性

1. 现实的需要凸显成立教育银行的必要性

穷国办大教育，是我国今后相当长一个时期内的形式特征。教育要发展，没钱不行。政府财力有限，花钱的地方又很多，靠政府的充足投入不太现实。那么，拓展融资渠道，挖掘民间潜力，筹集教育经费就成了我们的必由之路。笔者认为，发行教育彩票和教育公债是一条可行的、不可多得的集资途径，其筹资功能十分强大，能够解决教育发展的瓶颈之困。而教育彩票和教育公债发行是一项系统工程，从它们的发行、管理、使用、偿还等方面来看，都需要一家专业的金融机构来经营、运作。同时，高校贫困生资助体系的运转，尤其是众多贫困生急需的国家助学贷款的办理也需要一家政策性银行来负责。这些现实的需要为教育银行应运而生提供了法理基础，因此成立教育银行是我国教育全面发展的大势所趋。

2. 历史的经验昭示成立教育银行的必要性

多年来，在国家助学贷款的实行过程中，贷款的政策性和商业银行的盈利目的之间出现了一些矛盾，致使国家助学贷款业务量日渐萎缩、乏善可陈。

第一，发展教育的公益性与贷款银行的商业目标难以统一。商业银行作为市场竞争的主体，其经营目标是利润最大化，是成本和收益的最佳配比。对于国家助学贷款这样的非盈利品种，一方面要贯彻国家的发展战略和国家的政策，另一方面又要投入大量经营资源而收益甚微，因而商业银行并无积极性，慎贷、惜贷现象普遍，甚至有些银行还出现抵制的现象。贫困学生需要资助，国家教育需要发展，商业银行贷与不贷，左右为难。

第二，风险逐步显现，控制措施乏力。国家助学贷款期限长，单笔金额小，涉及人数次数环节多、催收难度大、管理成本高，其风险已逐步显性化。一是还款来源无法保证，不确定性很大；二是国家助学贷款属于信用贷款，商业银行没有可执行的抵押担保；三是贷款催收手段有限，学生毕业后居住地不稳定，就业流动性强，缺乏约束机制。

第三，违约率高，补偿机制缺位。尽管我国已经出台了一系列支持政策，如对国家助学贷款实行贴息，免征国家助学贷款利息收入营业税，对符合有关规定的国家助学贷款呆坏账可以用商业的利润来进行核销等，但是因违约造成的损失无人补偿，最终由商业银行自己承担。中国人民银行主要负责人表示，目前助学贷款违约率高达28.4%，导致许多银行不愿发放助学贷款。

第四，诚信缺位，征信系统不健全。我国助学贷款个人征信系统还很不健全，仅靠借款人学生的道德自律不现实。外部约束，即征信系统的信用记录，对形成良好的社会信用具有不可替代的作用。目前，我国急需建立真正有效力的征信体系。

从以上存在的问题可以看出，要想从根本上解决我国目前在国家助学贷款方面存在的矛盾，成立专门的政策性教育银行非常必要。

（二）成立教育银行的意义

教育银行一旦成立，教育彩票和教育公债顺利发行，其融资规模会十分庞大。2007年福利彩票和体育彩票的发行规模都在500亿元左右，按照国人对教育的重视程度，教育彩票的发行年收入不会低于500亿元，用做公益金的比例不低于35%，那么教育彩票每年能筹集资金近200亿元；教育公债的发行规模每年可以定在300亿元，这样每年就有500多亿元的融资收入用于教育，那时教育发展之景象将是多么的繁荣！大家知道，我们国家之所以不够强大，就是因为教育跟不上，国民素质上不去。中共中央总书记胡锦涛曾经说："国以才立，政以才治，业以才兴。人才是事业发展最可宝贵的财富。人才问题是关系党和国家事业发展的关键问题。当今世界的综合国力竞争，归根到底是人才特别是高素质创新型人才的竞争。"教育不发达的根本原因是财力不够，国家投入严重不足，人均教育经费太低。联合国官员早在2003年就曾对中国的教育状况进行了严厉批评，指出中国不仅是世界上公共教育经费最低的国家之一，而且在教育问题上还歧视贫困人口，向他们收取他们无力承担的高额学费。中国人均教育开支之少，在全世界居倒数几位，甚至连非洲的穷国乌干达都比不了。批评是对的，只是政府有心无力，爱莫能助。现在的问题是，只要资金解决了，义务教育就有保障，非义务教育阶段的所有贫困学生的经济问题都能得到圆满解决，落后地区的教育可以得到重点扶持，重点高校可以冲刺国际一流，重点学科可以强化发展，高校扩招可以继续进行，大众化的高等教育可以全面展开，每年数以百万计的大学毕业生进入经济建设的主战场，高科技人才迅速成长、大批涌现，国民素质大幅度提高，可以期待，中国国力势必强大起来，教育公平得以实现，和谐思想深入人心，小康建设稳步推进，中华民族的复兴指日可待！此等意义，不谓不大。

（三）成立教育银行的设想

为了顺利建立一个以商业银行为主、以政策性金融与合作金融为辅、多种金融机构并存的金融组织体系，适应金融体制改革的要求，就必须逐步改变现有的全国性银行分支机构承担政策性教育金融业务的现状，建立起独立的政策性教育银行，形成一个与商业性的金融业务分离经营，分工协作，有相关法规和自我约束机制的教育金融组织体系。

1. 教育银行定位为政策性银行

作为政策性银行，应服务于国家“以人为本”的战略目标，体现国家的科教兴国和人才强国战略，不以盈利为目的，统筹教育彩票和教育公债的设计、发行、使用、偿还，负责高校贫困生资助体系的正常运转，办理国家助学贷款业务，充分满足广大贫困生的贷款需求，帮助他们顺利完成高等教育，实现教育公平，从而提高中华民族的整体素质，为和谐社会的构建奠定坚实的基础。

2. 教育银行的业务内容

教育金融是具有较强政策性的问题，离不开国家的调节。一般认为，政府的教育政策目标有三：一是保障每个公民接受教育的权利和获得这种权利的公平性；二是全面推进素质教育；三是均衡配置教育资源，缩小不同阶层的教育差距。政策性的教育银行就应紧紧围绕着这三个政策目标，来开展自身的业务活动。

发行教育彩票和教育公债，筹集充足的教育经费，通过科学的分配保证各级教育目标的有效实施。办理助学贷款，为了使贫困学生顺利地完成学业，教育银行扶助他们最直接、最有效的办法就是向他们发放助学贷款。教育银行的助学贷款发放范围应包括除义务教育外的所有收费教育阶段的贫困学生，对于接受高等教育的大学生可直接对其本人发放，对于未成年的学生可以向其监护人发放。助学贷款的期限、利率、每次分摊归还的份额可根据不同的借款人分类设置。

3. 以外汇储备作为教育银行的启动资金

我国外汇储备到2007年底已超过1.5万亿美元，有学者建议国家拿出部分外汇作为教育银行的启动资金，笔者认为可行，建议一次性拿出500亿美元，形成一定规模的存量资本❶。

用外汇储备设立政策性的中国教育银行，一方面符合国家、民族和全国

❶刘崇献：《以外汇储备设立“中国教育银行”》，《经济导刊》，2006（1）。

人民的根本利益和长远利益，另一方面可以减轻外汇储备过多带来的压力和风险。这些年国家助学贷款发放最多的年份也不过数十亿元，并附加有各种苛刻的条件，想贷款的人大多数贷不到，远远满足不了贫困生的需求。在国家教育银行资金充足的情况下，其覆盖范围不仅包括所有高校贫困生，还可以扩大到中等教育贷款和职业教育贷款，以及其他方面的教育发展。

4. 教育银行的资金来源渠道应多样化

教育银行的资金来源渠道主要包括以下几个方面：国家前期投入的外汇资金，发行教育彩票所筹资金，发行教育公债所筹资金，各级各类学校的存款，居民个人的教育储蓄，其他各项拨款、捐款或国际性金融机构的贷款等。通过有效管理、有序运作，这些资金会将我国的教育行业带入一个良性循环的发展轨道。

5. 教育银行应突出对贷款学生的信用管理

教育银行要讲究社会效益和经济效益的统一，要力争避免重蹈助学贷款这些年出现违约严重的覆辙，使得教育银行的资金可以良性发展并不断壮大，支持越来越多人享受更高层次的教育。为此，要加强对助学贷款学生的信用管理，把违约率降低到最低限度。具体思路是：银行在贷款的同时，可以为每个申请贷款的学生设立信用档案，以身份证号码为用户名和密码，任何人可以在任何地方通过互联网查询该学生的助学贷款偿还情况。

6. 教育银行宜采用理事会领导下的行长负责制

教育银行的组织结构可以采用理事会领导下的行长负责制并设立监事会。理事会成员可以由中央政府有关部门的人士参加，以利于教育银行运作并能体现中央政府的政策意图。理事会是教育银行的最高权力机构，其主要职责是确定教育银行的运作目标和运作策略，聘任或解聘教育银行的行长，根据行长的提名聘任或解聘副行长。监事会由理事会选举产生，其职责是对教育银行的运作进行监督和检查。行长执行理事会的决定，组织教育银行的业务活动。

二、发行教育彩票

步入21世纪，“科教兴国”战略已经深入人心。教育对经济社会发展的作用比以往任何时候都显得重要。当今世界，国家之间的竞争关键是科技实力的竞争，是人才的竞争。而人才的培养离不开教育，国家的强盛离不开教育事业的发展。

在构建和谐社会、由人口大国迈向人力资源强国的过程中，教育的任务十分艰巨。改革开放后，尤其是20世纪90年代中期教育优先发展战略实施以来，我国各级各类教育有了很大发展，教育经费投入也在逐年增长，但是仍然不能满足人们快速增长的教育需求。2006年，全国教育经费为9 815.31亿元，比上年的8 418.84亿元增长16.59%。其中，国家财政性教育经费为6 348.36亿元，比上年的5 161.08亿元增长23.00%。据统计，2006年全国国内生产总值为210 871亿元，国家财政性教育经费占国内生产总值比例为3.01%，比上年的2.81%增加了0.2个百分点❶。按预算内教育经费包含城市教育费附加的口径计算，2006年全国预算内教育经费占财政支出40 422.73亿元❷的比例为15.18%，比上年的14.58%增加了0.6个百分点。2006年全国教育经费执行情况监测结果表明，政府教育投入总量继续增加，国家财政性教育经费占GDP的比例以及预算内教育经费占财政支出比例均比上年有所增加。事实上，世界各国普遍存在教育经费不足的问题。拓展经费来源渠道，增加教育投入，一直是各国政府长期探讨的重大课题。目前，大多数国家的经费来源渠道是政府税收、学费、社会捐赠等，还有不少国家将发行彩票也作为一条重要而有效的经费筹措办法。在我国，政府用于教育财政经费的支出是教育经费来源的主要部分；个人或家庭承担的比例也逐年提升，已经到了不能再长的程度；社会筹资占有一定的比例，增长的空间还很大。在目前国家财力有限、个人成本分担不能增加的情况下，如何增加教育经费总量呢？他山之石，可以攻玉。办法就是提升社会支持的力度，而发行教育彩票就是实践这一思想的有效途径。

彩票是一种建立在机会均等基础上的娱乐性游戏。彩票的历史悠久，在其发展过程中，历经周折，多次被禁，又多次被解禁。由于彩票的强大筹资功能，彩票业发展兴旺，目前已经成为世界第六大产业，在世界100多个国家广为发行。许多国家专门发行教育彩票，为各自的教育事业发展提供强有力的资金保障。在我国，自1987年发行彩票以来，福利彩票和体育彩票的销售额年年攀升，市场规模越来越大，为我国福利事业的发展和体育事业的腾飞作出了非常大的贡献。教育事业与福利、体育事业一样都是社会公益性事业，甚至在一定程度上比二者对整个社会的重要性更大，更迫切需要支持，而且教育事业也是公众最为关心的。因此，有必要通过发行彩票来为教育事业筹措资金。

❶教育部、国家统计局、财政部：《关于2006年全国教育经费执行情况统计公告》。

❷2007年《中国统计年鉴》。

(一) 发行教育彩票的必要性和意义

众所周知，我国是穷国办大教育，教育资源紧张，特别是教育经费的投入严重不足。在此情况下，就要求多渠道地筹措教育经费。随着我国彩票市场的发展，笔者认为，发行教育彩票不失为缓解我国教育经费压力大的有效措施之一，发行教育彩票对解决我国教育经费紧张难题的意义重大。

1. 发行教育彩票是势在必行的不二选择

人所尽知，经费紧张是我国高等教育的瓶颈之困。在此说明两点，一是许多人将这种状况归咎于“投入主体”的政府未尽其责，笔者认为，如此指斥略有不公。改革开放的前十几年，“放权于基层，让利于百姓”的价值取向致使政府财政能力大幅度下降，政府教育拨款占 GDP 总量百分比的增长速度相当缓慢，个别年份甚至出现负增长，没有达到国际标准 4% 的水平，但教育经费占财政收入比重连年上升说明了政府财政对于高等教育投资的努力和热情并未减退。“巧妇难为无米之炊”，政府的难言之隐在于有心无力，我们应该客观地看到这一点。二是现行的高校收费标准已经超出了大多数城乡居民的支付能力，高校中的贫困生比例越来越高，规模越来越大，数量居高不下。近些年来，我国居民的教育支出，尤其是随着高等教育收费政策的实施上涨很快，超出了大多数家庭的承受能力，老百姓苦不堪言，贫困家庭子女上学难、上学后生活更难，已经引发了新的教育不公。那么，对于缓解教育经费压力而言，加大政府投入的空间已经不多，增加学费也是有限度的，几无潜力可挖，直面现实，只有依靠社会力量，拓宽和建立稳固、有效的民间筹资渠道，才是长久之策。可以预期的是，开拓新的融资渠道，发行教育彩票，将社会闲散资金筹集到一起，缓解教育经费紧张局面，保障贫困生能够接受高等教育，维护教育公平，势在必行。

2. 教育彩票有“汇流成河、集沙成塔”之功效

人人都有希望自己中奖的心理，花几元、十几元买个中奖的希望，在娱乐中放松一下自己，这不是什么难求的奢望，平常人皆可为之；每个家庭都重视对子女的教育，望子成龙是天下父母的心愿，爱屋及乌，他们也愿意投资教育。这样，人们心平气和地购买教育彩票，即使没能中奖，损失也不大。时间一长，蔚然成风，就能集腋成裘、聚少成多，把不起眼的几元、十几元钱汇集成上千亿元的庞大数目，投入到教育事业，促进教育的发展。从中国福利彩票发行管理中心获悉，截至 2007 年 11 月 2 日，中国福利彩票销

量超过 500 亿元，为国家筹集福利公益金 172 亿多元❶，就是最好的明示。教育彩票具有的集资迅速、效果明显、方便快捷等特点，可以在相当程度上弥补我国教育经费的不足，成为我国教育事业的有力支撑。

3. 教育彩票能变被动捐款为主动购买

我国社会为教育捐赠的总体规模很小，占教育经费的总比例不足 3%，而且有逐步下滑的趋势；捐赠的来源较单一，大多是海外华人华侨，稳定性和长期性不足。无论是公民个人、学校，还是社会团体，全社会都对教育捐赠的认识缺乏全面认识，制度也不完善，政府对多元化筹措教育资金的政策扶持力度不够。我国虽然也颁布了捐赠法，但在具体税收政策上并没有太多的优惠，大家积极性不高。“希望工程”是中国青少年发展基金会于 1989 年发起实施的一项社会公益事业。据中国青少年发展基金会统计，18 年来，希望工程募集资金只有 35 亿元，年均不足 2 亿元，资助贫困学生 290 多万人，年均资助 16 万人，援建希望小学 13 000 多所，年均 722 所。“春蕾计划”是中国儿童少年基金会 1989 年发起并组织实施的一项救助贫困地区失学女童重返校园的社会公益项目。据儿童少年基金会统计，18 年来，“春蕾计划”筹集资金才 6 亿多元，年均不到 4 000 万元，捐建“春蕾学校”500 多所，年均不到 30 所，捐助“春蕾女童班”近 5 000 个，年均不到 300 个，救助失学女童 170 多万人次，年均不到 10 万人次。客观地说，无论是“希望工程”还是“春蕾计划”，近 20 年的时间，总共筹集的资金才 40 多亿元，这种结果并不理想。探究其中的原因，笔者认为，从心理学角度讲，“捐款”是毫无回报的给予，市场条件下大多数不太富裕的“经济人”一般不太情愿无偿地付出；而“购买”则全然不同，它多少都能带给人们一点回报的希望。相比之下，彩票是一种建立在自愿基础上的公益性的娱乐活动，如果每年发行一定量的教育彩票，公众在自娱其乐地购买彩票的同时，既有“道德人”支持教育事业的心理满足，又可能获得一定的经济回报，比纯粹的自愿捐资更能激发公众的热情，更能赢得有力的支持。2007 年上半年我国彩票总销量已达 488. 11 亿元，比去年同期增长 22%，全年我国彩票总销量在历史上首次接近 1 000 亿元，筹集公益金也达到 300 亿元左右❷。经验昭示，发行教育彩票前景看好。

---

❶据新华网北京记者卫敏丽报道。

❷据《南方都市报》记者杨仕彬报道。

4. 教育彩票能“东资西调、平衡发展”

改革开放以来，东部沿海地区凭借独特的地理位置和国家的优惠政策迅速发展起来，而西部地区发展缓慢，许多方面都落后于东部。几十年来，这种差距一直在拉大，至今仍是如此。现在，东部地区大部分家庭都在奔小康，而西部许多地区还没解决温饱问题。西部教育的大发展必须依靠庞大的资金来支撑，若单靠国家的财政拨款是远远不够的，也是不现实的。发行教育彩票，便可以调用东部资金来支持西部教育的大开发，对于经济收入较高的东部地区家庭来说，花几元、几十元、几百元买几张彩票是平常消费，因为他们的货币边际效用（指每消费一元时获得的满足程度）很低，当这些边际效用很低的货币因购买彩票而被用于落后地区的教育时，意义便不同寻常，它或许是西部地区诸多失学儿童一个学期或者一年的学费。这样，利用教育彩票的发行把在东部地区筹集起来的资金的若干部分调用于西部教育，能办许多以前想办而无力为之的事情，比如多搞一些“希望工程”和“春蕾计划”，降低适龄青少年的失学率，改善落后的办学条件，还能使许多教育项目得以迅速启动，为培养西部发展需要的大量人才创造了物质基础。这样，通过教育彩票的发行，利用东部地区的“剩余资金”促进落后的西部地区教育发展，为西部大开发作出贡献，其政治意义、社会意义深远而巨大。

5. 发行教育彩票与其他的融资渠道相比带来的社会影响较小

现行税制中的相关税种为贯彻政府促进教育发展意图而规定的税收优惠措施，在形式与种类上比较单一，缺少应有的系统性与前瞻性，税收优惠的适用与受益范围比较窄，对鼓励社会投资办学没有多大的激励作用。与此同时，在国民经济收入一定的条件下，增加税收可能会挤占消费资金，影响社会需求，进而波及生产领域，引起国民经济不良的连锁反应。相比而言，发行教育彩票，相当于向市场投放了一种公众所需的新产品或新服务，在满足公众需求的同时，将“收回”的资金扣除必要的发行管理费用外，再把一大部分以奖金的形式返还给购买彩票的公众，将其余部分以公益金的形式列入专户，用于支持教育事业。彩票作为一种特殊的金融工具，从其本质来看，它所筹集的资金是“取之于民，用之于民”，具有较强的娱乐性，而不像股票、债券等具有较强的政策性、商业性和社会影响力。综观世界各国，彩票的发行管理权都是高度集中在政府手中的，彩票也就不会对社会经济领域产生太大的负面影响。

6. 发行教育彩票使彩票市场进一步完善

发行教育彩票是完善教育经费筹措体制的有益尝试，也是繁荣我国彩票市场的必然趋势。虽然购买彩票有一定的投机性，但对社会稳定和家庭财产安全的冲击不大，相反带来的经济效益却十分明显。我国政府目前只允许发行福利彩票和体育彩票，分别为福利和体育事业筹资，由于彩票的强大筹资功能，曾经有一些地方政府或部门未经国家批准就擅自发行各种名目的彩票。另外，在民间还有“私彩”，屡禁不止，这些都说明彩票市场是广大的，关键是政府如何开发、如何管理。如果政府能发行教育彩票，增加彩票品种，引进更多新颖的玩法，能够制止至少是减少私彩的泛滥，进而维护国内的彩票市场秩序，最大限度地筹集社会闲散资金，用于最迫切需要资金的公益事业领域。这样，在教育事业需要大量资金发展的时候，发行教育彩票，既繁荣了国内彩票市场，又为教育开辟了广阔的集资渠道。

（二）发行教育彩票的可行性

1. 合乎法律精神

发行教育彩票符合“多渠道筹措教育经费”的法律精神。《中华人民共和国教育法》对我国筹措教育经费的体制进行了规范性表述：“国家建立以财政拨款为主、其他多种渠道筹措教育经费为辅的体制。”《中共中央国务院关于深化教育改革全面推进素质教育的决定》指出：“积极运用财政、金融和税收政策，继续鼓励社会、个人、企业投资办学和捐（集）资助学，不断完善多渠道筹措教育经费的体制。”在穷国办大教育、政府投入严重不足的现实情况下，我们应当解放思想，勇于创新，寻找融资渠道，发展教育事业。作为融资和吸引民间力量筹集教育经费的一种有效方式，教育彩票完全可以成为“多渠道”中的一种。教育作为一项社会公益性事业，与体育和社会福利事业存在着本质联系，符合彩票发行的“公益性”、“社会关注性”等特征。教育关系着国家和民族的整体利益，牵连着千家万户学子的未来，发行教育彩票如同发行福利彩票和体育彩票一样，理应得到法律的认可和全社会的支持。教育是公益性、非营利性的事业，自身没有资金积累功能来维持发展，也不能像其他一些产业或项目通过产业化和市场化形式就能实现自给自足。在我国各项事业都亟待发展而国家财力有限的情况下，发行教育彩票，利用民间力量来支持教育发展是非常必要的。

2. 符合民众期待

从1987年我国的第一张福利彩票到2003年我国发行的福利彩票、体育彩票、足球彩票，从即开型彩票的单一种类到即开彩票、数字彩票、乐透彩票等多种类，再到拥有数千万的彩票购买者，可以说，通过发行彩票筹资公益资金在心理和行为上取得了广泛认同，已经被全社会所接受。

随着国力的提升和人民生活水平的改善，教育已列为国家优先发展之战略，全民重教已成为我国的时代风尚，关心教育、支持教育、关爱贫困学子是全民的共同心愿，这是教育彩票发行的最坚实的民意基础和发行成功的最根本保障。国家统计局的一项抽样调查显示，2005 年我国公众对教育的关心程度比 2004 年上升 1.4 个百分点，成为全国公众关注度最高的三大社会问题之一❶。购买彩票是一种机会游戏，从数学上讲是小概率事件。对彩票购买者来说，主观上为自己购买一个中奖机会，带来玩彩的乐趣，排解现代社会带给人们的心理压力；客观上，如果没有中奖，就当是为国家捐资，为教育事业作一点力所能及的贡献，满足了人们乐善好施、救助贫困的道德心理需求。对国家来说，一方面通过将彩票销售收入中的公益金部分用于教育事业，减轻国家的财政压力，弥补教育经费的不足；另一方面也可通过个人所得税，调节高额奖金，增加国家税收，鼓励消费，间接刺激经济发展。这里，我们需要关注两点：一是经济学中有“经济人”假设和“道德人”假设。“经济人”假设认为利己是人的本性，人们的经济活动都是为了追求其利益的最大化，都想以最低的成本获得最大的效益。但是人的行为总是受制度的约束，在个人追求利益最大化的过程中，往往能带来社会效益，而且比他有意为之的时候效果更好。“道德人”假设基于人性原本善良这一前提，认为人会有经济利益之外的精神需求，正如马斯洛“需求层次论”中所说的人除了有生理的和安全的物质需要外，还有社交、自尊和自我实现的精神需求，当人的某一层次的需要得到满足后，就会产生更高一种层次的需要。二是现代心理学的研究表明，低风险的投机娱乐活动适应了节奏日益加快、竞争日趋激烈的社会形势的需要，对排解人们的紧张情绪、调节心理平衡进而维持社会整体稳定有一定积极意义。教育彩票天生地具备将纯粹的主观利己动机与高尚的客观利人效果巧妙地融合于一身的特性，购买教育彩票就成了迎合人们满足自己“经济人”和“道德人”两种心理需求，同时又能帮助释放他们心理压力的一种低风险的娱乐方式，其应运而生就只剩“万事俱备，只欠东风”的政府最后抉择了。

3. 民间潜力巨大

近些年来，我国经济增长一直保持着较快的速度，GDP 增长率连续多

---

❶据新华网 2006 年 1 月 12 日的一则报道。

年保持在10%以上，社会财富持续增加，国内消费市场需求旺盛，是发展彩票业的有利时机。2006年全年国内生产总值GDP为209 407亿元，比上年增长10.7%。年末，我国全部金融机构各项存款余额348 065亿元，比上年增加16.0%，其中，城乡居民储蓄存款余额161 587亿元，比上年增加14.6%。全年农村居民人均纯收入3 587元，扣除价格上涨因素，比上年实际增长7.4%；城镇居民人均可支配收入11 759元，实际增长10.4%。农村居民家庭恩格尔系数（即居民家庭食品消费支出占家庭消费总支出的比重）为43%，城镇居民家庭恩格尔系数为35.8%❶。另据统计，美国有85%的人购买过彩票，法国有64%的人购买过彩票，日本有70%的人购买过彩票，而我国仅有6%的人购买过彩票❷。一般而言，居民的收入会投向五个方面：缴税，包括缴纳个人所得税、社会保险税等；消费，包括衣、食、住、行、用等；储蓄，包括一般性储蓄和专项性储蓄；投资，包括购买债券、股票等有价证券；转移支付，包括赡养、捐赠等。从居民的消费能力来看，居民生活水平的提高，必然会扩大生活消费支出，满足自身的娱乐需求。我国彩票事业的兴起，扩大了居民的货币投向，增加了“博彩”这样一条收入分流渠道。我国发行彩票票面一般为2元，对城乡居民来说，一年内支出几十元钱购买彩票是完全有能力的，购买彩票成为现实的可能。

4. 市场前景广阔

目前，我国彩票业总量已攀升至世界第9位。但是与位居前列的美国、西班牙等国家人均年彩票消费100美元的标准相比，我国人均年彩票消费仅为40元，彩票消费依然远远落后。通常在经济运行正常的情况下，人均彩票消费约为人均年收入的1%，而我国仅为0.2%❸。国务院发展研究中心1999年一份研究报告表明，今后10年中，中国人均收入水平按年增长6%的速度进行保守预测，到2010年将达到12 856元，其人均彩票支出也将随收入水平逐年提高而提高，达到0.48%。因此，潜在的彩票人均年支出将达到60多元，我国彩票年发行总量的潜在规模将达到846亿元，如果按照至少30%的公益金比例计算，则可筹得公益金254亿元。《中国新闻网》2006年1月18日一则报道称，从中国福利彩票发行管理中心获悉，“十一五”期间我国福利彩票总销量计划完成2 500亿元以上，预计筹集公益金不

❶《2006年国民经济和社会发展统计公报》。

❷韦明伺：《试探教育彩票的发行》，《当代教育论坛》，2004（8）。

❸《多彩票销售节节走高，彩票经济初具雏形》，人民网，2005－12－19。

少于875亿元。财政部有关负责人分析认为，据国外经验，在经济较为发达的国家和地区，彩票发行收入一般应占到当地国民生产总值的1%左右。按照这一比例，我国彩票市场的年发行量应达到1 200亿元左右。但是，我国自1987年正式发行彩票以来，彩票市场的年发行量仅占到应发行量的1/3左右❶。

这些都充分说明我国的彩票市场潜力巨大。若年发行量能达到1 200亿元，按照公益金比例不低于35%的规定来估算，每年可筹集公益金400多亿元，进一步假设福利彩票、体育彩票和教育彩票各占1/3的市场份额，那么每年将有130多亿元公益金可投入教育事业，这无疑是教育界的一大福音。

5. 发行体系完备

社会主义市场经济体系的建立为教育彩票发行提供基本制度保障和彩票生存的空间，并形成了一套相对完善的彩票发行管理办法，《中国福利彩票管理办法》、《中国福利彩票发行与销售管理暂行办法》以及国务院发出的《关于加强彩票市场管理的通知》等成为我国彩票发行和管理的基本规范，并规定彩票发行资金用于返奖的比率不小于50%，发行费用比率不得高于15%，彩票公益金比率不低于35%。另外，经过10余年的发展，我国彩票市场已经形成比较系统、严密的发行程序，建立起了灵活通畅的彩票销售和管理信息系统，形成了专业的利用网络连接的发行管理队伍，建立起了覆盖全国大中城市的发行销售网络和渠道。据不完全统计，中国福利彩票系统设有区县以上发行机构2 940个，有专职彩票工作人员74 700人，相关工作人员超百万人。对发行彩票的收入及其使用，实行了严格的社会监督。教育彩票可以在原有的彩票发行管理框架下发行，利用已经建立的彩票发行渠道，既可以提高教育彩票的发行量，又有利于降低发行成本，提高教育彩票公益金比率。

（三）发行教育彩票的具体措施

如何发行教育彩票，将成为人们关注的焦点，也是教育彩票能否顺利发行并取得预期效果的关键环节。本文借鉴我国福利彩票和体育彩票的成功发行经验及国外的一些先进的做法，对发行教育彩票的具体措施提出以下建议。

---

❶李存才：《彩票：市场待严管，发行望攀升》，《中国财经报》，2004－08－17。

1. 广泛宣传

为保证教育彩票的成功发行，宣传十分必要。古人云：兵马未动，粮草先行。教育彩票作为一种全新的品种进入彩票市场，政府的宣传、引导非常关键。广泛宣传的根本目的是要让国民认识我国的教育国情，认识到发行教育彩票是为大力支持教育事业采取的一种融资方式，消除人们的误解和疑惑，争取社会的理解和支持，在全社会营造发行教育彩票的氛围。在发行宣传上，一定要突出教育彩票的特色，着重体现道德因素，强化公众的责任意识，树立良好的公益形象，既要净化社会道德风气，又要普及道德意识，使人们真正地重视教育、关心教育、关爱莘莘学子。首先，在教育彩票的宣传上品位要高，突出中华民族尊师重教的文化传统和悠久历史；创意要新，突出其“取之于民，用之于民，尊师重教，功载千秋”的意境。例如，“两元钱圆您一个大学梦”、“科教兴国，我兴科教”、“再穷不能穷教育”这类的广告词都是可以考虑的。

2. 制定法规

目前中国彩票业至少存在三大问题。第一，彩票无法可循，政策代替法律，对策压倒政策，人治高于一切；第二，内部管理混乱，省市不服从中央，领导只关心自己的彩票销量和收益，存在浑水摸鱼现象；第三，缺乏外部监督，自己监督自己，等于没有监督。面对问题，我们不得不思考，要真正保证教育彩票发行的规范、有序，使其成为我国教育事业发展一个较为稳定的融资渠道，从根本上看，需要一个完善的法律环境来支持、保障。发行教育彩票之前先要制定法律法规，确立教育彩票的合法性，对彩票各级管理机构的职责权限、从业人员的资格要求、彩票零售商的许可条件和职责、彩票基金的使用管理办法和公示制度、检查监督办法以及其他发行彩票的相关辅助保障工作等细节做出详细的规定和解释，从制度上保证依法行事。目前，在世界上开展彩票活动的120多个国家和地区中，绝大多数完成了彩票的国家立法，如日本的《中彩金付票证法》、法国的《取缔随机性游戏法》、瑞士的《彩票与职业赌博联邦法》等。近年来我国有关彩票立法的呼声越来越高，2001~2003年连续3年都有全国人大代表提出有关彩票法的议案。有理由相信我国教育彩票发行所需的法律环境将逐步健全，不断完善。

3. 成立教育银行专管教育彩票发行

不论在欧洲还是美国，政府都不直接参与彩票的发行和管理，而由政府任命一个专门的委员会进行管理。以英国为例，政府通过文化传媒体育部组建全英国家彩票管理委员会。依据《全英国家彩票发行条例》的规定，确保彩票经营正当合法；确保彩票游戏参与者的利益得到保护。在满足以上两项原则的前提下，确保为特别公益项目筹集更多的资金。借鉴国外经验，结合我国的实际情况，笔者建议由国务院、教育部和财政部三方共同组建成立中国教育银行，作为我国教育彩票发行的专门发行、管理机构。它的主要职能包括教育彩票发行总额度的集中控制、发行额度地区分配、发行收入使用办法的制定等。

4. 教育彩票的发行和销售措施

在教育彩票的市场营销过程中，无论是政府主管部门还是具体的发行机构，都应该把吸引更多的人群购买彩票作为工作重点，而不是吸引同样的人群去投入更多的资金购买彩票；动员更多、更广范围的人来支持公益事业，而不是刺激人们的投机动机，甚至误导个体形成不良的赌博行为。

教育彩票具体的发行销售由经过教育彩票管理委员会审批认可的、专业的教育彩票发行公司具体实施，实行教育彩票发行销售的企业化、专业化运作。具体到采取何种发行方式，教育彩票发行公司应进行深入的市场调研，对于不同地区，如发达与欠发达地区，采取不同的销售策略和发行方式。需要指出的是，应尽可能地采用电脑型彩票这一发行方式，它操作规范、透明，可有效减少舞弊现象，具有较高的社会信任度，效果也非常明显。从中国福利彩票发行管理中心获悉，中福在线即开票是一种视频彩票，与其他彩票品种相比，具有在线投兑、玩法多样、趣味互动、管理规范、安全可靠等特点，已经成为彩民新宠，截至 2007 年 11 月 2 日，中福在线即开票 2007 年销量已突破 100 亿元，与去年同期相比增幅达 201%，成为福利彩票新的增长点❶。

5. 教育彩票发行收入的使用和监管

教育彩票发行收入的 35% 将投向教育，以弥补教育经费不足。必须有效地使用好这笔资金，保证它的投向科学、使用透明，从而使发行教育彩票真正成为我国教育融资的渠道之一。在英国，为了保证彩票资金真正落实在特殊公益项目上，国家特别成立了彩票分配基金委员会。建议在我国设立教育发展基金，将教育彩票发行收入的 35% 全部注入这一专门设立的基金，统一管理、统一调用，有效保证发行教育彩票筹措的资金投入到教育事业中。为进一步增加教育基金投向的明晰度，可根据我国教育发展的实际情况建立一些固定的资助项目，如“高校贫困生专项资助项目”、“普及九年义

❶据新华网北京记者卫敏丽报道。

务教育工程”、“国家基础学科人才培养和科学研究基地项目”等，有针对性地进行资金资助。这样对于公众来说，他们更易追踪到教育彩票所募资金的流向，从而在一定程度上促进教育彩票的发行。同时，要建立财务管理公开和信息披露制度，定期向公众公布基金的使用情况，接受社会各界的检查、质询和建议；通过严格的财务管理制度和审计制度保证基金的使用安全。另外，随着教育彩票的逐步发行，该教育发展基金的资金规模必将不断扩大，所以要重视、加强基金管理，确保基金保值、增值。

6. 做好发行教育彩票的试点工作

发行教育彩票是一种新的尝试，发行的成功与否将影响深远。因此，我们可先在小范围内选择条件成熟的地方先行试点。当前强烈要求率先发行教育彩票的省份是经济发达的广东省，该省教育厅负责人曾多次申请国家有关部门允许其通过发行教育彩票来增加教育经费。我们可以考虑把北京、上海、广东、浙江、福建等经济发达省（市）作为教育彩票的试点地区，让它们成为“第一个吃螃蟹”的地方，看其效果如何，然后考虑在全国范围内推广教育彩票的发行。

三、发行教育公债

（一）教育公债的含义及其特点

1. 教育公债的含义

教育公债是国家以教育发展的需要为目的，以发放债券的形式向国内外广泛吸纳资金，以解决短期内教育发展资金短缺问题的资金筹集方式。

2. 教育公债的特点

和彩票、股票相比，投资教育公债安全可靠，风险为零；和银行存款相比，投资教育公债收益较高；可以流通，便于交换；具有运用灵活、针对性强的特点；具有还本付息和按计划分配等一般信用的特点。

（二）发行教育公债的必要性和意义

为什么要发行教育公债？发行教育公债的意义何在？笔者认为，发行教育公债和发行教育彩票一样都是因为教育经费严重不足而采取的一种融资手段，其必要性和意义与发行教育彩票一样，此处不再赘述。

（三）发行教育公债的可行性研究

1. 优势明显更具引力

由于教育公债具备收益较高、回报稳定、风险为零、可以流通、便于交换等特点，对广大民众和社会团体具有较大的吸引力。一般说来，发行债券的利率肯定要高于存款利率，甚至也高于对其他产业的投资回报率，这就决定人们将乐于选择购买教育债券这一投资方式，而不去选择在银行存款或其他投资方式。特别是在最近，银行存款利率多次下调，房地产行业疲软，股票市场风险难测，众多投资者迫切需要寻求一种获利性高而风险性又相对较小的新的投资途径。发行教育公债，将为投资者提供高回报、零风险的投资选择，能够激发民众的投资热情，具有较大的磁吸效应。

2. 本息偿还没有问题

教育公债不同于教育彩票的一个明显之处是其需要偿还本金和利息，民众的信心来源于其偿还能力的有无。高等教育的快速发展，为债券本金和利息的归还提供了有力保证。高等教育与其他教育形式一样，是一种全局性、战略性的基础产业，但它与基础教育相比，又是一种非义务教育。因此，受教育者负担部分教育成本是天经地义的事。随着社会和经济的发展，特别是随着我国经济体制改革的深化，高校后勤管理的社会化，高等院校科研成果向生产力的加速转化，以及随着教育市场的全面启动而出现的个人花钱上学者的增多，都将使高等院校的经济实力有一个大的提高，不仅可以逐步满足事业发展的需要，还可以拿出一定的办学收入用于归还其所使用的公债资金。近年来，一些院校看准了社会急需人才专业的发展方向，采取与银行“牵手”、从银行贷款或向社会筹资的方式扩大招生规模，改善办学条件，在获得社会效益的同时，也获得了可观的经济效益，这些就是有力的证明。高等教育事业发展的连续性和稳定性，使投资者对教育公债有信任感，提高了他们投资的积极性。

3. 发行市场成熟顺畅

国债市场机制完善、管理成熟、经验丰富，为教育公债的发行奠定了良好的基础。中国政府自1998年以来实施积极的财政政策，通过大量发行国债筹集资金以投入基础设施建设等。近年来的国债发行量呈不断上升趋势，2000年发行国债4 657亿元，2001年为4 884亿元，2002年为5 934亿元，2003年为6 280.1亿元，2004年为6 876亿元，2005年为7 042亿元，2006年达到8 883.3亿元，同比增26.15%[1]，其发放的情况相当顺利，市场需求显得非常旺盛。这在相当程度上说明了我国政府金融信誉良好，民众对国家的经济有信心，市场成熟，潜力巨大，空间广阔，为教育公债乘势而上、成功发行奠定了扎实的基础。

---

[1] 据上海同鑫公司统计资料。

4. 借债资本雄厚宽裕

借债资本的存在为发行教育公债提供了可行性。从社会大环境看，改革开放近30年来，我国经济增长一直保持着较快的速度，GDP增长率连续多年保持在10%以上，社会财富持续增加，人民的生活水平有了很大提高，突出表现是城乡居民储蓄存款额稳步上升，国内消费市场需求旺盛，是发行教育公债的有利时机。2006年全年GDP为209 407亿元，比上年增长10.7%。年末，我国全部金融机构各项存款余额348 065亿元，比上年增加16.0%；其中，城乡居民储蓄存款余额161 587亿元，比上年增加14.6%。全年农村居民人均纯收入3 587元，扣除价格上涨因素，比上年实际增长7.4%；城镇居民人均可支配收入11 759元，实际增长10.4%❶。即便从1999年11月1日开始对居民储蓄存款利息所得征收20%的个人所得税，储蓄下降幅度也没有预期大，表现出一定的应债能力。如果措施得力，将其中的一部分转化为发展高等教育事业的资金是完全可能的。1999年我国将教育作为拉动消费的一条措施，对于消费者来说，那毕竟是一种纯消费，没有直接的经济利益可言。而投资者购买教育公债，虽然也是将个人资产投向教育事业，但已经不是单纯的消费行为，而是一种投资行为，也是一种公益行为。通过债券利息收入的利益拉动，以及我国民众所形成的关心、重视教育的理念，都会使社会上的闲散资金转化为高等教育发展资金成为可能。

（四）教育公债发行建议

1. 上下联合

笔者认为，由中央政府和地方政府上下联合举债，为教育事业筹集资金是一条有效途径。目前，按规定只有中央政府有权发行国债，这样中央政府的公债担子异常沉重。事实上，国内市场已经出现了地方政府发行项目债、企业债的案例。由于我国资本市场本身不够健全，举债时可将中央和地方联合起来，可信度会更高些。发达地区可尝试以地方举债为主，不发达地区以中央举债为主。作为地方政府，应在信息较为完全的基础上做出比较正确的投资决策，地方债务的发行面向本地居民，条件好的地方，也可向全社会发行教育债券。

2. 内外并举

充分利用国内、国外两大资本市场发行教育公债，内外并举，拓宽融资渠道，提高融资效率。目前内债是政府公债的主要构成部分，但随着教育公

❶《2006年国民经济和社会发展统计公报》。

债的发行，我们要积极吸引外国投资，辅助内债的发行。

对外发行债券指的是一国政府、企业、银行等机构，在国际债券市场上以外国货币或境外货币为面值发行债券融资。对我国而言，它是顺应国际金融市场一体化、证券化及国际资本市场融资债券化趋势的利用外资的新渠道。发行国际债券融资的好处是期限长，筹资金额大，而且发行和筹集资金的运用比较自由，但也要适应其发行环境和发行程序复杂、利率和汇率风险较高等特点。自从1982年中国国际信托投资公司在日本发行第一笔100亿日元国际债券以来，国际债券融资在中国利用外资中所占比重越来越大，其间也积累了不少经验，为教育公债海外融资提供了可能。

3. 成立教育银行

必须建立明确有效的中央公债审批制度，按照债务统一管理的原则，考虑在中央设立公债管理委员会，负责通盘设计全国范围内公债的规模和发行进度，并对全国地方公债进行统筹协调与监督管理。中央公债管理委员会除了审查地方公债发行规模外，还对地方公债的发行、使用、还本付息等进行监督和检查，确保中央政府对全国地方公债的总量控制。

4. 调节发行期限

为控制债息费用，减轻利息负担，举债主体要选择合适的期限结构。教育公债的期限结构应以5~10年为主，不宜过于集中，同时附设2~5年的券种。由于教育公债的用途是培养人的事业，如果发行期限太长，不利于安排财政收支预算，债务压力太大。因而，期限结构要多样化，主张短期、中期和长期并存。至于每年采取何种期限，不仅要考虑到资金流通的稳定性，而且要考虑政府偿还能力的限度。地方可以中长期为主，但也要结构大致相当，避免增加政府负担。

5. 浮动发行利率

利率的确定与期限结构有关。一般而言，短期公债的利率较低，长期公债利率高一些，但是它又受到市场利率的影响。为了降低投资风险，建议利率弹性化。教育公债的利率，应适当高于同期银行存款利率。由于居民个人的投资方向往往受利率的高低制约，如果教育公债的利率低于其他券种的利率，居民认购则少，发行就有困难。在当前我国国债市场还不成熟的前提下，利率的作用还是不容忽视的。至于利率大小的最终确定，还是依照金融市场中政策性存款利率确定。现在其他债券多采用浮动利率制，建议教育公债也一样。考虑到教育债券相对于其他国债来说，在资信度上有一定差距，中央政府可以在政策方面给教育债券提供一定的优惠和照顾，可以考虑教育债券利率略高于其他国债。

6. 控制发行数量

教育公债的发行量应由债务主体根据需要和动态平衡原则，结合当地经济的发展态势，教育中长期发展战略通盘考虑。由于目前债务主要用于经济建设，教育公债的发行量不可能太大，但也不能太小，建议发行量最好构成一定规模。

7. 预告偿还途径

公债偿还是国家根据国债制度的规定，对到期国债支付本金和利息的过程。教育公债的偿还也可分成两种：一种方式是靠政府解决；另一种方式是靠教育公债自身解决。依靠政府解决教育公债的偿还方式，取决于长期债务资金的来源方式，与发行的其他国债一样，政府采取一切办法偿还教育公债债务。依靠教育公债自身解决，可以在原有债务的基础上发行新债。发行新债一定要把握好度，不要形成政府新的债务危机。适时优化债务结构，形成“以债养债”的良性循环。由于我国教育经费原本就短缺，应把新债筹措到的资金作为教育部门的专项资金，学校科研成果的税收纳入该部门，并设立专门准备偿还基金。基金来源可包括校办企业税收、私人捐资、民间资本等。同时将偿还率控制在10%左右，决不能陷入“借新债还旧债”的尴尬局面。

（五）教育公债的使用设计

1. 支持高校贫困生资助体系

保证高校贫困生资助体系的充分投入，满足贫困生的助学贷款需求，实现应贷尽贷，这是发行教育公债的主要目的。高等教育经费紧张、高校贫困生资助投入不足，500多万贫困生问题解决不好，将会严重影响教育公平，冲击和谐社会建设，后果严重。

保障贫困家庭子女的平等入学受教育权利，保障贫困生顺利完成学业，是我们一致的目标。用教育公债把贫困生问题妥善解决，意义重大。

2. 积极扶持经济落后地区的教育事业

经济落后地区一般在高等教育事业的发展方面相对也比较落后，如何在抓经济腾飞的同时使教育特别是高等教育同步发展，应是值得注意的问题。相对而言，这些地区的建设更迫切需要人才特别是素质较高的专门技术人才。在某种意义上说，抓好这些地区的高等教育事业的发展，做好人才的储备和源源不断的供应，比下大力气直接抓经济建设更为重要。在今后一段相当长的历史时期内，尤其要配合我国西部地区经济大开发的战略部署，积极支持这些地区高等教育事业的大发展。基本思路：一是可以根据我国高等教育整体布局的长远规划和经济建设对人才的需要，用发行高等教育事业发展公债所形成的资金在经济落后地区设立新的高等院校，为经济落后地区高级人才的培养创造条件，变经济落后地区向全国各地“八方求才”为“就地培养，就地取材”，也可以用教育公债资金改善经济落后地区现有学校的办学条件，提高教育教学水平；二是可以将一部分公债资金投向内地有关的高等院校，专门用于为经济落后地区培养接受高等教育的人才，并保证这些学生学有所成之后再回到所在地区工作。

3. 积极支持高校招生规模的扩大和重点学科的建设

逐步扩大招生规模已是我国高等教育事业在今后发展过程中不可逆转的大趋势，通过发行高等教育事业发展公债筹集发展资金，将形成对高校扩招的强有力支持。特别是对那些对于发展我国的社会主义市场经济有着密切关系的专业，如信息技术、生物工程、生态农业、环境保护、航天、经济学、管理学等专业招生规模的扩大更应给予重点支持。着重解决好这些院校或重点专业由于招生规模的扩大而带来的学校基本设施短缺、落后的问题，积极改善办学条件，不断提高办学质量，为培养 21 世纪知识经济建设急需的专门人才创造有利条件。专业技术教育、职业教育直接为我国的经济建设培养技能比较强、业务素质比较高的专门技术人才，对推动经济建设将产生重要的影响。因此，对于专业技术院校也可运用高等教育事业发展公债资金给予一定的扶持，保证它的健康发展。

4. 大力扶持部分高校争创世界一流

对在全国范围内进行严格筛选而确定的清华大学、北京大学、上海交通大学、西安交通大学等国家重点发展的大学，除国家财政加大投入、保证共建这些院校的有关省（市、区）和部委所承担的资金任务必须到位外，还应利用国家发行高等教育事业发展公债所获得的资金给予大力扶持，重点进行培养，使之不断提高办学质量，逐步缩小同世界名校之间的差距，渐自跻身于国际上名牌高等学府的行列。对已经进入“211 工程”行列的院校，也应给予大力扶持，这些院校目前来看虽然与上述重点发展大学之间还有一定差距，但是它们的基础条件相对也比较好，其中不乏争创世界一流大学实力的院校，可以用发行高等教育事业发展公债所获资金给予必要的支持，加快它们的发展步伐。此外，对国家重点实验室和人文社科重点研究基地的建设也可通过发行高等教育事业发展公债的方式给予更多的资金支持。

四、成立高校教育基金会

（一）现况扫描

1. 我国高校募捐观念保守

中国大学教育经费的相当大一部分需要自行筹措，向社会筹款已经成为大学面对的新课题，而筹款工作的顺利与否，直接关系到建设世界一流大学的目标能否实现。压力之下，中国的大学终于开启了封闭的大门，各种募捐筹资机构羞涩中面纱慢掀，试图实现与社会、企业的对接。

目前我国1 000余所高校中，有140多所高校先后成立了教育基金会或类似机构。我国高校教育基金会的资金数量有限，除清华大学、北京大学、浙江大学少数几所高校外，尚未形成广泛的社会影响，难以成为支撑我国高等教育发展的重要经费来源。统计显示，1997～2001年社会捐赠办学经费占我国高教经费总额的比例分别为1.42%、1.98%、2.14%、1.56%、1.40%❶，在相当一部分普通高等院校的经费来源结构中社会捐赠所占比例很小，有的甚至是空白。1998年，全国普通高等学校财政外经费收入（含学杂费和自筹经费）为202.2亿元，到2001年，这数字增加到了553.3亿元，增长了1.7倍，占普通学校总投入的比例也相应地从38.12%跃升到52.44%，与财政性拨款部分基本持平。但是，在高等学校自筹经费中，绝大部分是科研、经营和服务性收入，社会捐赠和筹资收入不足3%，与国外发达国家大学接受捐赠的收入相去甚远，不能同日而语。

之所以出现这种局面，原因是多方面的，但中国高校募捐观念保守、陈旧是其中重要的一条。在中国5 000年的传统文化里，“君子之交淡如水”、“君子不言利”、“君子固穷”、“君子不食嗟来之食”、“受人捐赠等于接受施舍”等教条以及中国文人的淡泊与清高的习性严重束缚了大学老师的思维，他们不仅不会主动出去募捐，有时连送上门的钱还不好意思接受，这也难怪很多高校根本就没有成立基金会；就是有，也是凄清冷落、门可罗雀，更不必问基金会有多少基金了。思维的禁锢导致行为的扭曲，基金会的运作可以说是谨小慎微、如履薄冰。我国高校教育基金会的启动资金基本上都是由学校直接注入，由于筹款渠道单一，规模较小，资金数量增长缓慢；再则受到资金来源的限制和社会投资环境的影响，基金会在运作过程中往往比较保守，不求有功，但求无过，以保障基金安全为最大使命，减少投资运作，

---

❶吴惠、张彦通：《加快高校教育基金会发展初探》，《中国高等教育》，2006（11）。

少数基金会甚至通过银行存款获息来保证基金运行，增值明显乏力。

在国际上，大学争取社会捐助早已成为一种传统，校领导的主要工作之一是筹款。美国大学校长们都把募捐筹款以获得充足的办学经费看做是自己的一项重要任务和职责，极其重视募捐工作，甚至亲自为劝募而奔波。校长一般不管教学，只管大政方针、社交和筹集经费。各个学校都建立了相应的机构并由专门人员负责，校长是当然的领导者，负责组织、计划和决策。美国高校每次筹款活动在学校校长（或分管的副校长）领导下，由专门负责教育捐赠的基金会或办公室具体组织协调，通过多种形式、多种渠道来筹集维持学校发展和日常运作所必需的款项。而“君子不言利”的思想使我国一些大学领导在筹款时羞于启齿。有的领导只呆在学校守株待兔，等待别人主动上门捐赠，缺乏积极募捐的办法和广泛的社会活动能力。这必然导致基金会行为的短视，乏善可陈。

2. 我国公民社会捐赠意识淡薄

导致我国高校教育基金会步履维艰、如坐愁城的困难局面的另一个重要原因是，我国公民社会捐赠意识普遍淡薄。三组数据显示：①据中华慈善总会统计，2002 年我国人均善款 0. 92 元，占当年人均 GDP 的 0. 012%，国内有 99% 的企业从来没有参与过捐赠❶。②在 2001 年我国大学自筹的 553. 3 亿元经费收入中，绝大部分来自学费、科研、产业和服务性收入，社会捐赠只有 16 亿元，不到普通高校总收入的 3%。可 2003 ~ 2004 财政年度，美国社会捐赠总额为 2 034. 5 亿美元，占 GDP 的 2%；大学接受捐赠额为 244 亿美元，约占社会捐赠总额的 12. 5%❷。③2006 年 4 月 11 日，胡润在清华大学发布了“中国慈善企业榜”。其中，李嘉诚基金最慷慨，从 2003 ~ 2006 年捐赠了近 7 亿元人民币，主要用于教育医疗项目；排名第二位的是邵逸夫基金会；第三名是跨国公司金光集团，从 2003 年到 2006 年，捐赠 2. 8 亿元。相比之下，作为 2005 年中国乃至亚洲最赚钱的企业——中石油净利润高达1 300亿元，捐赠却只有 1. 27 亿元。根据胡润的统计，2005 年百富榜的前 4 名（黄光裕、严介和等），2006 年所有的捐赠加起来还不到 4 000 万元人民币。种种迹象说明，国内富豪及企业在高校捐赠中缺席。胡润坦言：“最初我们认为最富的人应该是捐赠最多的人，经验告诉我们，有些富人还没有做很多的捐赠。”❸港、澳、台同胞，海外华侨，华裔人士的捐赠是我国

❶❷刘增辉、贺美英：《捐赠应成为高校经费重要来源》，《教育与职业》，2007（10）。

❸刘君：《筹资，筹资！中国高校蹒跚上路》，《教育与职业》，2006（12）。

高校的主要捐赠方，境内的企业、个人捐赠不多，是大家的共识。

究其原因，文化传统和政策环境上的巨大差异，是我国公民社会捐赠意识淡薄的根源。国外高等教育经费捐赠历史悠久，大学成立之初，多是教会牧师或私人的捐赠，公民捐资助教的意识很强。大学的募捐还得到政府鼓励性政策的支持，例如给捐款人提供适当的税收减免等。而我国开展真正意义上的公益募捐不过短短20年，公民的公益意识淡薄，虽然国内富裕阶层的人数在不断扩大，但令人尴尬的现实是包括高校基金会在内的绝大部分公益机构的捐赠收入主要源于境外。另外，我国公益捐赠的政策环境欠佳。虽然目前我国对公益捐赠制定了相应的税收优惠政策，然而这些政策并不具有普适性，一些政府色彩浓厚的公益机构（如红十字会、慈善总会等）享有更为优惠的政策。企业捐款必须是税后利润，免税比例很低，也没有遗产税法等。加之政府经常通过行政手段干预捐赠行为，其在公益市场处于实际的垄断地位，从而使高校基金会的发展受到诸多限制。除了文化传统和政策环境上的缺陷以外，捐赠渠道的不畅以及社会信任体系的缺失，也让一些富人捂紧了腰包。对这种现象，清华大学社会学教授李强分析说："这意味着慈善事业在中国刚刚起步，多数富人并没有认同这种行为。"我国捐赠法律的完善、捐赠文化的哺育、捐赠渠道的通畅和公信力的提高，可以说是，千里之行，任重道远。

3. 国外高校募捐态势强劲

高校教育基金会在国外已有上百年的历史，目前在世界各地已非常普遍。在许多发达国家，关于基金会组织的法律法规都比较完善，政府对于公益事业的捐助者不仅在舆论上颂扬，还实行相应的减免税政策的激励机制，鼓励和倡导人们参与公益事业，使捐助者在得到精神上满足的同时能够获得一定的经济补偿。在美国、日本等国家，社会捐赠已经成为高等教育成本分担的主要渠道。2001年哈佛大学捐赠基金累计已达182.59亿美元，该校2001年总预算经费为22亿美元，其中28%来自本校基金会。2002年耶鲁大学捐赠基金总额达105亿美元，占学校总经费的28%；日本公立高校的社会捐赠约占学校总收入的15%，而私立学校高达50%以上；英国高校经费来源中，捐赠所占比例一般在7%左右❶。

综观美国高等教育的发展历程，社会捐赠之风一直贯穿并伴随美国高校的发展过程。几乎所有的大学均设立了基金会，并长期开展募捐。著名的哈

❶吴惠、张彦通：《加快高校教育基金会发展初探》，《中国高等教育》，2006（11）。

佛大学、耶鲁大学、斯坦福大学、霍普金斯大学、芝加哥大学等就是接受捐赠而创立发展起来的典范。进入20世纪，随着美国经济的崛起和富人群体的大量涌现，热心高等教育的人士更是纷纷慷慨解囊，资助大学的建设。社会各界对大学的捐赠既有社会名流、企业巨子、商业富豪、杰出校友的巨额捐赠，也有关心大学教育的小型公司、一般校友、普通群众等中小额捐赠。除了个人捐助外，还有来自富翁所成立的慈善基金会的捐款，如卡内基基金会、洛克菲勒基金会等。美国的法律一贯积极鼓励社会捐赠，私立大学经费收入中很大比例都是来自社会及校友捐赠的。在1992年，美国高校募集的捐赠资金超过6 500万美元的就有187所，超过10亿美元的有14所。据美国大学学会统计，1997年美国500所大学持有1 600亿美元的基金。按照平均每年10%的投资收益计算，除去运行成本和预留扩大资本金部分，每年基金会就可为学校提供几十亿美元的经费支持。仅1997年一年，美国高校接受各类捐款总数达160亿美元，其中校友捐款占29%、基金会捐款占27%、企业捐款占24%、宗教等其他方面的捐款占20%❶。2003年，美国高等教育系统所获得的捐赠收入高达239亿美元，其中来自校友和基金会的捐赠均为66亿美元，各占捐款总数的28%，其次是非校友个人捐赠，占19%，公司捐赠占17%，宗教及其他组织的捐赠占8%❷。据美国基金会中心的资料，1997～2002年基金会给美国高等教育系统的资金捐赠总额高达359.5亿美元❸。

4. 中国高校教育基金会在摸索中前行

他山之石，可以攻玉。现在国内高校普遍认识到，在争取提高国家教育投入的同时，社会捐赠已经成了高校经费的重要来源，必须作为经常性的工作来抓。但就在国内高校策划、呼吁、激励社会捐资兴学工作刚刚起步时，国外高校也瞄上中国资本市场。经中国证监会批准，耶鲁大学和斯坦福大学近期分别获得了QFII资格，这意味着两所世界名校可以进入沪深股市投资股票。它们的到来，虽然没有对国内高校筹资工作带来大的影响，但世界一流大学的劝募策略和资本运作能力却带来了足够的震撼。在它们面前，我国高校筹款工作相形见绌。国外高校基金大鳄的到来，给正在向世界一流大学

❶高洪山：《美国大学如何筹措办学资金》，《国际人才交流》，2000（3）。

❷Charitable Giving to Higher Education Stabilizes in 2003. Gift from Alumni Rebound after one - year Decline. http://www.rand.org/news/press.04/03.11.html。

❸Aggregate Fiscal Data by Foundation Type, 2002 (National Level). http://www.fdncenter.org/fc-stats。

冲刺的国内高校带来了一个全新的评判标准：一流的大学，必须有一流的筹款工作，一流的基金专业化管理。然而现实不容乐观，与国外高校动辄上百亿美元的基金、几百人的组织机构相比，国内高校教育基金会无论在基金数量还是在组织结构上，都与之相去甚远。即便如此，国内高校基金会仍在探索，尝试国外的一些做法，对基金进行有效投资，期盼能“钱生钱”，但因基金投资存在着高风险，高校在运作时都相对谨慎。浙江大学教育基金会采取了“多元化投资运作”的方式，把基金分为三部分：一部分通过校内银行，投资风险较低的证券一级市场和债券；一部分转投给捐赠基金的校友企业，并签订协议；一部分则存入银行，获取稳定的利息，这是一个很好的尝试。我国高校教育基金会存在的另一个问题是从业人员不专业。基金会是一项集人文、社会、经济、教育、金融于一体的综合性工作，急需配备一批高素质的专职工作人员。高校教育基金会应在实践中迅速培养一批这方面的专家，分别从事捐赠活动策划、劝募游说、项目管理、资金运作等工作。面对激烈的国内和国际竞争，中国高校进一步认识到充足的资金保障是实现一切目标的前提。我们只有以小学生般的谦逊，老黄牛般的踏实，百倍的努力，执着以求，方有赶超国外高校募捐业绩的可能。

（二）成立高校教育基金会的意义

1. 弥补高校经费不足

高等学校的经费来源主要有三个渠道：政府拨款、学费收入和学校自筹经费。学校自筹经费称为第三筹资渠道，主要由科研收入、社会捐赠、经营和服务收入等组成。由于财政性教育拨款和学费收入受到财政预算及学费政策的限制，不可能有大的变化，相比之下，第三渠道资金有相当大的伸缩性和扩展空间，因而成为高校普遍追求的热点。而成立教育基金会，加大吸引社会捐赠的力度则是拓展第三筹资渠道的主要途径，为弥补高校经费的严重不足开辟了一片新天地。实际上，捐赠已成高校经费的重要来源，在教学、科研、鼓励优秀学生发展、帮助贫困学生解决生活困难等方面发挥着巨大的作用。在很多高校，以捐赠者或捐赠机构名称冠名的各具特色的建筑，已经成为校园里一道亮丽的风景。在清华大学，有梁球琚楼、逸夫馆、富士康纳米科技研究中心；在北京大学，有光华管理学院大楼、英杰交流中心、北京大学图书馆新馆等。目前，中国高校大多采取设立教育基金会的形式，统一管理和接受社会各界的捐赠。从清华大学于1994年成立全国第一家教育基金会开始，各高校纷纷跟进。近几年，国内高校接受社会捐赠数额有了很大增长，最高金额不断攀升。据统计，清华大学教育基金会2005年度捐赠收入为1.293 6亿余元；北京大学教育基金会2005年捐赠收入为1.283 2亿余元；成立于2005年的北京航空航天大学教育基金会，2005年捐赠收入2 000万元；中国人民大学教育基金会于2004年12月成立，截至2005年11月，接受社会各界捐赠总计4 659万元；浙江大学教育基金会2005年累计收入4 710.7万元，仅2006年9月21日一天，就收到步步高董事长段永平3 000万美元和网易首席执行官丁磊1 000万美元合计约3.2亿元人民币的捐赠，这是到目前为止国内高校接受到的最大一笔捐款❶。

2. 促使高校在竞争中发展壮大

筹资募捐的主要特点之一是竞争性，社会捐赠投给哪所大学，与该校的学术水平高低、人才培养质量好坏等社会声誉密切相关。同时，捐赠人对于其所捐赠资金的用途往往非常关心，对捐赠资金的使用有较强的监督作用。因此，提升社会捐赠在高等教育投入中的比例，有利于形成竞争机制和约束机制，提高资金的使用效率，促进高校把增强学科水平与综合实力放在非常重要的地位，并围绕学科建设，积极凝炼学术方向、汇聚学术队伍、构筑学科基地，争取发展资金，努力提升大学的核心竞争力。

3. 激活了社会支持教育的巨大潜力

通过各种渠道向企业、社会团体、基金会、慈善机构、社会自然人等募捐是各国大学的普遍做法，同时也反映出一个国家全社会重视教育的程度。随着我国经济的快速发展，社会资本市场迅速扩大，城乡居民储蓄存款余额已达到8.7万亿元，其中私营企业主、外资企业高级雇员、国有企业高层管理人员和部分高科技人才在存款余额中占有较大比重，高收入和富裕人群逐步扩大，一个潜在的捐赠群体已经形成，只要捐赠科学立法，这个市场将会释放出巨大的能量，为高教事业的发展提供一条重要的资金来源。

4. 打开了社会资金流向教育的通道

基金会是一种受捐赠人的委托，对捐赠资金进行有效管理、运作、增值并合理使用的非政府、非营利公益性组织。因其具有规范的管理、透明的制度、科学的运作等特点，可以更好地体现捐赠人的意愿，因而受到捐赠人的普遍认可，成为多数捐赠人首选的捐赠渠道。良好渠道的建立是吸引社会捐赠的重要保证，教育基金会是吸收、管理和使用社会教育捐赠的有效方式，应予以大力支持，积极发展。

---

❶刘君：《筹资，筹资！中国高校蹒跚上路》，《教育与职业》，2006（12）。

5. 提高了企业投资教育的积极性

这些年，高等教育处于跨越式发展之中，社会各界普遍看好教育发展前景，投资教育的热情空前高涨，许多有远见的企业法人都非常热衷于投资创办独立二级学院，有效的办法就是建立校企合作教育基金制度，明确学院的独立法人地位、自主资产和民办机制。企业和学校投入的资金，一部分作为直接费用用于办学；另一部分作为资本金，参与市场运作，使其不断增值，保持长期对学院的支持能力。教育基金会的建立，发挥了筑巢引凤之功效，有利于消除投资者的顾虑，降低投资风险，吸引多方投资者共同参与，将教育事业做大做强。

（三）高校教育基金会的运作规程

高校教育基金会要根据基金会管理办法有关规定来成立，其职能主要是进行对外联络，接受捐赠，筹集基金；制定和审定基金管理条例与实施细则；研究制定基金使用项目；审核、批准基金的发放；指导、监督基金管理与使用；向捐赠人报告基金使用情况与效益等。基金会的设立、解散、分立、合并均须基金理事会提出动议，经理事会表决通过后，报经省级教育行政主管部门、中国人民银行省级分行审查批准，并向省级民政部门办理设立、注销或变更登记。基金会必须制定自己的章程，并根据章程来进行活动，因此章程就是基金会存在和活动的基本法律依据，章程的制定和修改必须经基金理事会审议通过，并经省级教育行政主管部门审查批准，同时报省级民政部门核准才生效。章程在执行中也只能由基金理事会进行解释，其他机构无权进行解释。根据我国有关规定和一些大学的做法，基金会的资金来源主要有：一是国内外自然人、法人、非法人机构的捐赠；二是校友的捐赠；三是上级主管部门和学校拨入的资金；四是基金本金所产生的利息、股息等收益；等等。一些高校还设立了以捐赠者个人姓名或单位名称冠名的奖励基金或奖助学金，一并交由关联大学的基金会托管。一些基金会规定捐赠者可在大学下属院、系、所等教学科研机构设立基金，并由基金会委托专业人士协助制定基金章程和基金管理办法，确定基金管理委员会组成人员等，实际上也是履行代管职能。

（四）高校教育基金会的操作建议

近年来，高校教育基金会在我国慢慢兴起，蹒跚上路。作为尚处于探索阶段的中国大学教育基金会，无论在筹资规模、资助范围和社会效益等方面与发达国家都有很大的差距，但从发展趋势来看，高校教育基金会作为高校的筹资渠道在中国具有足够的发展理由和相当大的发展空间，必将蓬勃展开，并发挥重要的作用。

1. 政府主导，捐赠立法

统计表明，社会捐赠在我国高校经费中所占比例仅3%，与美国的28%、日本的15%相比，差距何等之大！究其原因，除了与我国经济发展水平不高、高校募捐观念保守、社会捐赠意识淡薄等方面有关外，还有一个重要原因就是我国有关基金会和捐赠的法规不健全。目前我国高等教育捐赠中没有规定具体税收优惠政策，高等教育捐赠的相关法律法规不系统、不完善，这严重影响和阻碍了我国高等教育捐赠事业的发展。因此，我国应借鉴发达国家的做法，出台一些优惠政策，制定出对社会团体和个人捐资兴学享受优惠政策的具体办法和相关规定，并通过各种渠道大力宣传，使捐赠人除了可以名垂青史、流芳百世外，还可以免税，以鼓励社会和个人投资高等教育；同时使命名捐赠合法化，使捐助者名利双收，有“送人玫瑰，手有余香”般的精神满足，以吸引更多的捐资人对高等教育事业的捐赠。

2. 科学运作，持续发展

完善自身组织机构，建立科学的运行机制和管理模式是教育基金会良性运行、健康发展的保障。一是专家管理，科学决策。教育基金会的决策必须体现基金会的宗旨，兼顾捐赠者的意愿。高校教育基金会要以专家群体管理为基础，理事人员和主要领导人物大多数应为教育界的权威，少数其他领域突出人物出任。在确定资助方向等一些重大问题时应设立专家小组开展专项研究，为理事会提供专业咨询。二是规范程序，有效监控。设立资助项目是基金会对高等教育提供支持的重要途径，建立强大的专家系统是国外大型基金会规范申请程序的有效机制。德国的大众基金会、美国的卡耐基教育基金会和我国的霍英东教育基金会等国内外许多大型基金会都建立有庞大的专家系统。基金会还应建立良好的回馈、监控、调节系统来控制和引导受助部门或个人的行为，确保项目顺利实施。

3. 增加透明度，提高公信力

对基金会及整个运作过程的信任是国内外众多捐助者参与公益事业的前提，这种信任建立在捐赠资金使用的透明化和规范化的基础上，只有让社会各界充分相信捐赠资金使用合理、账目公开，没有被挥霍滥用，捐赠人的意愿得到了充分尊重，树立起一诺千金、言而有信的良好形象，为捐赠创造了良好的条件，才能吸引更多的大量的捐赠。但目前我国基金会相关监管制度尚不十分完善，基金会内部管理还需进一步理顺，运作过程透明度需进一步提高。严格的内部财务制度是保证基金会各项工作稳定运行的基础，也是基金会对捐资者和公众认真负责的体现。教育基金会内部必须设有专业财会人员甚至专门财务部门来具体负责基金会收支账日的管理，严格财务审批程序，保证资金的合理使用。理事会也可委托审计部门定期对财务情况进行审计，检查基金会的资金使用是否符合国家的有关法律法规，是否合乎基金会的财务制度。基金会的财务情况应对外公开，增加财务管理的透明度，提高基金会的社会公信力。

4. 拓宽渠道，广泛募捐

高校教育基金会不能“守株待兔”、“坐吃山空”，应主动出击，采取多种营销策略，积极拓展筹款渠道，激发社会捐赠热情，广泛吸纳社会资金，通过多种管道向企业、社会团体、慈善机构、社会自然人等积极募捐。

(1) 要充分发挥高校人才培养的强大优势，与时俱进，不断深化教学改革，不断提高人才培养质量，主动向社会宣传自己的办学理念、办学目标和在办学过程中所取得的成就，争取社会的认可和更多的支持。

(2) 要进一步加强与各行各业的联系，建立企校合作新模式，扩大社会影响力，发掘潜在捐助群体，努力营造社会广泛支持、企业竞相联姻、多方踊跃捐赠的和谐发展氛围。

(3) 校友是大学的一笔无形的财富，在捐赠回报母校建设方面具有巨大的潜力。因此，高校应充分重视和发挥校友在教育捐赠中的作用，保持与校友的密切联系，为其事业提供智力支撑，让校友随时了解母校的最新动态，看到母校的变化，感受母校的关怀，激发校友“知校、爱校、荣校”的情感，从而发展壮大捐助群体。

(4) 我国加入 WTO 以后，许多国外名企纷纷涌入中国市场，为了塑造一个良好的公众形象，取得更多的市场份额，这些公司不时地投资公益事业，回馈社会。学校应抓住这一机遇，扩大自己的影响，实现募捐领域全球化。

5. 巧心经营，保值增值

任何一笔基金都来之不易，都饱含捐赠者的赤诚和期冀，高校教育基金会有责任通过合理投资实现基金的保值、增值。有数据显示，前些年国际基金的投资收益率大多数在 25% 以上。美国大多数基金都投资于股票、认购股权证、短期票据债券等方面，一般都能取得较为可观的效益。近年来，为适应众多不同规模、不同投资方向的大学捐赠基金的投资需要，美国专门为大学捐赠基金创设了共同基金。根据目前我国基金市场和投资环境还不是很成熟的实际，教育基金会可以聘请投资专家，进行市场分析和投资决策，以提高投资过程的安全性。小型教育基金会应以保守投资为主，确保本金不赔，最好有所增值；或者采取联合投资的形式，由众多的小型基金合成大的共同基金进行风险投资，以期获得共同的效益。

6. 管理有方，使用有度

根据基金会管理办法有关规定，基金会应履行三项重要义务：一是每年向中国人民银行省级分行和省级民政部门报告基金会财务收支和活动情况；二是每年（或每半年）一次向捐赠者及社会公布基金收支情况及基金使用情况；三是每年（或每半年）一次聘请独立的会计师事务所和审计事务所对资金收支及使用情况做出财务会计报告和财务审计报告，并提交理事会和监事会审议，同时向社会各界和捐赠者公布。根据基金会管理办法有关规定，教育基金会的资金筹集、使用和管理均由理事会作出决定，或按照捐赠者的意愿进行。基金会必须与关联大学在财务上完全脱钩，并且开设独立的人民币和外汇账户，由基金会本着稳健、效益的原则对基金进行经营，确保基金保值、增值。原则上，基金本金不得动用，而基金利息可投入股票、债券、投资基金等资本市场或委托信托投资公司经营，使之增值。从国内一些大学的做法来看，基金会资金的用途主要是以下几个方面：①改善办学条件，如各项校内建设、购置实验设备和图书资料等；②根据大学教育教学需要购置土地、仪器；③资助基础研究、教学改革和著作出版；④支持学校举办学术会议、研讨会、讲座；⑤资助相关教师出国深造及参加国际学术会议；⑥奖励优秀学生和优秀教师；⑦资助贫困学生；⑧根据捐赠人意愿指定给某个院、系使用或设立的资助项目；等等。

五、推行弹性学习制度

（一）推行弹性学习制度有利于贫困生完成学业

当前，我国高校学籍管理制度不太灵活，虽然也允许休学或留级，但最多只能一次，且原因多为生病或成绩跟不上，这给学生的选择太少。为适应经济社会的发展，高校可以借鉴国际经验，实行灵活的弹性学习制度、完全学分制和选课制，在学分、课程及毕业年限等方面作出一些较为宽松的限制，充分显示出学籍和选课的弹性，以方便贫困生勤工俭学而又不至于影响学业和身心健康。

（1）实行弹性学制。在读期限专科可伸缩为 2～6 年，本科可伸缩为 3～8年，硕士可伸缩为 2～6 年，博士可伸缩为 2～8 年，或者更为宽松。学生可视情况选择自己的学习时间和毕业时间。在规定的学习年限内，贫困生可以出去从事各种合法劳务，特别是从事科技创新活动，赚够学费后再回来读书，以自我救助的方式解决大学期间的学费和生活费问题。

（2）积极推行完全学分制。要真正使学分制成为相对自主和灵活学习的方式，给支付能力弱的贫困生更多的机会和条件，通过勤工助学来完成学业；让学有余力的贫困生能提前修满学分，提早毕业以减少开支，节约教育成本，更早获得经济回报，实现教育投资的效用最大化。

（3）鼓励休学创业。对于那些有创业方案和创业精神且经济确有困难的贫困生，允许他们先休学创业，待有一定的经济实力后再复学，继续完成学业。

弹性学习制度的实行，使学习者在学习计划的时间安排上更富有弹性，因为学分可以累积和保留，更迎合学习者的个体差异：包括学习能力和金钱支付能力上的差异。这种包容性为学习者创造了更多的学习机会，增加了其学习收益。学生可通过先工作再学习或边工作边学习的方式获得经济支付能力后，一直坚持到学分修满为止毕业。这样，对于支付能力弱的贫困学生，可以安排好积累学分和赚取学费的关系。在尽可能节省教育成本的情况下，学习者获得了高等教育服务的效用最大化。如果实行刚性的四学年制，强调学习时间的不间断性和步调的一致性，学生可能出于无法连续支付学费而被迫放弃学业。据调查，在美国，“事实上，大约有 40% 的大学生负担不起全日制大学学习所需的时间和金钱，取而代之的是在部分时间的基础上积累起某一学位所需的教育和学分。也就是说，如今的大多数大学生为了获得学位要花费比 4 年长的时间，一般要 5 年或者 5 年以上”❶。许多学者认为：我国大学的学习方式比较死板，一进校就要读 4 年，对于家庭经济比较困难的学生来说，经济压力是比较大的，应当改为学分累加制度，无论何时读满学分都可以毕业，没有读完，出去工作几年，缓解经济压力，再回校继续读，也应当承认以前的学分。

弹性学习制度的实行，将使得学习者在把握学习时间、空间和学习费用等方面更具有主动选择权，显得更为人性化。它使学习者的学习机会更加广泛多样化，学习的自由度和满意度更高，支付能力增强，从而超越了由传统学年制的高等教育形式所带来的效用。高校收费制度下，弹性学分制将为学习者以更低的费用、更少的时间获得相同或更大效用的高等教育服务提供了可能性，为贫困生完成学业创造了有利条件。这样做不但能大量节省国家对

❶詹姆斯·杜德斯达著，刘彤等译：《21 世纪的大学》，北京大学出版社，2005 年版。

高校贫困生的资助经费，而且对提高大学生的素质和高等教育的质量也很有好处。对国家来说是不需投入就能获益良多的大好事，而且这一措施不需要其他部门的参与，在教育系统内部就可以解决。

（二）传统高等教育体制的局限性

综观当今世界高等教育体制，普遍存在“刚性”色彩，在迎接与顺应全球化趋势的潮流中弊病日益凸显。

1.“刚性”学习制度培养不出高素质的创新人才

“刚性”学习制度在学校里表现为，教师成为专家并按资格形成等级；学生按班、组编排；知识被分成科目，课程由简单到复杂来编排；学生由低年级到高年级进行线性的提升，直到毕业。虽然我国部分高校实行了学分制，以消除这种刚性体制的弊端。但这样的学分制有名无实，只强调同步性，学分只是一个辅助的手段，它没有改变学制僵化的本质。这种标准化的学习制度实际上是对学生的自由以及创造力的扼杀，与创造性的人才培养目标南辕北辙，背道而驰。

2. 传统的人才培养模式与市场经济体制格格不入

我国高等教育办学体制是在计划经济年代形成的，尽管社会主义市场经济在我国推行了这么多年，但高等教育办学体制并没有太大的变化，“千人一面”的培养目标、“万人一书”的教学模式依然在延续。学校没有自主权，学生没有选择权，学生只不过是国家的一颗“螺丝钉”，学校是政府的“附属物”。这套体制在市场经济体制下，其弊端愈来愈明显。为此，政府必须赋予学校更多的自主权，使学校更具弹性，大胆改革，以适应市场需求。

3. 传统的教学方式忽视了学生的学习自主权

“学校以学生为本”在中国教育界长期以来只是一种流于形式的口号，名不副实。在传统教学中，教师控制着教育过程或学习过程，学生处于被动的地位。市场条件下，“用户支付”和“用户至上”的基本原则应该得到遵守。因为学生有权决定学习什么、什么时候学、如何学以及在哪里学，这也将从根本上改变传统的教学模式。由于学生的需求不同，教育提供者将为不同个性、具有不同需求的学生提供不同的教育服务，以保证每个人都获得均等的发展机会，从而真正实现因材施教、教育民主和教育机会均等。

4. 传统的教育模式无法适应终身学习型社会的需要

在竞争日益激烈的知识经济时代，人们只有不断地更新知识，才能适应社会的发展。传统的教育模式的一个最基本的理论预设是：同一学阶的所有人，都应该成为用同一种培养方案、同一种教学计划、同一种学习要求培养出来的具有一样或是大体一样的知识、能力的人。而弹性学习正是要打破此种限制，促使高等教育职能或功能的转变。正如克拉克·克尔所言："高等教育较少的是社会内部的一个一元成分；第三级教育更多的是全社会的一个方面。学习的社会正在到来，而且在这个过程中，学习将更加全面分布在整个一生和很多高等学校。旧时的学习机构在数量上变得比较不那么重要，虽然它们在社会中质量上的地位可能提高到作为生产新的思想和培养最高层次的专业人员的中心。"❶

（三）推行弹性学习制度是高教改革的必然选择

与时俱进，顺应潮流，积极探索弹性学习制度，创造性地推进人才培养工作，是我国高等教育改革与发展的方向。从20世纪80年代后期开始，为了应对信息技术革命和经济全球化的挑战，为了适应高等教育大众化和国际化的要求，世界各国都在积极探索新的高等教育模式。如何使现行高等教育制度具有更大的灵活性、适应性和开放性，藉以实现人的终身学习和终身发展，已成为世界各国高等教育共同关心的问题。正是在这种背景下，发达国家以及一些发展中国家，先后开展了对弹性学习制度的研究与实验，并逐步推广到高等教育、教师教育、继续教育、远程与网络教育等诸多领域，这已成为21世纪世界高等教育发展的重要趋势。在构建社会化、开放式、全民性的终身学习体系过程中，弹性学习制度体现的是高等教育在全球化和后工业语境下对于知识经济与人类数字化生存的一种积极的反应，富于鲜明的时代特征。与传统的人才培养模式和体制相比，它强调大学要从封闭走向开放，从更多地关心自身到更多地关注自身对于社会的服务，从更多地关注教师转向更多地关注学生；在注重学习者的主动性和个体差异的基础上，强调学习者对学习行为和学习计划的灵活安排与自主选择；强调教育、学习不是一次完成的，打破了教育与就业之间的鸿沟，是实现终身教育体系和建立学习化社会的有效途径。应当说，弹性学习制度属于高等教育领域中的前沿性问题，我们只有站在与时俱进的高度，才能深刻而全面地理解其作为一种全新类型的学习、教育方式和制度安排对于中国高等教育改革与发展的重要意义。

如果我们不是把弹性学习制度当做一种外来的异己的东西，而是把它看成是人类的高等教育发展到一定历史阶段的必然产物，我们就会发现，弹性

❶克拉克·克尔：《高等教育不能回避历史》，浙江教育出版社，2001年版。

学习作为一种成熟而完整的制度固然还没有建立起来，但是作为它的先兆、因子、胚胎乃至幼苗，却已经伴随着中国教育改革的实际进程，相当广泛地出现在中国大地上。比如，我们对人才培养立交桥的提倡；主辅修和双学位的广受欢迎；学生选课制的有限推行；学分制的试验；校际和专业学科之间的学分互认；在转换专业方面出现的松动；在标准修业年限的基础上适当放宽某些规定；远程教育和网络教育的发展；职业教育、继续教育、自学考试的崛起等❶。这些都足以说明，弹性学习其实离我们并不遥远，它就在我们的身边。现在的问题是，应当如何尽快地让它们从自发的、零散的阶段上升到自觉的、系统的阶段；如何尽快地去发展弹性学习的已有因素，并且在不断整合与完善的过程中，最终使之体系化和制度化，终将对我国高等教育的改革与发展大局产生重大而积极的影响。

六、提升勤工助学层级

随着我国的市场经济改革的深入和高等教育收费并轨、进入大众化阶段，高校贫困生问题日益凸显出来。在全国各类高等教育在校生中，经济困难学生占在校生总数的20%多，人数在500多万人；其中经济特别困难学生人数约占在校生总数的10%，人数达250万人。助学解困问题成为贫困大学生和高校所共同面临的一个普遍问题。面对这一问题，国家和各高校都采取了包括“奖、贷、助、补、减”等一系列积极的措施。在这些措施中，勤工助学，“以工代赈，劳有所得”，是贫困大学生获得经济资助、摆脱物质贫困和提升综合素质、消除能力贫困、走向自立自强的重要途径，助学加成才已成为高校贫困生勤工助学的本质内涵。由于它的灵活性、公平性、易操作性、可持续性等特点，兼具解困与育人的双重功能，已成为大学生特别是贫困大学生的一个普遍选择，也得到了学校和社会的广泛认可，成为高校贫困生资助体系的一项重要内容。但是，从现实来看，目前大学生的勤工助学活动还存在着内容单一、途径较窄、渠道不多、智力程度不高、技术含量低等诸多问题。这些问题归结起来都涉及这项活动的拓展路径问题。

高等学校各高校应抓紧进行教育教学改革，推行学分制和弹性学制，使需要且愿意开展勤工助学的学生能够走出学校面向社会，培养自救自强和自主自立意识，克服依赖心理，锻炼就业需要的各种技能和品德，自我负担高

❶钟秉林、张健：《积极探索弹性学习制度，努力开创高校人才培养新局面》，《中国大学教学》，2002（4）。

等教育费用；应积极创新勤工助学模式，拓展勤工助学路径，通过勤工助学使贫困大学生既获得经济资助、摆脱物质贫困，又提升综合素质、消除能力贫困。政府应加强政策引导，使社会各界在用工过程中对大学生和社会青年一视同仁，同工同酬。

郑州大学土木学院勤工助学工作是这样开展的：低年级贫困生接受学校安排，在校内做些体力上的服务性工作；高年级贫困生结合建筑行业特点，提高了勤工助学的技术含量，发挥自己的专业特长，经校友、老师牵线，依托有容纳能力的校内外施工、测量、设计、监理、科研、实验室等单位，集勤工助学与教学实习、社会实践于一体，开展了诸如勘测、绘图、助教、助研、助理施工、助理实验等形式多样、内容丰富的勤工助学活动，建立了多家勤工助学基地，并使这项工作经常化、规范化、制度化，使贫困学生得到了有效的资助，走出了一条勤工助学新路。这种方式不仅让贫困生学以致用、用以促学，稳固了专业知识，增加了专业兴趣，还提高了“工”的技术含量，提升了“助”的经济回报，深受学生欢迎。

因此，新时期市场经济条件下大学生勤工助学活动的路径拓展要与时俱进，积极推行以学分制为基础的弹性学习制度，借鉴国外先进经验，努力做到经济解困与精神育人并举，体力劳动与专业服务共生，从“输血型”向“造血型”转变，巩固校内与拓展校外相结合，由单一型向多样化发展，以集体组织型代替个体自发型。

（一）推行弹性学习制度

弹性学习制度有利于贫困生完成学业。我国高校应该尽快摒弃僵化死板、“刚性有余而柔性不足”的教育体制，借鉴国外经验，实行完全学分制、选课制和灵活的弹性学制，允许贫困生在保留学籍和学业成绩的前提下休学勤工俭学，为贫困生顺利完成学业创造有利条件。

中国大学的管理体制过于死板，一进校就要读4年或规定的年数，习惯于强调学习时间的连续性和同步性，对于家庭经济比较困难的学生来说，经济压力非常大，往往由于无法连续支付高昂的学费和生活费而痛苦不堪，有的甚至被迫放弃学业，遗憾终身。一旦实行弹性学制，学分可以累加和保留，无论何时读满学分都可以毕业，没有读完，出去工作几年，再回校继续读，也应当承认以前的学分。在弹性学制下学生可通过先工作再学习或边工作边学习的方式获得经济支付能力后，一直坚持到学分修满为止毕业。在面临能否把握学习机会的选择时，弹性学制更为人道，彰显了它对贫困生的无限关爱。

弹性学制使贫困生在学习计划的时间安排上更富有弹性，更迎合贫困生的个体差异，包括经济支付能力和学习能力上的差异。这种包容性为贫困生自主掌握学习时间、增强支付能力后获得高等教育服务的最优效用创造了最大可能性，它必将为弹性学制的推广拓展出一片温馨超凡的人文境界而功勋卓著。

弹性学制的推行不但能大量节省国家对高校贫困生的资助经费，对提高贫困生的素质和高等教育的质量也好处匪浅；况且这种方案的实施不需要太多部门的参与，教育系统自身基本可以解决，这种对国家来说不需投入就能获益良多、对贫困生来说百利而无一害的大好事，我们实在没有理由长期推脱。

（二）将困难补助和勤工助学合二为一

笔者建议，让“困难补助”这一资助方式逐渐退出贫困生资助体系，将“困难补助”这笔经费融合到“勤工助学”基金里去，扩大勤工助学基金的规模，增加助学岗位，缩短工作时间，提高岗位酬金，让更多的贫困生获得助学岗位，诚实劳动，“以劳代赈”，“以酬代补”，自食其力，自我救助。其意义有三：一是以“勤工助学”为载体，把“困难补助”的功能进一步优化，将“困难补助”的副作用除掉，兴利除弊；二是这种做法符合有偿资助原则，既发挥了经济上的助学功能，又起到了精神上的育人作用；三是壮大了“勤工助学”的实力，为“勤工助学”增加岗位、提高酬金、惠及更多的贫困生创造了条件。

（三）借鉴国外先进经验

国外都把勤工助学作为一项值得提倡和发展的高校贫困生资助措施。首先国家推行勤工助学服务计划。美国1964年的《经济机会法》设立了“联邦工读计划”，为需要经济帮助的本科生和研究生提供校园工作和校外社区服务工作机会。通过这一计划，大学生一年可以挣得平均年度学费的50%～60%，占平均年支出的1/3。其次社会各界提供大量的勤工助学机会。如日本许多企业为了能够招收到优秀大学毕业生，每当大学放假时，他们便到大学做广告，为学生提供车费、食宿、报酬等一些方便条件，欢迎他们到企业实习打工。美国、日本、英国有80%左右的大学生进行课外打工。日本普通大学生的收入来源中有25%是自己的打工收入。国外勤工助学的一些先进理念，我们要大胆、包容地学习，为我所用。

（四）物质帮扶与精神育人并举

随着市场经济的建立、发展和高教体制的改革，社会对复合型人才的需求不断扩大，学生价值观念也在不断变化中，成才意识日渐增强。勤工助学活动是一项特殊的社会实践活动，具有实践育人的良好功效。“既助学又成才”已成为时代对大学生勤工助学活动的一种客观要求。勤工助学的内涵与功能已发生了新的变化。从内涵来看，新时期的勤工助学活动是以学生获得或改善学习条件为目的，将教育与实践紧密结合，培养学生知识和能力的一种有偿的实践活动。这就意味着勤工助学活动具有育人功能、教育功能。事实上，勤工助学不仅是解决贫困生、特困生经济问题的重要举措，也是大学生思想教育的重要载体，是大学生素质完善和成才发展的重要途径，是大学生解困自强的重要手段和心理脱贫的良药处方。

因此，高校要充分认识到开展勤工助学活动的解困和育人双重功能，树立勤工助学活动由单纯的解困向解困与育人并举的发展理念，将大学生勤工助学活动上升到人才培养的高度，把它作为正规教学的有益补充和人才培养的重要途径。在实际工作过程中，要加强对大学生的思想教育和勤工助学活动的正确宣传，引导学生认识到参与勤工助学活动对自己成长、成才的重要作用，正确认识和处理好“工”与“学”的关系；要加强对大学生勤工助学活动的管理，避免出现“勤工误学”、“勤工废学”，确保勤工助学活动解困育人双重功能的实现。

（五）体力劳动与智力输出兼容

目前，许多高校勤工助学活动层次不高，大多停留在单一的劳动服务型上，如打扫卫生、收发报纸信件、食堂帮厨、临时搬运、维护校园治安等。劳动服务型勤工助学活动虽然能增强贫困大学生的劳动观念和务实精神，使贫困大学生取得一定的劳动报酬缓解经济压力，但是对培养贫困大学生的创新能力、提高综合素质的作用不大，因此实现贫困大学生勤工助学由劳动服务型向智力专业型拓展势在必行。专业服务型勤工助学岗位要求贫困生必须具备一定的专业知识、专业技能及相关素质，在工作中必须把所学的专业知识与实践紧密结合才能解决问题。能够实现贫困生的专业学习、能力培养、经济资助和成长成才有机结合起来，更能体现学以致用，并可以为贫困生进入社会打下良好基础。勤工助学向智力专业型的高层次拓展，是其自身完善、发展的需要。因此，高校应在体力劳动型勤工助学的基础上，紧密结合学生的专业优势和技能特长以及不同年级的实际，积极开拓与学生专业学习有关的智力型勤工助学岗位，比如为优秀学生提供助教、助研、助管岗位，园林专业学生可帮助学校搞绿化，土木专业学生可帮助乡镇单位搞勘测规划，医学专业学生可帮助学校搞卫生防疫，法学专业学生可为师生提供法律咨询服务等，这些都是紧密结合学生专业优势而进行的勤工助学活动，其收效是不言而喻的。

要提升勤工助学活动的层次和提高勤工助学的专业化程度，大学生勤工助学活动应注意四结合：一是与专业学习相结合，在学习中实践，在实践中学习，促进专业学习的提高。二是与课外科技活动相结合，为企业提供科技服务，促进学生创新精神和实践能力的培养。三是与教师的科研工作相结合，协助专业教师开展科研工作。这既有利于教师科研课题的完成，又有利于学生巩固知识、锻炼能力。四是与学生特长相结合。低年级学生以普通型工作为主，重点培养学生的自立能力、社会意识和劳动观念。高年级学生以专业型工作为主，侧重培养学生的社会适应能力和专业知识应用能力❶。

这里，我们一定要把握好一个分层实施的原则，低年级学生适宜于做一些体力劳动方面的服务性工作，一般在校内；已接触专业知识的高年级学生则能够做一些技术含量高的专业性服务工作，一般在校外。要做到校内与校外的有机结合，体力劳动与专业服务相容共生。

（六）由“输血型”向“造血型”转变

勤工助学具有“有偿劳动”的市场交换倾向，这就意味着它要在一定程度上受市场竞争机制和价值规律的制约。从这个角度来看，高校勤工助学管理组织不仅仅是一个管理部门，而且具有“经济实体”的一些特征，应当而且可以通过一定的合理经济运作来实现由“输血型”组织向“造血型”组织的发展。但是从目前的情况来看，大部分高校勤工助学管理部门仍然处于“亏损”之中，这就要求勤工助学管理机构改革内部机制以适应市场的要求，实现由单一的行政管理机构向既具有行政管理特征，又能通过一定的经济流转实现自我供应、自我发展的服务实体的转变，在实现社会效益的同时构建自己的“造血”机能。如何由“输血型”向“造血型”转变？作为经济实体，高校勤工助学活动的产业化和规模化是必须的。只有通过滚动增值，使勤工助学基金得到不断补充和扩大，才能实现自给自足，才能实现自我发展。总之，在市场经济条件下大学生勤工助学活动的发展路径是多方面、多层次的，需要政府、社会、学校的大力关心和配合，其前景才会广阔。

（七）巩固校内与拓展校外有机结合

因地制宜、因人而异是勤工助学适应市场经济的具体体现。低年级学生

---

❶陈道华：《论新时期大学生勤工助学活动的发展路径》，《高教探索》，2005（4）。

因为年龄小、专业阅历浅、环境不熟悉等因素所限，适合在校内做些简单性劳动服务性工作；高年级学生具有专业优势，能力强，善于交际，可走出校门，到市场经济的大潮中去经风雨，见世面。勤工助学是国际上通行的自助方式，目前采取的以校内勤工助学为主的方式，由于岗位、资金所限，供需矛盾日渐突出。从勤工助学活动的内容和范围来看，校园勤工助学活动基地建设有其自身的优点和特色，但是毕竟所提供的空间有限，不能从根本上满足如此众多的学生参与勤工助学活动的需要。从育人的角度来分析，一方面，社会需要高素质的创造型人才，这为大学生走向社会提出了要求；另一方面，大学生在社会上勤工助学，能使他们了解社会，接受改革和市场的双重洗礼，有机地将理论和实践结合起来，有利于他们成长成才。所以，拓展校外市场是大学生勤工助学活动基地建设的发展方向。

（八）由个体自发型向群体组织型过渡

目前高校大学生参与勤工助学活动在很大程度上是自发性和分散性的。这种自发性和分散性隐含着几个突出的问题。一是学生的合法权益容易受到侵害，分散的学生往往成为竞争的弱者，其正当权益往往无法得到有效保护。二是学生的安全存在隐忧。学生自发、分散地参与社会活动，由于社会阅历的缺乏等原因，导致学生的安全没有保障。三是学生的能力素质提高不快。由于缺少统一的组织和培训，学生往往只能通过自我摸索和体会去开展工作和积累经验，素质提高较慢。因此，高校勤工助学活动组织形式必须实现个体自发型向集体组织型的转变。高校首先要建立自己统一的组织管理机构，使勤工助学活动成为学校德育工作和技能培训不可缺少的环节。其次，要成立专门的指导机构，制定详细的规章制度和管理条例，协调好校内各部门的关系，为学生勤工助学创造一个良好的环境。再次，要注重基地化建设。要积极拓展勤工助学活动市场，在稳定现有岗位的基础上不断开拓新的岗位，使勤工助学活动有更广阔的发展空间。

（九）由单一性向多样化拓展

目前高校勤工助学活动主要包括家教、派发宣传资料、到公司兼职、校内的“助管”以及日常清洁维护工作等。总的来说，这些勤工助学活动的内容还比较单一，可供学生选择的空间不是很大。体制不健全、机构不完善是造成勤工助学活动内容单一的主要原因。勤工助学内容的多样化是其发展的必然趋势。从学生角度看，勤工助学活动是提升自我、实现自我的途径，他们需要多样化的选择。从勤工助学活动本身来看，内容的多样化也有助于其自身的生存和发展。

实现勤工助学活动内容从单一型到多样化的转变，首先要转变观念，认识到勤工助学活动的内容可以因时、因地、因人制宜，有其自身的特点。其次，要加强和社会的沟通和联系，为贫困生勤工助学活动创造更多渠道，搭建更多平台。再次，勤工助学活动的管理机构应提供足够的类型和项目供大家选择，使学生在多样化的选择中，获得自我发展的空间。

七、加强心理教育

（一）贫困生心理透视

一般地说，由于现代社会生活节奏加快、竞争日趋激烈以及行为方式、价值观念等因素变化、冲突的影响，人们的心理问题普遍地增多。大学生年龄一般处于20岁左右。他们生理上已经成熟，心理活动则正处于一生中发展变化最为激烈的阶段。他们充满激情与梦想，敏感而冲动，容易受到周围环境的影响，其心理本来就处在不稳定期，很容易产生心理问题。对贫困生而言，他们具有许多优秀的品质，如坚定的意志、顽强的毅力、勤奋的精神、在困境中求生存的能力等，但由于其特殊的家庭环境和艰苦的生活条件，他们的心理问题更加突出。长期的经济拮据给他们造成巨大的心理压力，由此在一部分人中产生了诸多心理问题。主要表现为：

（1）自卑与自尊交织。自卑是高校贫困生中较突出的心理问题和最重要的心理特征。高校贫困生大多来自边远贫困地区，家境贫寒。由于其原有的教育条件相对薄弱以及受其自身经济条件的限制，他们发觉自己在经济、综合素质等许多方面与其他同学相比差距悬殊，遂有自惭形秽之感，愈加缺乏主动与人交往的勇气和信心，久而久之产生强烈的自卑心理。这给贫困生心理造成很大的负担和压力。但与一般大学生相比，经济上的贫困、环境的艰难反而使贫困生具有较强的承受能力和坚强的意志，使他们从小就形成了争强好胜、不甘落后的心态。他们渴望得到别人的尊重，努力改变贫困的现状，希望出人头地，为此他们努力奋斗，自尊心更强。少数学生能够保持良好的心态，奋发向上，自强不息，做到“穷且益坚，不坠青云之志”。然而，理想与现实产生矛盾时，为了自尊，一些生活本无着落的贫困生宁可挨饿受冻，也不愿领取助学金，甚至放弃学校安排的勤工助学机会，拒绝一些好意的资助。这就是贫困生自卑和自尊心理交织的真实写照。

（2）焦虑与抑郁并存。由于家庭贫困，经济压力很大，贫困生背负着沉重的思想负担，经常处于精神紧张、情绪烦躁的心境。有的为生活费用、学习费用紧张，能力落后而焦虑；有的为在同学交往中对自己的误解或歧视而焦虑；有的面对“双向选择、自主择业”的就业压力而焦虑；有的为迫切希望改变贫困现状而焦虑。焦虑抑郁的心理成为贫困生突出的心理特点。贫困生长时间的焦虑就会形成抑郁性格，如得不到及时和有效的疏导，久而久之会发展为抑郁症。

（3）孤僻与敏感相伴。贫困大学生的心理很敏感，容易把同学交往中的一些正常行为加以误解，或者是把一些小的误会加以放大；由于激烈的竞争、繁重的学习、陌生的社会和文化环境以及各种不同的价值观念的冲击，一些贫困生变得敏感多疑。他们感到自己不被别人接纳，怕别人瞧不起自己，因而封闭自己，在学习和生活中不愿与同学和老师进行交流，也不常参加同学们的聚会，独来独往，离群索居，结果变得越来越孤独，甚至在自己的心中筑起一道围墙。他们常常给人以一种难以接近、不合群的感觉。长此以往，会造成性格上的严重缺陷和心理畸形，敏感孤僻，逃避现实，沉默寡言，甚至产生自怜、自残、自毁等心理问题。

（4）怨恨与嫉妒共生。有些贫困生容易针对同班、同级乃至同校的一些经济条件以及其他方面优越的同学产生强烈的嫉妒心理。他们常常怨天尤人，愤恨世道不公，感叹生不逢时，对社会持悲观否定的态度。他们常常为自己家庭贫穷而苦恼，自我意志消沉，对周围的人和事异常敏感，而且怨恨家庭，怨恨父母无能，进而发展到对社会充满敌视态度，甚至走上违法犯罪道路。嫉妒给他们的心灵带来极大的痛苦，久而久之，造成个性极端，严重影响着他们的成长。

（5）虚荣与依赖连襟。部分贫困大学生由于不能正确对待自己所面临的困难，采用各种手法伪装自己、掩饰自己。他们所表现出来的在生活中、学习中的态度和行为与他们的真实情况极不相符，甚至完全相反。这是一种极不健康的心理和行为，虽然达到一种暂时的心理平衡状态，实际上内心却在忍受着更大的痛苦和压力，对自身健康发展十分有害。另外，许多高校对贫困生均采取了相应的解困措施，如减、免、助、贷、补、缓和勤工助学活动等，这些措施无疑解决了大部分贫困生的经济困难问题。因而，一些贫困生由此产生了依赖心理，过分依赖学校和社会的资助，将美好愿望寄托在别人身上，并在心理上十分坦然地接受学校和社会的资助，有着“等、靠、要”的消极心态。还有少数贫困学生，竟然用各种受助金进行过度的物质消费，来满足虚荣、掩饰贫困。

（6）逆反与偏激同根。由于现实沉重的经济压力、城乡之间的差别、消费水平的巨大反差、紧张的学习、激烈的竞争、单调封闭的生活、人际交往的不适应、感情上的烦恼、社会生活中存在着的一些不公平现象、就业压力、理想与现实的反差等问题的存在，部分贫困生往往不能正视自己的贫困，把自己的贫困归罪于社会的不公平。有的在思想上走向了极端，表现为对社会和学校的什么现象都看不惯，对社会及当前改革产生悲观否定、偏激的看法甚至是极端抵触的态度。有的对一切正面的教育不信任，持怀疑态度，加上一些教师教育方法不当，使贫困生们很容易产生逆反心理。在行为上表现为对学校和教师教育的反感与抵触，觉得生活无聊、没有意义，有的通过酗酒、逃课等方式寻求精神寄托，个别的甚至产生了轻生的念头。逆反与偏激导致了部分贫困生的内心不够宽广和宽容，易固执己见，爱钻牛角尖、认死理，言语犀利，思想行为上易走极端。

（7）无奈与愧疚交错。面对现实生活中的压力和困难，不少贫困大学生表现出无奈和失望。贫困生大都有着强烈的出人头地和报答父母恩情的想法，但往往为自己不能自立而苦恼，不能为家庭减少压力特别是无法以优良的成绩回报家人而产生强烈的愧疚感。这种无奈与愧疚的不断交错，更加剧了原已过重的心理负担，容易产生自暴自弃和突发性事件。

这些问题虽然出现在少数人身上，但它影响面广、危害之大是不可忽视的，有必要引起高度重视。

（二）心理问题产生的原因

1. 社会原因

（1）落后地区不全面的素质教育，是造成贫困生心理阴影的主要原因。很多贫困生来自落后的“老、少、边、穷”地区，一方面由于教育理念的落后，另一方面由于办学条件的艰苦，这些地区的教育大多停留在应试教育阶段，素质教育很难全面展开。学校无法对学生进行音乐、舞蹈、体育等方面的特长训练，造成了农村大学生在这些方面知识和修养的欠缺，在强调综合素质的今天，这一劣势让他们产生了深深的自卑；另外，城市的生活环境和大学的学习方式对他们来讲需要一个适应期，这些都会导致他们的焦虑、忧郁，甚至对大学生活感到恐惧。

（2）社会庸俗文化的负面影响，是造成贫困生心理困惑的重要原因。改革开放近 30 年，中国社会正处于深刻的变化之中，这是一个转型期，许多传统的价值观念被放弃，而新的价值取向尚未形成。一些腐朽没落的恶习又死灰复燃、沉渣泛起，加之西方的各种社会思潮涌入国门，良莠不齐，鱼龙混杂，对大学生的世界观、人生观、价值观的形成冲击很大。社会上曾经流行的拜金主义、金钱万能的思想观念对经济拮据的广大贫困生来说打击更大，使他们产生了巨大的心理压力和强烈的自卑、恐惧感，变得焦虑、不安。

（3）就业压力是贫困生难以释怀的负荷。随着高校毕业生就业制度的改革，在平等竞争的用人机制还没有健全的今天，学生的各种社会关系就会对其就业产生很大的影响，客观上造成竞争机会的不平等，使得那些经济基础差、社会关系贫乏、个人素质也不拔尖的贫困生来说只能望洋兴叹、听天由命，产生既愤愤不平又迷茫无奈的心理。

（4）资助不足或实施不当给贫困生心理带来额外负担。从 1999 年起政府启动了国家助学贷款政策以来，近来又出台了一系列优惠政策，但时至今日作为资金提供者的商业银行，由于担心风险太大而积极性不高，助学贷款无法全面满足广大贫困生的贷款需求，没能有效解决贫困生的生活之忧。另外，有些社会资助被功利观念扭曲，贫困生尽管得到了物质上的资助，但无意中心理压力加大，像在接受施舍，或是感到欠下很多人情，自尊心受损，处于郁闷之中。

2. 学校原因

（1）思想政治教育实效性不强，难以入耳上心。许多高校的思想政治教育仍然停留在空洞的说教阶段，不能在学生心中形成共鸣，无法把社会主流道德准则内化为学生自身的价值认同。这种教育方式对大学生来说，过于空泛，过于轻描淡写，发挥不了应有的作用。

（2）重“助学”、轻“育人”，贫困生心理健康被忽视。“助学育人”是中国高校及社会各界在经济上资助贫困生的同时对其进行心理辅导的一种育人方式。然而长期以来，我们只讲“助学”，以为只要解决了贫困生的经济问题，贫困生问题就基本上解决了，忽视了贫困生的心理健康教育。

（3）无偿资助多、有偿资助少，使贫困生养成了依赖、懒惰心理。在资助贫困生的过程中，我们使用的大多是无偿资助方式，即贫困生享受了被资助的权利，却没有尽到付出的义务。权利和义务不等，这不是一种科学的扶贫方式，它只会使贫困生滋生依赖、懒惰等不健康心理，坦然无愧地接受补助，整天等着天上掉馅饼。

（4）心理咨询机构的不完善，未能解决贫困生的心理问题。贫困大学生心理发展面临着当代大学生心理发展过程中一样的问题：青春期的主要问题是获得社会自我同一性，避免人格发展异常的同一性危机。成年早期的主要问题则是寻求情感归属和建立友谊，从而避免孤独。跨越这两个阶段无疑要求大学生去做心理上的调试，一旦缺乏引导或者调试不当就会产生各种各样的心理问题。而我国许多大学未提供这样的心理咨询机构，即使有也是形同虚设，并不能真正发挥作用，解决学生的实际问题。

3. 家庭原因

（1）贫困家庭中缺乏应有的温暖。贫困学生来源主要有两种情况：一是来自“老、少、边、穷”的贫困农村家庭，二是来自城市中弱势群体家庭。这些家庭有的子女比较多，有的父母身体不好，普遍经济收入比较低，有的甚至连温饱问题尚未得到根本解决。上大学需要缴纳的学费数额对这样的家庭来说无疑是天文数字，成为沉重的负担。因为经济困难，许多父母难以给孩子应有的家庭温暖，更无暇顾及孩子的心理需求，也缺乏给予孩子良好教养的意识和精力。家庭、父母的这种情况无形中影响了孩子的心态，长时间将会造成贫困生性格和心理上的缺陷。

（2）“家长制”压抑下的后遗症。贫困生大部分来自农村和城镇底层家庭。生活的重负压得这些家庭的父母喘不过气来，心情难免烦躁，对孩子缺乏应有的温情；有的父母甚至要家长作风，说一不二，不容孩子有说话的机会，更谈不上与孩子平等地交流和沟通。从这种家庭背景下走出的贫困生，从小就缺少人际交往的机会和这方面的技巧训练，进入大学后突现出他们对人际交往的困惑和茫然，对交往的莫名恐惧如影随形，始终笼罩在贫困生心里。

（3）父母望子成龙的期待给贫困生造成了不小压力。天下父母都望子成龙，希望通过子女上大学来改变现实中不如意的生活状况。贫困生背负着父母的重托，希望通过求学向上层社会流动，实现父母的心愿，“光宗耀祖”，改变自己和家人的命运，多数人通过努力都能梦想成真；少数贫困生一旦在生活、学习上遇到挫折，容易产生自责、悔恨、失望、悲观等不良的心理反应，影响目标的实现。

4. 个人原因

（1）贫困生承受着比一般学生更多的心理压力。贫困生常常靠举债来缴纳学费，靠打工来挣生活费，还得拼命学习，以获得奖学金，为自己解困。然而，打工是以牺牲学习时间为代价的，这使他们经常处在一种既想打工又怕耽误学习、不打工生活又难以为继的状况；同时还想抽出时间去参加一些集体活动、发展几项业余爱好，提高自身偏低的综合素质。他们长期处于学习、打工、素质培养不可兼修，顾此失彼的几难境地，承受比常人多的心理压力。长期下来，无法排解的心理冲突使他们在个性与人格发展上容易出现一些偏差。

(2) 自信不足，自卑有余。从高考竞争中取胜的贫困生，对自己的学习能力胸有成竹，在其他条件不如人意的情况下，把成绩看做是自己实现自身价值的主要指标，是他们自信的源泉。大学是个人才汇聚、高手如林的地方，竞争十分激烈。贫困生由于许多主观和客观的不足，在大学生活中较多地处于不利的境况。生活并不宽绰的他们，底气不足，与人交往时常处于被动地位，谨小慎微。被动消极的生活态度会使他们不断遇到挫折，较差的人际关系使他们陷入了苦闷、焦虑与孤独中。对贫困生打击最大的是学习成绩的不理想，尽管他们付出了很大的努力。自此，自信心减弱，自卑感抬头。自卑是一种因过多地自我否定而产生的自惭形秽的情感体验。通常，高估别人的优势，夸大自己的劣势，过分谦逊、委屈、隐忍自己，甚至无视自己的价值与意义，无法正确地看待自我，导致自我的丧失。

(三) 解决心理问题的对策

1. 社会的帮助

(1) 政府应创造更多的就业机会，为贫困生就业搭建广阔的平台。为了方便大学生就业，政府必须规范就业政策，进一步完善毕业生的就业工作管理体制，为毕业生就业创造一个公平的竞争环境。要制定并完善毕业生就业的法律法规，明确规范毕业生和用人单位、学校及有关主管部门之间的职责、权利和义务，形成比较全面的符合市场经济规律和人才供需双方利益的配套政策，使毕业生就业有法可依，有序进行；要消除对高校毕业生就业的地域限制和行业限制，尽可能地减少人为控制因素，真正做到坚持公开公平、竞争择优的原则，让大学生凭个人才能就业；要规范各种审批制度，减少有关收费项目，为毕业生就业铺设通畅渠道。

(2) 让助学贷款成为救助贫困生的有效方式。国家助学贷款是当前解决贫困生问题的最有效途径。为预防某些学生因家庭贫困而放弃入学机会，或毕业后不还贷款的行为，我国的助学贷款模式应该建成政府统一领导，以地方为主、以学校为辅的“双轨制”模式，由地方政府设置生源地助学贷款。为推动助学贷款的社会化，必须由政府为贷款制度进行统一规划，建立一个统一和较为完善的助学贷款制度。

(3) 规范社会资助行为，建立贫困生助学基金。实践已经证明，解决贫困生的经费资助，仅靠学校是远远不够的，需要全社会的关心。当前，高校一要加强宣传和引导，通过多种形式，争取社会各界人士的关心和扶持，建立起贫困生助学基金或慈善基金，也可以结合就业，争取大型用人单位到校设立定向奖学金和助学金，对完成学业并自愿去资助单位工作的大学生优先资助和奖励；二要规范社会资助行为，使资助工作有序进行。

2. 学校教育

（1）“助学育人”是实施贫困生思想政治教育的主战场。加强入学教育，树立正确贫困观，营造良好的集体氛围非常重要。新生入学伊始，高校要抓住先入为主的有利时机，深入班级、宿舍，通过班会、讲座、个别交流等方式在同学中树立正确的贫困观，让学生认识到贫困问题主要源于历史、自然、社会以及家庭收入等方面的原因，富有不值得炫耀，贫困并不是耻辱，相反，处理得当却是一种磨炼、一笔财富。在集体中形成贫困生不自卑、富裕生不优越，同学间互助互爱，学习上你追我赶、生活上节俭朴素的良好氛围。营造一个好的集体氛围，会带给贫困生心理上的支持，增加贫困生的自信心，对消除和缓解他们心理上的自卑、抑郁、焦虑等情绪会有所帮助。

在经济上资助贫困生的时候，同步进行不同方式的精神激励会收到很好的效果。比如：①榜样激励，榜样的力量是无穷的，通过树立像洪战辉这样鲜活生动的事例，宣传他们自立自强的感人事迹，帮助贫困生树立正确的世界观、人生观、价值观，激励广大贫困生树立战胜困难的勇气和信心。②目标激励，就是利用目标诱发人的兴趣、引导人的动机、支配人的行为、激励人为目标去奋斗。在对贫困大学生进行目标激励的过程中，要注意目标的具体性和可行性。目标越具体、越明确，实现目标的信心也就越大。只有将差异性与个人目标结合好，针对不同心理需求因势利导，才会收到良好的激励效果。③荣誉激励，是对个人或群体的组织评价，证明其存在的社会价值。荣誉在人的精神生活中占有重要地位，是满足人们自尊需求、激发人们奋力进取的重要手段。当贫困生的行为受到肯定时，就感到自己的努力得到了承认、自我价值得以实现，从而受到鼓舞，产生更大的学习、生活热情。在思想政治教育中，通过向成绩突出的贫困生颁发荣誉证、奖章、奖状等方式，满足其自我价值体现的需求。④情感激励，是加强与贫困生的感情沟通，以情动人，引起对方心灵上的共鸣。不同心理状况的人有不同的出发点和突破口，既要因人而异，又要一视同仁、平等相待，以避免引起他们的敏感情绪和防范心理。情感激励对于满足贫困大学生的情感需求、调动其各方面的积极性有重要作用。

（2）“有偿资助”是培养贫困生健康心理的主渠道。有偿资助是世界上大多数国家高校通行的资助贫困生的惯用方式，它符合高等教育机会均等、成本分担、人力资本投资等现代理念，它在贫困生享受被资助权利的同时，对贫困生提出了一定的义务要求：你得到了你所需要的，相应地，你应该力所能及地有所付出——“你得到，所以你付出”。对贫困生来说，有偿资助变“他助”为“自助”，“我付出，所以我得到”——给了贫困生合理的心理支撑，能避免无偿资助的许多后遗症，把好事办好，让贫困生既摆脱了经济困境，顺利完成学业，又能持有良好心态，自强自立，时刻牢记自己要履行的义务、要回报社会的责任。高校在资助贫困生的时候，要尽可能多地选择有偿资助，如助学贷款、勤工助学等方式，减少无偿地发放困难补助、减免学费等行为；就是在接受社会捐赠时，也要签订一份义务协议。目的是贯彻一种理念：“权利对等义务”。这种做法，貌似无情，实则有利于人才培养。我们要让所有贫困生记住，世上没有免费的午餐，没有不履行义务的权利，也没有不享受权利的义务，有得到就得有付出，得到了经济资助，就有还款的责任、付出劳动的义务；否则，付出的就可能是自尊、自信，也可能是惰性的萌生，心理的扭曲。

（3）为贫困生创建更多的沟通、交流平台。许多贫困生来自“老、少、边、穷”地区，他们的性格相对内向和保守，缺乏参与学生社团活动的自信和勇气，很少有人去竞聘学生干部，也没有组织社团活动的经历，这方面的能力缺乏培养和锻炼；同时，他们又有着非常强烈的自尊心，希望被人关注，渴望得到别人的理解和尊重。因此，对于贫困生来说，尝试着建立自己的社团，所有的活动从策划到实施都要独自完成，不仅能锻炼和提升他们在组织、交际、表达等各方面的能力，还能提供一个交流、抒发感情的平台，感受同辈人的精神力量，有利于解决学习、生活中的实际问题，有利于帮助他们在心理上树立信心。比如，可以成立“爱心社”，让贫困生自己来组织一些募捐活动、爱心宣传等；成立“勤工社”，让他们自己对学校的勤工助学岗位和人员进行组织协调，并逐渐向社会拓展；成立“贫困生俱乐部”，以专题讲座、主题班会、小型讨论会等形式经常性地开展主题活动，有针对性地进行心理辅导。

（4）开展丰富多彩的心理学堂。课上与课下结合，内外兼修，普及心理知识，对贫困生非常重要。在专业教学中渗透心理素质方面的内容，这是现代教学理论与实践发展的内在要求。教师要善于发现并利用专业知识中有关心理教育的具体内容，适时地对学生进行心理辅导，使学生在潜移默化中培养良好的心理品质和健全的人格。教师可以通过运用一定的心理训练方式，提高学生的感知力、注意力、记忆力、创造力以及动手能力等；通过运用激励手段，来激发学生学习的主动性；通过强化与心理暗示等措施，增强学生学习的积极性。

课外教育是课堂教学的有益补充。通过多种媒体的广泛宣传，强化学生主动参与意识；通过专题心理讲座、主题心理报告、心理沙龙，使学生了解心理健康的基本知识，以及自我心理调适的基本方法，增强学生适应社会和自我心理调适的能力，促进学生心理健康发展。可出版普及心理健康知识的针对性、可读性、实用性强的报纸，大力普及心理健康知识；还可开办心理健康教育网站，开设“心理课堂”、“心海浪花”、“案例分析”、“心灵家园”等专题，积极推进心理健康知识在校园内的普及。

（5）专兼职结合，完善心理咨询服务。做好贫困生心理健康咨询工作，队伍建设是关键。目前，我国高校心理健康咨询的师资一是数量不够，二是质量不高。专职人员少，兼职人员多，且大多来源于学校德育工作者、行政管理人员、班主任、医务人员等，他们对心理学知识尤其是心理健康咨询的基本知识缺乏必要的了解，很难保证心理健康咨询工作的有效开展。因此，建立专职的心理健康咨询队伍势在必行。结合我国学校心理健康咨询的实际情况，应提倡将当前的以兼职教师为主的模式转变为以专职教师为主，专、兼职结合的模式，这样一方面可以扩充师资队伍，另一方面也可以逐步提高师资质量。在此基础上应有计划、有组织、有目的地加强对专、兼职教师进行“请进来、走出去”的长短期培训，增强他们的责任感、服务意识和接受掌握新观念、新方法的自觉性，提高他们开展心理健康咨询工作所需的专业知识、专业技能、业务水平和科研能力，并以案例分析会等形式，组织教师之间互相学习、互相启发、互相促进。建设一支高素质的心理健康咨询的教师队伍，使心理健康咨询工作逐步走上健康轨道。

3. 家庭应成为贫困生心灵的港湾

父母是孩子的启蒙教师，由于朝夕相处，家长的一言一行、一举一动都会对孩子产生潜移默化的影响。所以，家长应该不断提高自身的文化素养，更新陈旧的教育观念和方法，与孩子平等沟通，对孩子进行正确的引导、教育，给孩子应有的关爱和理解，注意听取孩子的意见，满足孩子合理的要求，引导孩子培养正常的心智、健全的人格，帮助孩子面对困难、挫折，帮助他们建立自信、自尊，让家庭成为贫困生心灵的港湾。

4. 贫困生自己是心理最好的调剂师

外因是变化的条件，内因是变化的根据。不管社会、学校和家庭提供多少的支持和帮助，关键还得通过贫困生本人的自我学习和自我教育来培养良好的心理素质。

莎士比亚曾经说过："苦难是一件有用之物。"

贫困对于贫困生来说是一种磨难。磨难对于人生来说是痛苦的事，但未必是坏事。如果我们把磨难当做黎明前的黑暗、看成获得成功的前奏，那磨难对我们来说就是财富。所以，古人才说"自古雄才多磨难，从来纨绔少伟男"，大凡在事业上有所成就的人，大多都历经磨难。磨难对于意志坚强的人来说，是一种巨大的精神动力。

《孟子》云："天将降大任于斯人也，必先苦其心志，劳其筋骨，饿其体肤，空乏其身，行拂乱其所为，所以动心忍性，增益其所不能。"

周文王拘而演《周易》；仲尼厄而作《春秋》；左丘失明，厥有《国语》；孙子膑脚，兵法修列；不韦迁蜀，世传《吕览》；司马迁受尽宫刑，写就《史记》；曹雪芹举家食粥而作《红楼梦》；贝多芬用苦难谱写了震撼人心的《第九交响曲》；居里夫人忍着亡夫失助的悲痛，继续奋斗，写出了科学巨著《放射性通论》……这些杰出人物如烈火真金，似傲雪寒梅，饱经磨难志愈坚，最终使生命放出了夺目的异彩。

一位哲人说过：磨难是成功的良伴，逆境是人杰的摇篮。

贫困的磨难，是人生的一种不幸，它让我们在经历挫折和痛苦后感受到生命的严峻和残酷，然而，磨难同时也构成了人生的一种积极的价值。

当挫折与失败挡住人们的去路时，磨难能唤醒人的潜在勇气，并提示人们回到自身，更深刻地认识自己，调整自己的行为，从而越过人生的障碍，达到一种新的境界。磨难是一块砺石，用这块砺石，你可以砥砺自己的意志，让生命在凄风苦雨、冷霜冰雪的磨砺中变得更加坚强，更富于勇气。

磨难源于外界，坚韧则发自内心，磨难不能躲避，只要保持良好的精神状态和拼搏向上的进取精神，是完全可以战胜挫折、摆脱困境、超越困境的。人的能力虽然有大小，天分有高低，生活的环境有优劣，但只要自强不息，顽强拼搏，惜时如金，辛勤耕耘，定会成就一番事业，创造出属于自己的辉煌。

能够感动别人、改变命运、获得成功的人，永远都是那能够全力以赴与挫折抗争，一次次倒下又一次次奋力站起来的人。如果自己放弃了自己，自己对自己失望了，因为缺了脊梁骨，任何外来的关心和照顾都只是别人的一种怜悯和施舍，对改变自己的命运无济于事。只要能够体会到这层深意，贫困生一定可以直面贫困、改变贫困、超越贫困，树立正确的人生价值观，把个人命运和国家命运结合起来，立足学校、胸怀祖国、放眼世界，全面打造自身素质，从个人"小我"走向社会"大我"，开阔胸襟，提升境界，在社会实践中实现与社会的同一，在服务乡梓、回报社会中实现自我价值，创建人生辉煌。

总之，贫困生心理问题必须得到足够的重视，这需要全社会、学校和家庭的共同努力，更重要的是贫困生自己不懈的努力。只有这样，贫困生才能从思想上和心理上真正“脱贫”，更好地完成学业，成为社会的栋梁之才。

八、建立全国联网的个人资信系统

（一）现况堪忧

助学贷款始于西方国家，它通常是由商业银行通过学校向贫困家庭学生发放一定期限和一定额度的贷款，由学生毕业后偿还。该制度源于20世纪70年代，当时在世界性经济危机的压力下，人们开始考虑大学生资助政策的公平和效率问题，于是日本、瑞典等国将一种经济信用机制引入大学生资助政策中，这就是助学资金有偿使用的助学贷款制度。由于这一制度的良好政策效果，很快在世界范围内得到了推广。至20世纪末，世界上已有半数以上国家加入助学贷款的行列。目前我国2 500万各类高等教育在校生中共有500多万名家庭经济困难的学生，占在校生总数的20%左右，有些大学如农林院校，这一比例更是高达30%，其中特困生达到10%。对我国而言，助学贷款不仅是解决贫困生就学的最有效途径，而且也是实施科教兴国战略、推动高等教育事业改革和发展、加快人才培养工作的重要措施，同时，还是金融部门拓展消费信贷领域，调整信贷结构，培育潜在客户和利润增长点的良好机遇。这对国家、银行、学校和学生都是一件大好事，那么这项利国利民的政策实施效果如何？从国家助学贷款发放情况看，截至2007年6月末，各项助学贷款余额192.9亿元，享受贷款的学生达200多万人。但是相对于500万在校贫困生来说，这一数字仍远远不能满足学生的需要，全国仍有将近2/3的贫困生拿不到助学贷款。这些年，国家助学贷款一路走来步履维艰，进展缓慢，没有完全达到预期效果。

（1）一方面，贫困生贷款愿望强烈、需求巨大，往往是“贷不应求”；另一方面，违约情况频频发生，“债务催收公告”时时见诸报端，银行信贷风险大幅度上升，不得不慎贷、惜贷。《中国青年报》报道，国家助学贷款业务开展以来截至2005年12月底，全国累计已审批国家助学贷款学生206.8万人，累计已审批合同金额172.7亿元，早期贷款的学生已完成学业，开始进入还贷期。但由于当前一些学生毕业后就业困难、流动性大、少数学生信用意识较差等原因，已经出现拖欠还贷现象。中国人民银行主要负责人表示，我国助学贷款违约率高达28.4%，导致许多银行不愿发放助学贷款。

(2) 一方面，银行贷款给贫困生，帮助他们顺利完成学业，贫困生应该感激银行的鼎力相助；另一方面，由于贫困生贷款不仅拓展了银行业务，还为银行培养潜在的客户、寻找新的利润增长点创造了条件，所以从某种角度说，银行也受益于贫困生这一顾客群体，两方的关系应该是鱼水之亲，彼此图报的。可现实情况正好相反，该还贷的学生对银行不闻不问，杳无音讯；催收贷款的银行找不着学生，只好在媒体上公布"黑名单"，甚至将其告上法庭，寻求司法支持。2007年7月18日中国工商银行北京分行以"债务催收公告"的形式将1 200余名拖欠助学贷款的违约借款人的个人信息在"中国高等教育学生信息网"上公布于众，本息总计37 151 890.96元❶。另外，中国工商银行广东分行发布的名单也有近千人，拖欠时间最短的有10个月，最长的达30个月，欠款金额从900多元到3万余元不等。其实，比起公布"黑名单"，助学贷款的诉讼早就在各地全面展开，在湖北，银行甚至把学生家长告上法庭。2006年5月15日，北京昌平法院对中国石油大学霍某、季某两名学生进行了缺席宣判，判令其立即返还所拖欠的中国建设银行北京昌平支行的助学贷款。昌平法院近日还将对另外3名欠贷不还的学生进行宣判。此前，中国建设银行北京昌平支行状告中国石油大学42名毕业生拖欠助学贷款。虽然立案半年来有37名学生通过不同方式偿还了贷款，但仍有5名学生既不还贷，也未到庭参加诉讼。

种种迹象显示，如不采取有效措施，国家助学贷款前景不容乐观。

(二) 原因分析

(1) 学生信用缺失。由此引起的违约率高、信贷风险大是国家助学贷款的致命缺陷，是导致助学贷款政策未能实现预期效果的瓶颈之困。在金融活动中，信用是贷款实现的先决条件。长期以来，我国由于受特殊的社会政治活动及经济环境的影响，社会上充斥着假、大、空、撒谎、造假、不守诺言等失信现象，人们信用观念淡薄，假冒伪劣、坑蒙拐骗、抄袭剽窃、逃避债务等现象不胜枚举，市场规则被严重地扭曲。在这种失信现象严重的大背景下，大学生信用意识也较淡薄，毕业后流动性非常大，"跳槽"频繁，银行难以跟踪监控、追贷。不少人认为，积累信用的目的是赢得更大的利益，

❶李婧:《网上曝光千余名拖欠助学贷款大学生名单》,《北京晨报》,2007－07－19。

而教育贷款是一次性的，能不能及时还款，对本人以后在其他信用领域似乎不构成影响，不需要在这一件事上积累什么信用，致使目前我国助学贷款偿还拖欠现象比较严重。事实也验证这一情形，随着一批批贷款进入还贷期，拖欠助学贷款的现象日益凸显出来。中国人民银行主要负责人在个人信用信息基础数据库全国联网运行新闻发布会上曾表示，我国助学贷款违约率高达28.4%，导致许多银行不愿发放助学贷款。在国家助学贷款和商业助学贷款项目出台之前，属于校园范围的贷学金的信用状况就不尽如人意，高校已经出现了贷学金返还难的情况。总之，助学贷款的违约率，远远高于其他形式的个人信用贷款。高比例的违约率也使银行对国家助学贷款发放慎之又慎，信用缺失已从根本上妨碍了国家助学贷款政策的顺利实施。

（2）银行风险过高。商业银行作为市场经济条件下独立核算的经济实体，自主经营、自负盈亏、自担风险，以追求利润最大化为目标，所以它开展业务必须考虑资金运用的安全性、流动性和盈利性。无担保的国家助学贷款收回概率不确定，银行可能面临着高昂的贷款本息损失。当前我国的国有商业银行正处在商业化的进程中，大量历史遗留的政策性不良贷款尚未解决，商业银行开展消费信贷业务才刚刚起步，缺乏消费信贷的经验，民众信用消费的观念尚未形成，银行的防范措施也不健全，在这种情况下开展助学贷款业务确实有较大的风险，不少银行认为国家助学贷款很可能是亏本买卖，能不放就不放。所以，国有商业性银行为了防范和化解银行风险，降低其经营成本，揣着“不敢不贷，不敢多贷”的心理，致使国家助学贷款发展步履蹒跚。

（3）毕业生收入的不确定性。大学生就业状况与国民经济发展水平及劳动力供求关系密切相关。在当前经济转型及高等教育大规模扩招的情况下，大学生毕业人数猛增，就业竞争激烈，毕业生就业前景不明朗，预期收入具有极大的不确定性，导致借款人的还款风险的存在。

（4）国家助学贷款笔数多，每笔金额少，还款期限长，借款学生流动性大，毕业后分散在全国各地，直接影响到银行对贷款的催收，管理成本也大幅度增加。

（三）建立的意义

国家助学贷款是信用贷款，信用到位是助学贷款得以实施的前提条件。随着国家助学贷款的推进，信用缺失问题越来越突出，个人资信系统的建立也就越来越迫切。

（1）个人资信系统的建立，能大大提高办理贷款的效率。目前国家助学贷款的申请手续繁杂，提供申请材料多，申请时间长，这是人所尽知的。这表明建立大学生信用档案非常必要。究其原因，不外乎银行对学生不信任，需要学校对学生情况反复核实并给予确认。在个人信用体系健全的发达国家，申请信用贷款快时只需几小时。而在国内，虽经学校和银行的努力，学生申请到助学贷款最快的也要20天，时间长的达4个月。一旦建立了大学生信用档案，银行就可以通过查询学生的信用档案，在了解每个学生的个人信用情况后，审批的时间就会缩短，成功率提高，国家助学贷款的放贷工作可以快速有效开展。国家助学贷款也才能真正发挥雪中送炭的作用。

（2）个人资信系统的建立有利于助学贷款的归还。个人资信系统是大学生的“第二张身份证”，有利于学生走向新生活，不论是跨出国门还是走向国内的工作岗位，都是人生的第一笔财富。在西方发达国家，信用记录是对一个人在社会上就业、升迁、贷款、纳税等社会活动的参照。个人资信系统的建立，有利于督促学生重视信用，自觉维护自己的良好信用。个人资信系统的建立，会使学生意识到信用的重要，当学生本人申请到第一笔信用助学贷款的时候，他就有了第一个信用记录，积累了第一个宝贵的信用资源，有了第一笔无形的资产。这笔无形资产对于他今后的出国、工作、创业、消费乃至升迁都极为有利。若他丧失信用，未按时还款，被银行在媒体曝光，在信用档案上有不良记录，则对他一生信用都有不利影响。学生认识到以上问题的重要性，就会促使自己贷款后按时还款，有利于国家助学贷款的良性发展。

（3）个人资信系统的建立，保证了信息的对称性，减少了银行的信贷风险。国家助学贷款的借款者是学生个人，而建立了个人资信系统后，银行在贷款前对学生个人有了充分了解。虽然大学生流动性大，但由于系统中提供了父母的地址、毕业的去向，减少了助学贷款不还的风险，从而银行可以有计划、有针对性地制定各种贷款政策。

（4）个人资信系统的建立有利于整个社会信用体系的建立。目前，随着市场经济的发展，社会各界已越来越意识到信用问题的重要，对建立个人资信系统的呼声也越来越高。个人资信系统的建立有利于推动社会信用体系的建立，社会的信用体系的建立也会对大学生个人资信系统的建设发挥积极作用，更好地促进国家助学贷款的实施。

（四）建立的措施

国家助学贷款以学生个人信用为担保，却没有信用体系记录其信用历史，信用好坏不影响其长远利益，因此信用担保就显得毫无意义，并且信息不对称使得对欠资行为的惩罚形同虚设，违约者得利的示范效应诱发了更多贷款者的道德风险，导致违约率逐步攀升。这正是当前银行惜贷、慎贷的原因。因此，只有引入个人资信系统，学生和银行就有机会长期博弈，双方的合作才有可能实现。

我国应建立全国性的个人资信系统，对无理欠债不还的，由个人信用评定系统作信用记录，使其影响终身。在个人资信系统建立之前，要建立学生个人信用档案，并逐步实现系统内联网，以银行或学校为单位定期对外公布违约学生名单，会同教育部、银监会在全国性刊物或媒体上公布，强化学生的信用意识。在公平、公正、独立的原则下，对个人信用进行管理。

所谓个人资信系统，是指大学生在日常活动中直接形成的，能够反映其信用状况的，具有保存价值的各种信用记录，其内容涵盖大学生入学前后学习、生活及经济活动的各个方面。它是大学生证明其诚信程度的第一“原始凭证”。

大学生资信系统的内容比较广泛，主要包括：

（1）大学生的自然状况。包括大学生个人自然背景信息与学籍管理信息。具体有学生的出生地、出生年月、家庭成员及主要社会关系、身份证号码、学校、院系、专业、特长、学术成就、学历、有否学籍变动、学习成绩、健康状况、婚姻状况等。此类信息是大学生资信档案建立与利用的基础性信息，必须予以采集。

（2）大学生的经济状况。主要包括家庭经济状况、家庭成员平均月收入、学生在校期间所获取的奖学金、助学金、临时困难补助、开支来源、消费水平、学费缴纳、信用卡使用、计算机、手机等高档消费品的使用情况。此类信息是反映大学生在校期间最基本的经济信息，也是反映其经济方面信用状况的最基本信息。

（3）大学生的品行情况。包括大学生入学前后的奖惩情况、诚实守信情况等。此类信息主要用于评估学生的品行，作为评估其信用水平的一个依据。

（4）大学生的贷款情况。主要包括贷款类型、贷款原因、贷款用途、贷款金额、期限、偿还、催款记录、利息回收等情况。众所周知，解决大学生还贷率低的问题是大学生资信档案建立的初衷，因此大学生贷款信息是必不可少且需详细记录的内容。

（5）大学生毕业后信息。主要包括学生就业情况（单位名称、行业效益及前景、月工资收入等）；学生贷款信息（工作所在地、户籍、有效联系方式等)；学生还款情况（还贷方式、还款信用记录、有无银行的追债记录等)；个人财产信息（工资账户、养老金账户、医疗保险、住房权利等)。

这些信息是对毕业生实行有效的跟踪管理所必需的，相关部门如学工部、教务处、保卫处、后勤集团、图书馆、银行以及派出所等都应建立各自的资信信息网，统一进入中国人民银行建立的国家助学贷款学生个人信用档案中心网的公用平台，实现这些网络的系统互连，纳入电子化系统管理，便于相互查询，信用资源共享。由中国人民银行授权的个人征信评估公司对大学生在校信用信息进行加工、存储处理，形成标准的学生个人资信系统。

九、为助学贷款买保险

笔者认为，为助学贷款买保险是消除国家助学贷款瓶颈之困的新举措。2007 年 7 月中国人民银行下发的《关于做好家庭经济困难学生助学贷款工作的通知》中说："各银行业金融机构要结合自身特点和高校学生的需求特点，加大助学贷款产品的创新力度，科学设计产品形式，推出更多符合学生需求特点的商业性贷款产品……要进一步完善内控制度，加强贷款管理，防范助学贷款风险。要加强与保险机构合作，探索将保险引入助学贷款业务的新途径，有效转移和防范助学贷款风险。"通知精神表明，"为助学贷款买保险"这一贫困生资助体系中的新路径已引起银行的关注，已得到银行的认可。

（一）题中之义

在现有国家助学贷款模式的基础上，由贷款发放银行投保"助学贷款信用保险"，保险机构对借款大学生的个人信用进行保险，投保费用从国家财政和高校拨付给贷款发放银行的风险补偿金中支付，形成助学贷款信贷风险多渠道分担的新机制。

引入保险机构对借款大学生的个人信用进行保险，即由贷款发放银行投保保险助学贷款信用险，财政部门和高校对贷款发放银行给予定额补助，形成助学贷款信贷风险多渠道分担的新机制。众所周知，助学贷款长期以来都面临政府支持、银行不积极的"剃头挑子一头热"的尴尬境地。银行之所以不积极，是因为它们作为商业机构，讲求利润，而助学贷款的风险太高，对银行来说属于亏本买卖。现在允许保险公司加入助学贷款的体系中，就有利于分担银行的风险，提高银行的积极性，最终造福有贷款需要的学生。

（二）重要意义

（1）此举突破了国家助学贷款的瓶颈之困。长期以来，国家助学贷款运行不畅、步履蹒跚的主要原因是违约率高、银行风险大、利润太低。一旦为助学贷款买了保险，可以说，银行方面没了信用风险，就成了旱涝保收、稳赚不赔的赢家。此时，贷款的贫困生再也不是银行的“冤家”了，而真正成了银行的主顾、银行的“上帝”，银行再也不会慎贷、惜贷了，“应贷尽贷”将成为现实，广大贫困生的“贷款成才”愿望将会梦想成真。

（2）此举完善了助学贷款模式，在银行主体之外引入保险机构，对银行来说，实现了风险转移；对保险公司来说，助学贷款信用保险投保越多、业务越大，利润就越高。通俗地说，今后学生不还贷或难以还贷，就可由保险公司来买单，银行无风险或风险为零，实现银行和公司的利益双赢。

（3）保险公司介入大学生助学贷款，能够降低或消除助学贷款发放银行的信贷风险，提高银行和高校为大学生办理国家助学贷款的积极性和主动性，真正做到“应贷尽贷”、“贷后无险”，从而推动助学贷款大面积、全方位展开，惠及更多的贫困学子。

（4）信用保险助学贷款推广开来，能从结构方面根本改革和完善高校贫困生资助体系，实现助困资金的逐步回收和循环使用，减小国家、地方和高校的财政压力，实现高校资助工作科学持续的发展。

（5）作为贫困生资助体系的主要形式的助学贷款一旦实现“应贷尽贷”，困扰贫困生的学杂费问题就基本上解决了。贫困生问题的卡脖之痛没有了，那么长期遭人非议的收费政策将不再是众矢之的，人们会慢慢理解、接受高等教育成本分担的观点，这有利于减轻高校的压力、增进社会的稳定、促进高等教育大众化的继续发展。

（6）助学贷款作为高校贫困生资助体系的主要支撑，帮助贫困生顺利完成学业，梦圆成才之路；反过来，贫困生也会知恩图报，明白“有贷有还”、享受了贷款的权利就有还贷的义务、受到了国家的资助就有回报社会的责任等道理，从而激发他们勤奋学习、矢志成才的热情，增强他们感恩社会、服务桑梓的使命感。

（三）实施方案

（1）保险助学贷款的额度限于每生每学年6 000元，每次申请仅限于本学年贷款，一次申请一次发放。

（2）保险助学贷款利率不超过同期人民币贷款基准利率，鼓励贷款发放机构适当下浮贷款利率。

（3）保险助学贷款的最长期限为资助对象毕业后8年。

（4）贷款发放银行与信用保险机构根据其业务合同约定，对保险助学贷款申请进行审核、投保、发放工作。

（5）具体贷款发放审查手续、信用保险理赔、逾期追偿等事项，按照信用保险机构与贷款发放银行的业务合同执行。

（6）国家财政和高校每年一次性将风险补偿金拨付给助学贷款发放银行。

（7）国家助学贷款风险补偿金分摊比例：国家财政按银行该学年助学贷款总额的5%拨付，省财政部门按银行该学年助学贷款总额的3%拨付，学校按银行该学年助学贷款总额的2%拨付。

（8）省财政部门对借款学生在校就读期间的贷款利息全额补贴，借款学生毕业当年9月20日之后的保险助学贷款利息由其本人全额承担。

（四）范例研究❶

1. 江苏省率先垂范买保险

早在2006年，江苏省率先为大学生助学贷款购买信用保险，此举系国内首创，在世界也属首例，具有范式效应。

2006年11月2日，江苏省教育厅、财政厅、信用办、中国人民银行南京分行、江苏银监局、江苏保监局等部门联合发文，颁布实行《江苏省大学生信用保险助学贷款实施办法（试行）》。

《江苏省大学生信用保险助学贷款实施办法（试行）》规定，信用保险助学贷款的资助对象为江苏省属高校中经济困难的全日制普通本专科生、研究生等。贷款额度限于每生每学年6 000元，每次申请仅限于本学年贷款，一次申请一次发放。保险助学贷款利率不超过同期人民币贷款基准利率，最长期限为资助对象毕业后8年。

据悉，江苏省大学生信用保险助学贷款在参照现有高校助学贷款模式基础上，引入了保险机构对借款大学生的个人信用进行保险，即由贷款发放银行投保“保险助学贷款信用险”，形成助学贷款信贷风险多渠道分担的新机制，省财政部门和高校均一次性拨付风险补偿金，供银行用于投保，补偿金额相当于高校当年实际发放保险助学贷款总额的5%。

保险助学贷款由各高校组织学生集中申请，与本校国家助学贷款申请同步进行。贷款发放银行与信用保险机构根据其业务合同约定，对保险助学贷款申请进行审核、投保、发放工作。

❶马燕、孙为立：《江苏大学生贷款新路：学子不还贷保险公司赔付》，《扬子晚报》，2006－11－03。

根据规定，省财政部门对借款学生在校就读期间的贷款利息全额补贴，借款学生毕业当年9月20日之后的保险助学贷款利息由其本人全额承担。

2. 华安保险成为“第一个吃螃蟹的人”

2006年6月，华安保险成为全国首家推广助学贷款信用保险的第一公司。

该公司江苏分公司学贷险部陈经理介绍，保险公司相比银行有两个优势：一是保险公司的分支机构遍布全国。假设一个江苏的大学生毕业后到了遥远的西部去工作，而且故意不还助学贷款，银行可能不会专门长途跋涉去催债。但保险公司就不一样了，就像江苏车辆在外省出险可以理赔一样，江苏学生借贷的“信用”出险了，同样可以由这名学生就近的保险公司去进行催收。二是现在保险公司既然推出了这个品种，就有专业化的团队去做配套工作，而助学贷款在银行毕竟只是贷款品种之一。据了解，现在该公司在全国的分支机构都设有学贷险部。

陈经理还介绍，据他了解，目前国内为助学贷款提供保险的仅该公司一家。据另一家保险公司相关人士介绍，对这项新业务，他们公司也在观察，如果市场较好也可能推出类似产品。而更多保险公司的参与，对银行和学生而言，应该是件好事——更多保险公司的竞争可能会促使保费降低，更多让利于广大学子。

参考文献

[1]马克思恩格斯选集(第一、二、三、四卷)[M].北京:人民出版社,1995.
[2]马克思恩格斯选集(第四十二卷)[M].北京:人民出版社,1979.
[3]马克思.1844年经济学—哲学手稿[M].北京:人民出版社,2000.
[4]马克思恩格斯全集(第十九卷)[M].北京:人民出版社,1963.
[5]马克思恩格斯全集(第三、二十三卷)[M].北京:人民出版社,1972.
[6]毛泽东选集(第一卷)[M].北京:人民出版社,1991.
[7]邓小平文选(第三卷)[M].北京:人民出版社,1993.
[8]江泽民.全面建设小康社会,开创中国特色社会主义事业新局面[R].2002.
[9]李岚清.李岚清教育访谈录[M].北京:人民教育出版社,2003.
[10]俞思念.社会主义现代化与文化创新[M].北京:人民出版社,2006.
[11]张耀灿,陈成文,罗洪铁,等.成才不是梦——高校贫困生的今天与未来[M].北京:人民出版社,2005.
[12]吴庆.公平诉求与贫困治理——中国城市贫困大学生群体现状与社会救助政策[M].北京:社会科学文献出版社,2005.
[13]杨周复.高等学校学生资助政策研究[M].北京:高等教育出版社,2003.
[14]杨东平.中国教育公平的理想与现实[M].北京:北京大学出版社,2006.
[15]纪宝成.世纪之交的中国高等教育——规划、体制与发展[M].北京:高等教育出版社,2003.
[16]张成福.公共管理学[M].北京:中国人民大学出版社,2002.
[17]黄恒学.公共经济学[M].北京:北京大学出版社,2003.
[18]何新.古本老子"道德经"新解[M].北京:时事出版社,2002.
[19]夏延章译注.大学中庸今译[M].南昌:江西人民出版社,1983.
[20]程昌明译注.论语[M].石家庄:山西古籍出版社,1999.
[21]李双译注.孟子白话今译[M].北京:中国书店,1992.
[22]徐奇堂译注.尚书[M].广州:广州出版社,2001.
[23]朱家存.教育均衡发展政策研究[M].北京:中国社会科学出版社,2003.
[24]北京大学哲学系外国哲学史教研室.古希腊罗马哲学[M].北京:商务印书馆,1961.
[25]梁建锋.美国教育[M].北京:中国科学技术大学出版社,2002.
[26]顾海良.马克思经济思想的当代视界[M].北京:经济科学出版社,2005.
[27]马经.助学贷款国际比较与中国实践[M].北京:中国金融出版社,2003.
[28]杜金富,等.征信理论与实践[M].北京:中国金融出版社,2004.
[29]黄育云,李成武.现代教育经济学[M].南宁:广西师范大学出版社,1995.
[30]瞿文明,李治威.辞海[M].北京:光明日报出版社,2002.

[31]李悦,李平. 产业经济学[M]. 大连:东北财经大学出版社,2002.
[32]吴怡兴. 教育产业论[M]. 北京:人民教育出版社,1999.
[33]邢克超. 共性与个性——国际高等教育改革比较研究[M]. 北京:人民教育出版社,2003.
[34]王英杰,等. 亚洲发展中国家的义务教育[M]. 北京:人民教育出版社,1999.
[35]王英杰. 美国高等教育的发展与改革[M]. 北京:人民教育出版社,1993.
[36]张民选. 理想与抉择——大学生资助政策的国际比较[M]. 北京:人民教育出版社,1997.
[37]赵中建. 高等学校的学生贷款[M]. 成都:四川教育出版社,1996.
[38]沈百福,等. 高等教育发展与高等教育投资[M]. 武汉:武汉工业大学出版社,2000.
[39]劳凯生. 变革社会中的教育权与受教育权:教育法学基本问题研究[M]. 北京:教学科学出版社,2003.
[40]江平,费安玲. 中华人民共和国合同法精解[M]. 北京:中国政法大学出版社,1999.
[41]袁振国,等. 发展我国教育产业政策研究[M]. 上海:华东师范大学出版社,2002.
[42]袁连生. 教育成本研究与计量探讨[M]. 北京:北京师范大学出版社,2000.
[43]陈志尚. 人的自由全面发展论[M]. 北京:中国人民大学出版社,2004.
[44]马和民. 高旭平教育社会学研究[M]. 上海:上海教育出版社,1998.
[45]徐佩琴,等. 学分制的由来与实践[M]. 大连:东北师范大学出版社,1987.
[46]靳希斌. 国际教育服务贸易研究——理论、规则与行动[M]. 福州:福建教育出版社,2005.
[47]邹建平. 信用评级学[M]. 北京:中国金融出版社,1994.
[48]孙光德,董克用. 社会保障概论[M]. 北京:中国人民大学出版社,2000.
[49]张铁明. 教育产业论[M]. 广州:广东高等教育出版社,2002.
[50]萧宗六,贺乐凡. 中国教育行政学[M]. 北京:人民教育出版社,1996.
[51]李晓燕. 教育法学[M]. 北京:高等教育出版社,2001.
[52]卿淑群. 政策性银行学[M]. 成都:西南财经大学出版社,1999.
[53]李从松. 中国大学贫困生研究[M]. 武汉:湖北人民出版社,2003.
[54]郑杭生. 社会学概论新修[M]. 北京:中国人民大学出版社,2003.
[55]杨葆昆,范先佐. 教育经济学概论[M]. 南京:江苏科学出版社,1995.
[56]张力. 2000 年中国教育绿皮书[M]. 北京:教育科学出版社,2005.
[57]朱耀明,等. 财政与金融[M]. 北京:高等教育出版社,2007.
[58]赵建捷. 办理借款案件法律依据[M]. 北京:中国法制出版社,2002.
[59]史彦,李印香. 从人口大国迈向人力资源强国[M]. 北京:高等教育出版社,2003.
[60]张国,林善浪. 中国发展问题报告[M]. 北京:中国社会科学出版社,2001.
[61]程丹峰. 中国反贫困——经济分析与机制设计[M]. 北京:经济科学出版社,2000.
[62]钟鸣,王逸. 两极鸿沟——当代中国的贫富阶层[M]. 北京:中国经济出版社,1999.

[63]陈端计.中国经济转型中的城镇贫困问题研究[M].北京:经济科学出版社,1999.
[64]尹世洪.当前中国城市贫困问题[M].南昌:江西人民出版社,1998.
[65]克拉克·克尔.高等教育不能回避历史[M].杭州:浙江教育出版社,2001.
[66]托马斯·莫尔.乌托邦[M].戴镏龄,译.北京:商务印书馆,1982.
[67]梯利.西方哲学史[M].葛力,译.北京:商务印书馆,2003.
[68]布鲁贝克.高等教育哲学[M].王承绪,等译.杭州:浙江教育出版社,2001.
[69]詹姆斯·杜德斯达.21世纪的大学[M].刘彤,等译.北京:北京大学出版社,2005.
[70]D.B.约翰斯通.高等教育财政:问题与出路[M].沈红,等译.北京:人民教育出版社,2004.
[71]杰拉德·盖泽尔.美国多校园大学系统:实践与前景[M].沈红,等译.北京:教育科学出版社,2004.
[72]西奥多·W.舒尔茨.论人力资本投资[M].吴珠华,等译.北京:北京经济学院出版社,1990.
[73]杰弗里·法兰克尔,彼得·奥萨格.美国90年代的经济政策[M].北京:中信出版社,2004.
[74]埃德蒙·金.别国的学校和我们的学校[M].王承绪,等译.北京:人民教育出版社,2001.
[75]柏拉图.理想国[M].张子菩,译.北京:西苑出版社,2003.
[76]郑勇.高校贫困生成因与援助方式选择[J].南京政治学院学报,2003(2).
[77]D.布鲁斯·约翰斯通.高等教育成本分担中的财政与政治[J].比较教育研究,2002(1).
[78]袁连生.中国高等教育大众化进程中的财政政策选择[J].教育与经济,2002(2).
[79]岳颖.如何解析我国高等教育的学费难题[J].武汉教育学院学报,2001(5).
[80]王强,施杰.当前高校贫困学生资助体系的政策与思考[J].江苏高教,2006(4).
[81]吕尧锦,薛声.改进高校奖贷金制度的思考[J].中国高教研究,1994(6).
[82]黄爱华.高等教育实施弹性学制的困境和出路[J].现代大学教育,2001(3).
[83]杜光.中国共产党第十六届中央委员会第三次全体会议公报[N].人民日报,2003-10-15.
[84]胡锦涛.在中央人口资源环境工作座谈会上的讲话[N].人民日报,2004-04-05.
[85]胡锦涛.在中共中央举办的省部级主要领导干部提高构建社会主义和谐社会能力专题研讨班开班式上的讲话[N].人民日报,2005-02-20.
[86]曾庆红.关于国内形势和构建社会主义和谐社会[N].学习时报,2005-03-13.
[87]杜永红,杜学元.论我国高等教育大众化中的入学机会不均等[J].西南师范大学学报:人文社会科学版,2006,32(2).
[88]钱志亮.社会转型时期的教育公平问题[J].清华大学教育研究,2001(1).
[89]李龙.从穷人经济学到穷人教育学[EB/OL].http://www.sina.com.cn,2007-09-

11.
[90]郑校生,李迎生. 全面建设小康社会与弱势群体的社会救助[J]. 新华文摘,2003(5).
[91]周满生. 中国高等教育发展与改革的政策措施[J]. 中国高教研究,2005(4).
[92]伍慧荟. 社会弱势群体与高等教育公平[J]. 广西大学学报,2002(11).
[93]孟新. 关于高校贫困生资助体系的建议[J]. 江苏高教,2003(6).
[94]谢禅. 高校缴费中的教育公平[J]. 广西大学学报,2002(11).
[95]彭泽平. 当前我国东西部高等教育发展区域失衡的几点比较[J]. 比较教育研究,2002(5).
[96]戴井冈,邱国华,杜瑛,等. 我国普通高等学校布局结构分析与思考[J]. 教育发展研究,2005(5).
[97]杨德广,张兴. 关于高等教育公平与效率的思考[J]. 北京大学教育评论,2003(1).
[98]周绍森,朱文渊. 对高等教育发展若干问题的理性思考[J]. 中国高等教育,2005(1).
[99]陈廷柱. 在公平与不公平之间——论高等教育的地区差异[J]. 教育发展研究,2004(9).
[100]晏扬. 重点大学避免"本地化"[N]. 光明日报,2005-07-27.
[101]杨东平. 对我国教育公平问题的认识和思考[J]. 教育发展研究,2000(8).
[102]张玉林. 分级办学制度下的教育资源分配与城乡教育差距[J]. 中国农村观察,2003(1).
[103]杨东平. 高中阶段的社会分层和教育机会获得[J]. 清华大学教育研究,2005(3).
[104]罗新宇,陈志文,李丽萍. 倾斜的高考分数线[N]. 中国青年报,2000-02-24.
[105]袁怡琴. 大众化进程中高等教育的公平问题与社会流动[J]. 上海师范大学学报:哲学社会科学版,2005(2).
[106]谢作栩,罗奇萍. 闽、湘、川3省社会阶层高等教育机会差异的初步调查[J]. 教育与经济,2004(3).
[107]余小波. 当前我国社会分层与高等教育机会探析——对某所高校2000级学生的实证研究[J]. 现代大学教育,2002(2).
[108]徐佳丽. 高等教育收费制度改革与实现教育公平[J]. 辽宁教育研究,2005(6).
[109]课题组. 缩小差距——中国教育政策的重大命题[J]. 北京师范大学学报:社会科学版,2005(3).
[110]刘亚荣,张婕,于京天. 教育局长眼中的教育经费——302个全国地(市)、县教育局长的调查[N]. 中国教育报,2004-08-23.
[111]纪宝成. 认清"教育产业化"的理论误导与实践危害[J]. 中国高等教育,2006(9).
[112]王逢贤. 中国"教育产业化"热点问题的冷思考[J]. 东北师范大学学报:哲学社会科学版,2004(6).
[113]蒋和胜,何兴容,杨柳静. 教育产业化辨析[J]. 河北学刊,2006,26(5).
[114]魏江. 高等教育产业产品结构和供求关系[J]. 浙江大学学报:人文社会科学版,

2002,32(5).
[115]宁本涛.对“教育产业化”争论的再思考[J].当代教育科学,2006(18).
[116]张志军,李发均.高等教育产业化的分析与思考[J].中南民族大学学报:人文社会科学版,2005,(25)6.
[117]夏茂林,冯文全.教育产业化批判[J].西南师范大学学报:人文社会科学版,2006,32(2).
[118]李立国.教育产业化的思想根源探析[J].中国高教研究,2006(5).
[119]万新芳.论高等教育产业化与教育机会均等[J].河南大学学报:社会科学版,2006,46(5).
[120]赵旭东.评析“教育产业化”[J].中国教育学刊,2000(1).
[121]张毅.教育产业化的始作俑者为什么改弦易辙[J].教育与职业,2006(1).
[122]周兆军.神话终结年[J].上海教育,2005(1).
[123]国家教育发展研究中心专题组.教育产业化不是教育政策的方向[J].求是,2006(7).
[124]袁志刚.教育产业化及其对中国经济的深远影响[N].文汇报,1998-04-20.
[125]厉以宁.读“教育产业论”[J].教育研究,1998(9).
[126]辛宏.教育是个大产业[N].北京晚报,1999-05-24.
[127]华雪.投资教育,相当于买到本世纪最后一只原始股[N].光明日报,1999-08-16.
[128]张人杰.充分认识教育产业化风险[N].信息参考报,1999-06-23.
[129]胡求光.教育产业发展探讨[J].经济体制改革,2004(3).
[130]蔡连玉,谢浩,傅书红.论教育有限度产业化[J].教育科学,2004(2).
[131]刘凤玲.教育产业化问题探析[J].特区经济,2004(1).
[132]冯文全.从科学技术是第一生产力看现代教育的生产性价值[J].中国人民大学复印报刊资料·教育学,1998(9).
[133]唐萌.教育产业化产生的诸多危害[J].Market Modernization,2004(15).
[134]王善迈.关于教育产业化的讨论[J].北京师范大学学报:哲学社会科学版,2000(1).
[135]张民选.关于奖学金、助学金和贷学金政策的比较研究[J].教育研究,1994(9).
[136]黄进,徐锐.高校学生资助体系的现状考察和出路[J].探究教育与职业,2006(36).
[137]汪孝克,周克清.我国教育产业化的层次性及发展方向[J].财经科学,2001(1).
[138]张玉林.抹平教育产业化的伤痕[N].世纪经济报道,2004-10-13.
[139]秦行音.教育市场化的比较研究[J].教育科学,2003(5).
[140]孙喜亭.教育具有“产业”属性,但教育不是“产业”[J].高等教育研究,2000(2).
[141]邬大光,柯佑祥,武毅英,等.高等教育产业化笔谈[J].有色金属高教研究,1999(4).
[142]靳希斌.关于教育经济学若干热点问题的争鸣[J].教育研究,1999(6).
[143]杨德广.发展教育产业迫在眉睫[J].探索与争鸣,1999(10).
[144]李卫群,杨晓平,余兴发,等.高等教育产业与高等教育市场[J].武汉水利电力大学

学报,1999(6).
[145]金人庆.完善公共财政制度,逐步实现基本公共服务均等化[J].求是,2006(22).
[146]刘世庆.公共服务均等化和谐社会的重中之重[N].四川日报,2007-03-26.
[147]江明融.公共服务均等化论略[J].中南财经政法大学学报,2006(3).
[148]韩廷斌.国家全力构建经济困难学生资助政策体策[J].中国高等教育,2007(13、14).
[149]李学举.民政部部长:保障困难群体权益发展基层民主[EB/OL].http://www.sina.com.cn,2007-05-18.
[150]蒋健,刘艳.十七大报告解读:注重实现基本公共服务均等化[EB/OL].http://www.sina.com.cn,2007-12-08.
[151]常修泽.缓解社会矛盾,逐步实现基本公共服务均等化[N].人民日报,2007-01-31.
[152]杜屏,李宝元.中国高等教育的成本分担与机会均等[J].北京师范大学学报:社会科学版,2007(1).
[153]汤美莲.人力资本投资理论分析[J].广西经济管理干部学院学报,2004(3).
[154]刘增辉,贺美英.捐赠应成为高校经费重要来源[J].教育与职业,2007(10).
[155]吴惠,张彦通.加快高校教育基金会发展初探[J].中国高等教育,2006(11).
[156]高建民.美国近年联邦教育资助述评[J].比较教育研究,2003(8).
[157]王意明,李世光.我国高等教育助学体系定位问题研究[J].辽宁教育研究,2007(3).
[158]于德弘,陆根书.论我国高等教育扩展对收入分配公平的影响[J].教育与经济,2001(1).
[159]孙小峰,高奎明.教育支出的国际比较与分析[J].教育与经济,2001(1).
[160]李少荣.高校济困助学工作的困境及政策思考[J].西南交通大学学报:社会科学版,2006,7(2).
[161]苏大宇,李昕荣.助学贷款的国际比较与政策借鉴[J].思想理论教育:上半月综合版,2005(9).
[162]李文利,等.高等教育学生资助和助学贷款的国际比较与中国政策探究[J].中国教育财政科学,2006(6).
[163]冯宗宪,管七海.大学生国家助学贷款的两难困境与对策建议[J].中国高等教育:半月刊,2003(3、4).
[164]刘东,陆秋平,梁勇.国家助学贷款新旧政策之比较及其思考[J].西南民族大学学报:人文社会科学版,2006(6).
[165]蒙有华,徐辉.美国高校教育捐赠制度探析[J].高教探索,2006(6).
[166]黄书孟,张美凤,俞锋华.高校基金会的研究和探索[J].中国高教研究,2001(10).
[167]傅淑琼.1997年纳税人救助法:美国大学生资助政策的重大转变[J].复旦教育论坛,2006,4(6).

[168]刘建民,江子福.国家助学贷款资助政策的国际比较与借鉴[J].特区经济,2007(3).
[169]马陆亭.教育投入政策的国际比较与我国改革重点[J].国家教育行政学院学报,2006(12).
[170]赵立卫.美国大学生资助前"资助包"制度[J].比较教育研究,2005(2).
[171]朱立华.美国的助学贷款制度及其启示[J].商场现代化,2007(1).
[172]谢湘.国家助学贷款推出三项新举措[N].中国青年报,2005-05-22.
[173]王翠兰.日本育英奖学金政策及其启示[J].日本问题研究,2005(4).
[174]王璐,孙明.英国大学生学费与资助政策改革及启示[J].比较教育研究,2006(7).
[175]张民选.美国大学生资助政策研究[J].高等教育研究,1997(6).
[176]房欲飞.克林顿及其政府的大学生资助政策述评[J].比较教育研究,2002(6).
[177]刘忠学.美国高校学生资助体系的目标分析[J].比较教育研究,2002(10).
[178]陈宝森.美国两种经济哲学的新较量——兼论两党预算大战[J].美国研究,1996(2).
[179]蒋劲松.论1995年美国预算大战[J].美国研究,1996(4).
[180]刘道玉.中国怎样建成世界一流水平的大学[J].高等教育研究,2003(2).
[181]贾志兰,邵守先.大学生奖学金、贷学金与助学金制度的调查分析[J].有色金属高教研究,2000(1).
[182]陈爱娟,万威武.关于我国高等学校学费标准的实证分析[J].高等教育研究,2002(6).
[183]李茂.巴西:给上学的穷孩子发补助金[N].中国教师报,2004-01-14.
[184]董秀华.基础教育财政制度比较研究[J].外国中小学教育,1999(6).
[185]黄锋.农村教育负担现状拷问现代助学贷款政策[J].武汉金融,2005(11).
[186]佘占宏.完善高等教育收费制度的政策性研究[J].陕西师范大学学报:哲学社会科学版,2005(7).
[187]林华.国家助学贷款如何走出困惑[J].金融经济,2005(10).
[188]朴连淑.关于发行教育公债的思考[J].辽宁教育行政学院学报,2005(9).
[189]李庆豪,沈红.国家助学贷款政策:困境与出路[J].北京教育:高教版,2005(6).
[190]郑启玮.万可国家助学贷款政策的再思考[J].现代教育科学,2006(4).
[191]楼继伟.效率、公平与公正的关系[J].新华文摘,2006(16).
[192]陈忠斌.国家助学贷款中的逆向选择与道德风险[J].江苏高教,2002(1).
[193]常亮.美国助学贷款的做法可供借鉴[N].新京报,2004-09-01.
[194]杨莹.英国高等教育学费政策及助学贷款制度之改革[J].教育研究月刊,2005.
[195]陈中原,刘微.一道难解的算术题——瞭望高等教育成本分担的国际状况[N].中国教育报,2003-01-26.
[196]洪雁.教育话题:高校就该高消费吗[N].21世纪人才报,2002-09-23.
[197]初亚楠.略论我国高等教育法规体系建设[J].中南民族学院学报:人文社会科学版,

2003,21(4).

[198]侯书栋.学生资助立法的初步研究[J].高等学校学生资助政策研究,2003(8).

[199]田贤国,郭永刚.国家助学贷款立法的必要性与可行性研究[J].教育探索,2006(10).

[200]赵福江,张小军,王长安.国家助学贷款立法的研究[J].河北科技师范学院学报:社会科学版,2005,4(1).

[201]杨建生,黄树标.美国高校助学贷款立法经验及其启示[J].高等工程教育研究,2006(4).

[202]程荃.国家助学贷款的证券化模式及其法律分析[J].四川师范大学学报:社会科学版,2007,34(1).

[203]樊珍云.对于完善贫困大学生助学贷款的几点思考[J].企业家天地,2005(6).

[204]李庆豪,沈红.中美学生贷款方案的比较分析[J].理工高教研究,2001(6).

[205]赵中建.部分发达国家贷款偿还简评[J].思想·理论·教育,2000(21).

[206]张其友.美国中等后教育资助和贷款项目的情况介绍[J].教育财会研究,1995(4).

[207]丁世友.奖学金制度改革探讨[J].上海高教研究,1992(1).

[208]李红桃,朱俊文.美国联邦担保学生贷款的经验及其启示[J].教育与经济,2002(4).

[209]王尧基.试论我国国家助学贷款制度的设计缺陷及对策[J].复旦教育论坛,2004(4).

[210]杨占平.加强高校贫困生工作实效性的思考[J].云南教育,2003(6).

[211]侯新智.助学贷款供求"死结"及政策创新的思考[J].陕西青年管理干部学院学报,2006(1).

[212]易忠,蒋年韬.高校贫困生助学贷款的问题与对策[J].渝州大学学报:社会科学版,2002(1).

[213]刘延伟,王家传.关于发展我国助学贷款若干问题的思考[J].消费经济,2000(4).

[214]刘凯湘,张劲松.抵押担保若干问题研究[J].浙江社会科学,2001(2).

[215]任辉.关于成立我国政策性教育银行的思考[J].特区经济,2006(3).

[216]李新民,徐书杰.建立助学贷款可持续发展机制的探讨[J].金融理论与实践,2005(4).

[217]田鸣,郭俊立.教育信贷:人力资本投资的新领域[J].中国金融,2005(18).

[218]黄德思,张璘.比较中外助学贷款,尝试建立"教育发展银行"[J].武汉金融,2004(7).

[219]刘崇献.以外汇储备设立"中国教育银行"[J].经济导刊,2006(1).

[220]王东霞.教育彩票:一种新的教育经费筹措方式研究[D].南京:南京大学教育科学学院,2006.

[221]李存才.彩票:市场待严管,发行望攀升[N].中国财经报,2004-08-17.

[222]郭宇宽.谁制造了国家助学贷款困局[N].博客中国,2004-06-18.

[223]唐棋,龙高民.教育彩票:一种教育筹资的新途径[J].天津市教科院学报,2001,2(1).
[224]张谋贵.助学贷款如何不因噎废食[J].中国经济周报,2004(32).
[225]许晓鸿.影响高校青年学生稳定问题分析及政策[J].求索,2004(3).
[226]易宪容,黄瑜琴.中国机构海外债券融资研究[J].管理世界,2005(8).
[227]呼显岗.关于开放我国地方公债市场的思考[J].西北大学学报:哲学社会科学版,2004,34(4).
[228]章也微.发行地方公债:弥补社会资本缺口的途径[J].北京大学学报:哲学社会科学版,2002(1).
[229]郭琳,陈春光.关于我国发行地方公债的若干思考[J].山东大学学报:哲学社会科学版,2004(6).
[230]倪彬,倪玲.对我国高校学生资助制度的思考[J].高等建筑教育,2005,14(4).
[231]黄志钧.对新助学贷款政策出台的若干思考[J].浙江金融,2004(11).
[232]高洪山.美国大学如何筹措办学资金[J].国际人才交流,2000(3).
[233]霍世平,郑捧柱.激励保降与学生管理[J].山西高等学校社会科学学报,2000(8).
[234]贺美英,黄建华,游睿山.搞好基金会工作,促进高校发展[J].清华大学教育研究,2005,26(1).
[235]赵中建.学生贷款中若干问题的比较研究[J].外国教育资料,2002(3).
[236]刘君.筹资,筹资!中国高校蹒跚上路[J].教育与职业,2006(12).
[237]彭强,马洪波.高校教育发展基金若干问题探析[J].中国成人教育,2005(12).
[238]李未.完善教育基金会制度,拓宽高等教育筹资渠道[J].校长论坛,2003(2).
[239]盛冰.推行弹性学习制度:高等教育改革的必然选择[J].外国教育研究,2004(4).
[240]钟秉林,张健.积极探索弹性学习制度,努力开创高校人才培养新局面[J].中国大学教学,2002(4).
[241]徐颖.关于弹性学分制与我国高校收费的思考[J].华东师范大学学报:教育科学版,2006,24(1).
[242]王幼芳.高校贫困生资助体系调查及改革的思考[J].青年研究,2002(2).
[243]李文长,刘亚荣.国家助学贷款的现状及政策分析[J].高等教育研究,2005(5).
[244]陈道华.论新时期大学生勤工助学活动的发展路径[J].高教探索,2005(4).
[245]邓基泽,姜峰,邓颖华.论勤工助学教育功能的创新[J].中国青年研究,2006(12).
[246]陈晓飞,谭红生.贫困大学生勤工助学的路径拓展[J].中国青年研究,2007(2).
[247]罗建国.勤工助学的历史考察及现状分析[J].湖南师范大学教育科学学报,2002(2).
[248]姜继红.大学生勤工助学的社会学思考[J].广西青年干部学院学报,2002(1).
[249]罗晓芳.高校勤工助学可持续发展研究[J].杭州医学高等专科学校学报,2002(4).
[250]郑彩莲.高校“勤工俭学”的现状和前景[J].中国青年研究,2002(6).

[251]张健. 对当前大学生勤工助学的几点思考[J]. 思想教育研究,2003(1).
[252]李光红,胡春毅. 高校大学生勤工助学状况调查及对策[J]. 中国成人教育,2003(11).
[253]薛浩. 高校勤工助学工作的育人功能[J]. 江苏高教,2004(2).
[254]李靖茂,符志刚,邱伟青. 高校勤工助学育人模式探讨[J]. 南方论刊,2005(4).
[255]杨晨光. 华东师大九成本专科学生参加勤工助学[N]. 中国教育报,2006-05-11.
[256]孟祥昕,杨长锁,吕志宏. 高校贫困生心态及解决对策[J]. 中国劳动关系学院学报,2007,21(1).
[257]隋丽娟. 贫困大学生的心理健康问题分析及对策[J]. 教育与职业,2006(30).
[258]吴滇,郭宪国. 贫困大学生的心理问题及对策[J]. 大理学院学报,2006,5(1).
[259]张智. 贫困大学生的心理问题与对策研究[J]. 西南民族大学学报:人文社会科学版,2006(184).
[260]朱军. 贫困大学生心理健康教育问题研究[J]. 教育与职业,2006(18).
[261]姚春,吴艺. 贫困大学生心理问题的成因及支持策略[J]. 人才培育,2006(12).
[262]马燕,孙为立. 江苏大学生贷款新路:学子不还贷保险公司赔付[N]. 扬子晚报,2006-11-03.
[263]秦书凰. 大学生诚信档案制度的建立与实施[J]. 四川档案,2006(1).
[264]陈岩. 大学生诚信评价体系的构建[J]. 当代青年研究,2006(2).
[265]杜萍. 大学生信用档案的建立与实施[J]. 兰台世界,2006(8).
[266]张影. 构建我国助学贷款信用保障机制的几点思考[J]. 化工高等教育,2005(1).
[267]柳劲松. 国家助学贷款个人信用征信体系构建[J]. 商业时代,2006(15).
[268]张琳. 国家助学贷款是建立社会信用机制的重要开端[N]. 南开助学报,2005-10-22.
[269]杜秀梅,毛祖桓. 建立大学生个人信用制度,促进国家助学贷款[J]. 教育研究,2003(1).
[270]杨爱民. 建立大学生信用档案,推进国家助学贷款[J]. 中国高等教育,2002(18).
[271]林铮. 建立大学生资信体系,保障国家助学贷款工作良性发展[J]. 商业时代,2006(15).
[272]陶力士,刘俊贵. 试论助学贷款的信用体系建设[J]. 教育财会,1996(4).
[273]胡志铭. 在国家助学贷款的管理中建立信用机制的探讨[J]. 教育财会研究,2002(6).
[274]刘志娟. 从国家助学贷款看建立信用档案的必要性[J]. 档案学研究,2004(1).
[275]卞咸杰. 从助学贷款谈大学生信用档案的建立[J]. 档案时空,2003(4).
[276]周冀. 大学生信用档案的建立与利用[J]. 温州师范学院学报,2005(4).
[277]薛浩,于建业. 高校贫困生档案的构建[J]. 档案与建设,2004(10).
[278]童苏阳. 建立大学生信用档案是大势所趋[J]. 兰台世界,2005(6).

[279]李春景.我国助学贷款制度研究[J].河北师范大学学报:教育科学版,2002(2).
[280]张晓东.建立个人信用制度,促进消费信贷发展[J].常熟高专学报,2006(1).
[281]黄铭坚.国家助学贷款困境[J].财经,2002(2).
[282]陈绪赣,张建一.关于对高等教育学生资助问题的若干思考[J].常州技术师范学院学报,2000(5).
[283]翁文艳.教育公平的多元分析[J].教育发展研究,2000(3).
[284]柯文进.对大学生资助政策的分析[J].江苏高教,2001(6).
[285]柳国辉,谌启标.国外学生资助政策及借鉴意义[J].教育政策学,1999(4).
[286]朱学召,张平.基于融资理论的国内教育彩票发行模式研究[J].中国市场,2006(32).
[287]韦明伺.试探教育彩票的发行[J].当代教育论坛,2004(8).
[288]张佩德,马忠元,胡建国.中国教育发展银行的建立与管理[J].上海大学学报,1997(10).
[289]王宏林,李东,王华.中外"助学贷款"对比研究[J].金融与投资,2001(1).
[290]丁慧.国家助学贷款:商业银行的泪水[J].21世纪经济报道,2004(7).
[291]刘晓欢,周松华.民办教育怎么办[J].教育与管理,2000(8).
[292]徐广宇.发行教育彩票的可行性思考[J].上海教育科研,2000(1).
[293]徐徐.谁能打开老百姓的钱袋[J].读者,1999(8).
[294]魏后凯.春风不度玉门关——我国启动西部大开发新战略[J].半月谈,2000(4).
[295]周宇.教育彩票:比希望工程更有力的筹资方式[J].中国高等教育,2000(6).
[296]孟东军,张美凤,顾玉林.我国高校社会捐赠管理比较研究[J].高等工程教育研究,2003(2).
[297]陈宗胜,周云波.非法非正常收入对居民收入差别的影响及其经济学解释[J].经济研究,2001(4).
[298]葛延风.城镇也要反贫困[N].经济学消息报,1996-11-15.
[299]陈淮.挑战中国经济十大难题[J].智囊,2001(7).
[300]赵兴兰.西部经济可持续发展的切入点——强化生态环境建设[J].经济问题探索,2001(7).
[301]陈南岳,周晓东.摆脱贫困恶性循环的探讨[J].经济问题探索,2003(3).
[302]王大超.转型期中国城乡反贫困问题研究[D].大连:东北师范大学,2003.
[303]徐万里.高校贫困生问题研究[D].大连:东北师范大学,2005(12).
[304]马铭启.高校贫困生问题及对策研究[D].天津:天津大学,2006(1).
[305]World Bank. Higher Education: The Lesson of Experience. Washington DC: World Bank. 1994.
[306]John B Lee. Financing a College Education—How It Works, How It Changing [M]. American Council On Education Oryx Press, 1999.

[307] Robert B Archibald. Redesigning the Financing Aid System—Why Colleges and University should Switch Roles with the Federal Government [M]. The Johns Hopkins University Press, 2002.

[308] World Bank. Sharing Rising Incomes. Washington DC: World Bank. 1997.

[309] Sanford T. Storm Over The States. New York: Mcgram Hill, 1967.

[310] Willam Gale, Joel Slemrod. Resurrecting the Estate Tax, Policy Briefing [J]. The Broking Institution, 2000, 2(6).

[311] The Editors of the Chronicle of Higher Education. The Almanac of Higher Education, 1989 - 1990.

[312] Education at a Glance, OECD Indicators 2005. OECD Publishing, Table B4. 1.

[313] Committee on Higher Education. Higher Education Report (Robins Report), 1963.

[314] Sanderson M. The Universities in the Nineteenth Century. London: R out ledge & K ogan. 1975. 221 - 222.

[315] National Center for Education Statistics. Digest of Education Statistics, 1990/1991.

[316] Anderson C. Grants to Students (Anderson Report). London: HMSO, 1960. 28.

[317] Barr N. Student Loans: The Next Steps. Aberdeen: Aberdeen University Press, 1989. 111.

[318] The Future of Higher Education White Paper (Cm 5735) and the Higher Education Act, 2004.

[319] Tuition Fees. http://www. derby. ac. uk/home/study/un-dergr-aduate/tuition-fees. html, 2005 - 11 - 10.

[320] Government Failure: Tuition Fees for Higher Education - Activity. http://www. bized ac. educators /16 - 19/eco - momics/govpol/activity/failure1. html, 2005 - 11 - 10.

[321] Aggregate Fiscal Data by Foundation Type, 2002 (National Level) [EB/OL]. http://www. fdncenter. org/fc - stats.

[322] Charitable Giving to Higher Education Stabilizes in 2003. Gift from Alumni Rebound after one - year Decline [EB/OL]. http://www. rand. org/news/press. 04/03. 11. html.

后 记

丰子恺的“人生三层楼”理论阐释了人们的价值追求,“一楼”是人们对“锦衣玉食、尊荣富贵、孝子慈孙”的物质生活的追求,占世人的绝大多数,我亦如此,也无可厚非。除此之外,我虽不至于到“三楼”的灵魂生活去寻求宗教的慰藉,但也总想到“二楼”的精神生活的学术殿堂里去感悟一些东西。为读博士,常有朋友不解地问我道:“40 多岁了,何苦再遭此罪?”细想,既有点“杖策只因图雪耻,横戈原不为封侯”的“行政人”的不甘,又有点高校教师“博士学位不拿不舒服,拿了又未必能当饭吃”的无奈,或许其他,说不太清……我是工科出身,骨子里浸透的是“数理论证、逻辑推理”,与文科生“张扬的个性、跳跃的思维”相去甚远;又是一个从事行政兼而追求学术的人,博士论文的选题、构思,材料的搜集、整理,观点的凝练、提升,每一步对我来说都不太容易。在进入论文的实质写作阶段,刚开始由于相关知识匮乏而形成的那种“独上高楼,望尽天涯路”般的孤寂、惶恐,让我很长一段时间食不甘味,寝难安枕。凭着与贫困生惺惺相惜的情感和对社会知恩图报的责任,经年累月,寒来暑往,我孜孜以求,埋头书案,苦苦思索贫困生问题的解决之道。如果没有“衣带渐宽终不悔,为伊消得人憔悴”般的执著,很难坚持下来,也决不会有后来“蓦然回首,那人却在灯火阑珊处”般的灵感和顿悟。冬去春来,日出日落,每天当我坐在晚上 8 点多从新校区回家的最后一班公交车里,望着窗外,街上华灯初上,感到变化的是那行色匆匆的游子,不变的是路旁棵棵印满沧桑的参天梧桐。“树犹如此,人何以堪”! 3 年的学习岁月如白驹过隙,瞬间消失在桂子山苍茫的暮色里;读博的经历,与其说是一次学术上的洗礼,还不如说是但丁《神曲》里炼狱中的涅磐与升华,从肉体到灵魂,通透淋漓。

博士论文写作过程中,我承受了方方面面太多的关爱,感激之情油然而生。

首先要感谢的是我尊敬的导师俞思念教授! 我已过不惑之年,自知学术之根浅,才智之愚钝,是导师的“博大”和“宽容”把我一步一步引入学术天地。3 年来,导师言传身教、为人师表,导师薪火相承、滋兰树蕙,他那高尚的情操时刻鞭策着我,谦逊的道德文章常常鼓舞着我,深厚的学术涵养时时滋润着我，使我受益终身。特别是在本论文的写作上，导师付出了太多的辛劳。论文的选题、框架的确定，章节的安排以及最终的修改和定稿，每一步都得到了导师的悉心指导和帮助。尤其是2006年盛夏，导师冒着酷暑专程到郑州帮我定题构思，令我难忘，深感肺腑。本论文选题，我是“三易其稿”，如果没有导师高屋建瓴的洞察、独到严谨的见解、理论联系实际的风范，就没有我今天的研究方向。这也正是本论文得以顺利完成的主要原因。正是导师鞭辟入里的指点和启迪，使我每每在困惑和迷茫的时刻才豁然开朗。导师渊博的学识、严谨的学风、高尚的品格，是我学习的榜样。导师的谆谆教诲和无限关爱，时刻激励着我去追求科学的真谛。桃李不言，下自成蹊。能在导师的引领下遨游于神圣的学术殿堂，这是我一生的荣幸和永远的骄傲。

衷心感谢政治学研究院的徐勇教授、聂运麟教授、唐鸣教授、陈卫东教授、曹天录教授、程又中教授，还有王建国老师，他们或授课或开题时给予的关心和鼓励，都使我受益匪浅。

衷心感谢政治学研究院的党总支书记肖友英老师以及胡玲玲老师，他们都在生活上、学习上提供了便利，他们的热情和关怀都使我铭记在心。

感谢师兄万是明、谭德宇、李长真、赵长峰、徐学庆、刘先江、刘军、梅哲，学友秦剑军、卢爱国、陈世良、邓磊、李芳、卢昌军、皮海锋、鄢新萍、李华锋，球友周振红、熊兵，他们都给我学习、生活上提供了不少帮助，对我的论文提出了许多宝贵意见。

感谢郑州大学的领导和同事。郑州大学学生处王新建、肖明宪、张国强三位副处长，校长办公室程相喜副主任，以及我的许多同事，都给予了支持、鼓励，替我承担了不少工作，对我的论文给予了帮助。

感谢本论文引用文献的所有知名或不知名的作者。本书参考了不少论著和资料，引用了一些专家和学者的观点。在此，谨向他们表示衷心的感谢。

最后，感谢我的家人给我的支持和鼓励。特别是我的妻子牛智敏，承担了全部家务和育女的责任，生活上给予全力支持，每天无论多晚到家，总有热汤热饭等着我；女儿思雨乖巧体贴，在我眼疾严重、不能写作时，她来替我打字。家人永远是我前进的动力和精神支撑。

书中错误在所难免，恳请批评指正。

作　者

2010年3月